普通高等教育"十一五"国家级规划教材

机电一体化技术

（第2版）

李成华　杨世凤　袁洪印　主编

中国农业大学出版社

图书在版编目(CIP)数据

机电一体化技术/李成华，杨世凤，袁洪印主编．—2版．—北京：中国农业大学出版社，2008.8(2016.11重印)

普通高等教育“十一五”国家级规划教材

ISBN 978-7-81117-444-1

Ⅰ．机…　Ⅱ．①李…②杨…③袁…　Ⅲ．机电一体化　Ⅳ．TH-39

中国版本图书馆CIP数据核字(2008)第082476号

书　名　机电一体化技术(第2版)

作　者　李成华　杨世凤　袁洪印　主编

策划编辑　宋俊果　　**责任编辑**　洪重光

封面设计　郑　川　　**责任校对**　陈　莹　王晓凤

出版发行　中国农业大学出版社

社　址　北京市海淀区圆明园西路2号　　**邮政编码**　100193

电　话　发行部 010-62818525，8625　　读者服务部 010-62732336

编辑部 010-62732617，2618　　出　版　部 010-62733440

网　址　http://www.cau.edu.cn/caup　　**e-mail**　cbsszs@cau.edu.cn

经　销　新华书店

印　刷　涿州市星河印刷有限公司

版　次　2008年8月第2版　2016年11月第4次印刷

规　格　787×980　16开本　16.25印张　296千字

定　价　23.00元

编委名单(第2版)

主　　编　李成华　杨世凤　袁洪印

副 主 编　房俊龙　李永奎　高昌珍　田素博

参编人员　聂宜茂　李海军　王　熙　刘宏新　崔　岩
　　　　　赵清来　蔡雨付　左月明　范铁林　王计元
　　　　　车　刚　王　强

主　　审　纪建伟

编委名单(第 1 版)

主　　编　李成华　杨世凤　袁洪印
副 主 编　房俊龙　李永奎　高昌珍
参编人员　聂宜茂　李海军　王　熙　刘宏新　崔　岩
　　　　　赵清来　蔡雨付　左月明　范铁林　王计元
主　　审　纪建伟

内 容 提 要

本书以介绍机电一体化实用技术为出发点，阐述机电一体化技术的基本原理和进行机电一体化产品系统设计的综合知识，同时结合机电一体化共性关键技术的应用，重点介绍机电一体化技术各组成部分的特征和选型以及相互结合的技术方法，主要内容包括机械系统、检测系统、伺服系统、控制系统、接口技术和机电一体化总体设计的原理和设计方法，为综合应用机电一体化技术奠定基础。

本书兼顾课堂教学和自学的特点和需要，各章附有一定数量的习题与思考题，以加深读者对本书内容的理解。本书可作为高等农业院校农业工程类本科专业的教学用书，也适用于从事机电一体化技术工作的工程技术人员参考。

第 2 版前言

《机电一体化技术》自 2001 年 11 月出版以来，在高等农业院校农业工程学科有关专业的教学过程中得到了普遍的应用，对于推动农业工程类本科专业教学内容和课程体系的改革起到了积极的促进作用。在过去 6 年的使用过程中，读者和授课教师对教材的内容和结构提出了许多宝贵的修改意见和建议，本书编者对此表示衷心的感谢。

为全面贯彻落实科学发展观，切实提高高等教育的质量，教育部于 2006 年制定了普通高等教育“十一五”国家级教材规划。经沈阳农业大学推荐，中国农业大学出版社申报，专家评审和公示，《机电一体化技术》入选“十一五”国家级教材规划。根据教育部“十一五”国家级规划教材编写要求，在中国农业大学出版社的组织协调下，我们对《机电一体化技术》第 1 版进行了修订。

《机电一体化技术》教材修订的指导思想是体现课程的科学性、系统性和新颖性，以适应课程教学改革和发展的需要，在组织结构上继续体现注重基础和立足应用的特点，在内容上以机电一体化技术各组成部分的特征和选型为重点，为学生掌握机电一体化技术的基本理论和具备机电一体化产品系统设计基本能力奠定基础。

参加本教材修订的人员有：李成华（沈阳理工大学），田素博、李永奎、蔡雨付、王强（沈阳农业大学），杨世凤（天津科技大学），袁洪印、赵清来（吉林农业大学），房俊龙、刘宏新（东北农业大学），高昌珍、左月明、范铁林（山西农业大学），聂宜茂、王计元（山东农业大学），李海军（内蒙古农业大学），王熙、车刚（黑龙江八一农垦大学），崔岩（河南农业大学）。全书由李成华教授统稿，田素博副教授承担了大部分内容的修订和审校。纪建伟教授（沈阳农业大学）继续担任本书的主审。

本书在编写和修订过程中参考了已有机电一体化技术方面的教材和资料，并在书后的参考文献中列出。本书编者对参考文献的作者表示衷心的感谢。

本书在修订过程中，得到了沈阳农业大学和中国农业大学出版社的热情支持和帮助，谨此一并表示衷心的感谢。

编　者

2008 年 3 月

第 1 版前言

《机电一体化技术》是根据面向 21 世纪农业工程类本科专业教学内容和课程体系改革的精神及 2000 年 11 月 3 日召开的全国部分农业院校农业工程类本科专业教材建设研讨会上提出的《机电一体化技术》教材的编写大纲要求，由沈阳农业大学、河北农业大学、吉林农业大学、东北农业大学、山西农业大学、山东农业大学、内蒙古农业大学、黑龙江八一农垦大学、河南农业大学共同组织编写的。

机电一体化技术是微电子技术和计算机应用技术向机械制造工业渗透过程中逐渐形成并发展起来的一门新兴的综合性技术，所涉及的内容和知识领域非常广泛，同时这些不同的技术并不是简单地叠加和组合，而是相互渗透、有机结合和相互协调而形成的机电一体化技术的应用基础。本书编写的目的是在较宽的应用范围内，以机电一体化实用技术为出发点讲述其基本理论和进行机电一体化产品系统设计的综合知识。根据此目标，本书在组织结构上力求体现注重基础和立足应用的特点；在内容上以目前机电一体化技术的相关内容为主，重点介绍机电一体化技术各组成部分的特征和选型以及相互结合的技术方法，为综合应用机电一体化各种技术奠定基础。

参加本教材的编写人员有：李成华、李永奎、蔡雨付（沈阳农业大学），杨世凤（河北农业大学），袁洪印、赵清来（吉林农业大学），房俊龙、刘宏新（东北农业大学），高昌珍、左月明、范铁林（山西农业大学），聂宜茂、王计元（山东农业大学），李海军（内蒙古农业大学），王熙（黑龙江八一农垦大学），崔岩（河南农业大学）。全书由李成华教授负责统稿，纪建伟博士（沈阳农业大学）担任主审。

本书在编写过程中参考了已有机电一体化技术方面的教材和资料，并在书后的参考文献中列出。这些宝贵的资料对完成本书的编写起到了非常重要的作用，本书作者对参考文献的作者表示衷心的感谢。

本书可供农业院校农业工程类本科专业教学之用，也可作为从事机电一体化技术工作的工程技术人员的参考资料。

编　者

2001 年 7 月

目　　录

1 概论

日本学者高森年曾说过，当今世界上只要是使人感到灵活、灵巧、便利的机械都是基于机电一体化技术制造的。因此机电一体化产品在家用电器、车辆、医疗器械、工厂自动化设备、航天航空等领域和场所得到广泛的应用，比如机器人、数控机床等都是典型的机电一体化产品。农业工程领域中的拖拉机自动驾驶系统、联合收割机脱粒清选装置监控系统、农业机器人等也是机电一体化产品。

1.1 机电一体化的基本概念

机电一体化是在以机械、电子技术和计算机科学为主的多门学科相互渗透、相互结合的过程中逐渐形成和发展起来的一门新兴边缘技术学科。机电一体化又称机械电子学(mechatronics)它是由机械学(mechanics)的前半部分与电子学(electronics)的后半部分组合而成的，20 世纪 70 年代由日本人首先开始使用。

从概念的外延来看，机电一体化包括机电一体化技术和机电一体化产品。机电一体化技术主要包括技术原理和使机电一体化产品得以实现、使用和发展的技术，它是以电子技术特别是微电子技术为主导的多种新兴技术与机械技术交叉、融合而成的综合性高新技术，是工程领域不同种类技术的综合及集成，是一个技术群的总称，包括机械技术、微电子技术、计算机和信息处理技术、自动控制技术、电力电子技术、伺服驱动技术以及系统总体技术等。近年来，随着微电子技术和计算机应用技术的快速发展，机电一体化技术领域在不断地扩大和完善。机电一体化产品是把机电一体化技术应用在机械产品上，即在传统的机械产品中采用微电子技术和计算机技术生产出来的新一代产品。初级的机电一体化产品是指采用微电子技术代替和完善机械产品中的一部分，以提高产品的性能；而高级的机电一体化产品是利用机电一体化技术使机械产品实现自动化、数字化和智能化，使产品性能实现质的飞跃。

从现代机械产品和技术角度看，日本机械振兴协会经济研究所于 1981 年提出的定义体现了机电一体化产品及技术的基本内容及特征，即“机电一体化是在机械产品中的机构主功能、动力功能、信息处理功能和控制功能上引进电子技术和计算机技术,并将机械装置和电子设备以及计算机软件等有机结合起来构成的系统总称。”20 世纪 90 年代国际机器和机械理论研究会给它下了一个定义,即“机电一体化是精密机械工程、电子控制和系统思想在产品设计和制造过程中的协同结合。”

目前机电一体化的研究和开发主要包括计算机数控系统、机器人、计算机辅助设计/辅助制造系统、柔性制造系统和计算机集成制造系统等。机电一体化产品和系统的特点是产品和系统功能的实现是机构中所有部分功能共同作用的结果,这与传统机电设备中机械与电子系统相对独立,可以分别工作具有本质的区别。

1.1.1 机电一体化产品的优越性

随着机电一体化技术的快速发展,机电一体化产品有逐步取代传统机电产品的趋势,这完全取决于机电一体化技术所存在的优越性和潜在的应用性能。与传统的机电产品相比,机电一体化产品具有下述优越性。

(1)使用安全性和可靠性提高 机电一体化产品一般都具有自动监视、报警、自动诊断、自动保护等功能。在工作过程中,遇到过载、过压、过流、短路等电力故障时,能自动采取保护措施,避免和减少人身和设备事故的发生,显著提高设备的使用安全性。机电一体化产品由于采用电子元器件,减少了机械产品中的可动构件和磨损部件,从而使其具有较高的灵敏度和可靠性,产品的故障率低,寿命明显提高。

(2)生产能力和工作质量提高 机电一体化产品大都具有信息自动处理和自动控制功能,其控制和检测的灵敏度、精度以及范围都有很大程度的提高,通过自动控制系统可精确地保证机械的执行机构按照设计的要求完成预定的动作,使之不受机械操作者主观因素的影响,从而实现最佳操作,保证产品的合格率和最佳的工作质量。同时,由于机电一体化产品实现了工作的自动化,使生产能力得以大大提高。例如数控机床对工件的加工稳定性大大提高,生产效率比普通机床提高 5～6 倍;柔性制造系统的生产设备利用率可提高 1.5～3.5 倍,机床数量可减少约 50%,节省操作人员数量约 50%,缩短生产周期 40%,使加工成本降低 50%左右。

(3)使用性能改善 机电一体化产品普遍采用程序控制和数字显示,操作按钮和手柄数量显著减少,使操作过程方便、简单。机电一体化产品的工作过程根据预设的程序逐步由电子控制系统指挥实现,系统可重复实现全部动作。高级的机电一体化产品可通过被控对象的数学模型以及外界参数的变化随机自寻最佳工作程序，实现自动最优化操作。

（4）具有复合功能并且适用面广　机电一体化产品跳出了传统机电产品的单技术和单功能限制，具有复合技术和复合功能，使产品的功能水平和自动化程度大大提高。机电一体化产品一般具有自动化控制、自动补偿、自动校验、自动调节、自动保护和智能化等多种功能，能应用于不同的场合和不同领域，满足用户需求的应变能力较强。例如电子式空气断路器具有保护特性可调、选择性脱扣、正常通过电流与脱扣时电流的测量、显示和故障自动诊断等功能，使其应用范围大为扩大。

（5）调整和维护方便　机电一体化产品在安装调试时，可通过改变控制程序来实现工作方式的改变，以适应不同用户对象的需要以及现场参数变化的需要。这些控制程序可通过多种手段输入到机电一体化产品的控制系统中，而不需要改变产品中的任何部件或零件。对于具有存储功能的机电一体化产品，可以事先存入若干套不同的执行程序，然后根据不同的工作对象，只需给定一个代码信号输入，即可按指定的预定程序进行自动工作。机电一体化产品的自动化检验和自动监视功能可对工作过程中出现的故障自动采取较大的措施，使工作恢复正常。

1.1.2　机电一体化产品的分类

机电一体化技术和产品的应用范围非常广泛，涉及工农业生产过程的所有领域，因此，机电一体化产品的种类很多，而且还在不断地增加。按照机电一体化产品的功能，可以将其分成下述几类。

（1）数控机械类　主要产品包括数控机床、机器人、发动机控制系统以及全自动洗衣机等。这类产品的特点是执行机构为机械装置。

（2）电子设备类　主要产品包括电火花加工机床、线切割机、超声波加工机以及激光测量仪等。这类产品的特点是执行机构为电子装置。

（3）机电结合类　主要产品包括自动探伤机、形状自动识别装置、CT 扫描诊断机以及自动售货机等。这类产品的特点是执行机构为电子装置和机械装置的有机结合。

（4）电液伺服类　主要产品为机电液一体化的伺服装置，如电子伺服万能材料试验机。这类产品的特点是执行机构为液压驱动的机械装置，控制机构是接受电信号的液压伺服阀。

（5）信息控制类　主要产品包括传真机、磁盘存储器、磁带录像机、录音机、复印机等。这类产品的主要特点是执行机构的动作由所接收的信息类信号来控制。

除此之外，机电一体化产品还可根据机电技术的结合程度分为功能附加型、功能替代型和机电融合型 3 类。按照产品的服务领域和对象，可将机电一体化产品分成工业生产类、运输包装类、储存销售类、社会服务类、日常家庭类、科研仪器类、国防武器类以及其他用途类等不同的种类。

1.2 机电一体化产品的构成及特点

机电一体化产品的功能是通过其内部各组成部分功能的协调和综合来共同实现的。从其结构来看，机电一体化产品具有自动化、智能化和多功能的特性，而实现这种多功能一般需要机电一体化产品具备 4 种内部功能，即机械及执行主功能、检测功能、控制功能和动力功能，而实现这些功能的各个组成部分及其技术就构成了机电一体化产品的总体或系统。

机电一体化产品究竟由哪些部分构成呢？首先从外观上看，是产品的机身和框架，包括机械结构和操作执行装置，如机器人的躯干和机械手，相当于人体的“躯干和手足”；其次是传感与检测装置，因为要实现与人相近的功能，必须能够对各种信息进行多种判断，如机器人上台阶时要判断台阶的位置，如果没有传感器发回的各种信息，机器人实现判断是不可能的，这样的传感与检测装置相当于人的“感觉器官”；接着是控制装置，机器人根据传感器接收的信息进行判断和处理，这种信息处理系统（包括软件程序）相当于人的“大脑”；最后由电动机等装置驱动机械手完成相应的动作，这些装置称为动力系统或伺服系统，相当于人的“内脏”；除了“躯干和手足”、“感觉器官”、“大脑”和“内脏”外，要使这些部分能够有机协调地工作，就必须将上述的功能元素连接起来，这部分结构称为接口装置，它相当于人体中传递信息和能量的“神经系统和血液系统”。因此，机电一体化产品是由机械系统（“躯干和手足”）、传感与检测系统（“感觉器官”）、伺服系统（“内脏”）、控制系统（“大脑”）与接口装置（“神经系统和血液系统”）等几部分组成的。

(1)机械系统　机电一体化产品的机械系统包括机身、框架、机械传动和联结以及执行机构等机械部分。这部分是实现产品功能的基础，因此对机械结构提出了更高的要求，需在结构、材料、工艺加工及几何尺寸等方面满足机电一体化产品高效、多功能、可靠、节能、小型和轻量等要求。除一般性的机械强度、刚度、精度、体积和质量等指标外，机械系统技术开发的重点是模块化、标准化和系列化，以便于机械系统的快速组合和更换。

机械系统中的执行机构是在控制信息的作用下完成要求的动作，实现产品的主功能。执行机构一般是运动部件，由于产品的种类和作业对象不同而有较大的差异。执行机构是实现产品目的功能的直接执行者,其性能好坏决定着整个产品的性能,因而是机电一体化产品中最重要的组成部分。

(2)传感与检测系统　传感器的作用是将机电一体化产品在运行过程中所需要的自身和外界环境的各种参数转换成可以测定的物理量,同时利用检测系统的功能对这些物理量进行测定,为机电一体化产品提供运行控制所需的各种信息。传感与检测系统的功能一般由测量仪器或仪表来实现,对其要求是便于安装与连接,体积小、检测精度高、抗干扰能力强等。

(3)伺服系统　伺服系统为机电一体化产品提供能量和动力,去驱动执行机构工作以完成预定的主功能。伺服系统包括电、液、气等动力源。机电一体化产品以电能利用为主,包括电源、电动机及驱动电路等。

(4)控制系统与接口装置　根据机电一体化产品的功能和性能要求,控制系统接收传感与检测系统反馈的信息,并对其进行相应的处理、运算和决策,按照要求对产品的运行进行控制。机电一体化产品中,控制系统与接口装置主要是由计算机的软件和硬件以及相应的接口所组成。硬件一般包括输入/输出设备、显示器、可编程控制器和数控装置等。机电一体化产品要求信息处理速度高,A/D 和 D/A 转换及分时处理时的输入/输出可靠,系统的抗干扰能力强。

机电一体化产品的 4 个主要组成部分在工作时相互协调,共同完成所规定的目的功能。在结构上,各组成部分通过辅助部件及相关的软件有机的结合在一起,构成一个内部匹配合理、外部效能最佳的完整产品。

1.3　机电一体化设计的关键技术

机电一体化产品是由多种技术以及相关的组成部分构成的综合体,而机电一体化技术是由多种技术相互交叉、相互渗透形成的一门综合性边缘技术,它所涉及的技术领域非常广泛。概括起来,机电一体化设计的关键技术包括下述 6 个方面。

(1)精密机械技术　机械技术是机电一体化技术的基础,因为机电一体化产品的主功能和构造功能大都以机械技术为主来得以实现。在机械传动和控制与电子技术相互结合的过程中,对机械技术提出了更高的要求,如传动的精密性和精确度的要求与传统机械技术相比有了很大的提高。在机械系统技术中,新材料、新工艺、新原理以及新结构等方面在不断地发展和完善,以满足机电一体化产品对缩小体积、减轻重量、提高精度和刚度以及改善工作性能等方面的要求。

(2)检测与传感器技术　在机电一体化产品中，工作过程的各种参数、工作状态以及工作过程有关的相应信息都要通过传感器进行接收，并通过相应的信号检测装置进行测量，然后送入信息处理及控制装置，以实现产品工作过程的自动控制。机电一体化产品要求传感器能快速和准确地获取信息并且不受外部工作条件和环境的影响，同时检测装置能不失真地对信息信号进行放大、输送以及转换。

(3)信息处理技术　信息处理技术是指在机电一体化产品工作过程中，与工作过程各种参数和状态以及自动控制有关的信息的交换、存取、运算、判断和决策分析等。在机电一体化产品中，实现信息处理技术的主要工具是计算机。计算机技术包括硬件和软件技术、网络与通信技术、数据处理技术和数据库技术等。在机电一体化产品中，计算机信息处理装置是产品的核心，它控制和指挥整个机电一体化产品的运行。因此，计算机应用及其信息处理技术是机电一体化技术中最关键的技术，它包括目前广泛研究并得到实际应用的人工智能技术、专家系统技术以及神经网络技术等。

(4)自动控制技术　机电一体化产品中的自动控制技术包括高精度定位控制、速度控制、自适应控制、校正、补偿等。由于机电一体化产品中自动控制功能的不断扩大，使产品的精度和效率都在迅速提高。通过自动控制，使机电一体化产品在工作过程中能及时发现故障，并自动实施切换，减少了停机时间，使设备的有效利用率得以提高。由于计算机的广泛应用，自动控制技术越来越多地与计算机控制技术结合在一起，它已成为机电一体化技术中十分重要的关键技术。该技术的难点在于现代控制理论的工程化和实用化，控制过程中边界条件的确定，优化控制模型的建立以及抗干扰等。

(5)伺服驱动技术　伺服驱动技术主要是指机电一体化产品中的执行元件和驱动装置设计中的技术问题，它涉及设备执行操作的技术，对所加工产品的质量具有直接的影响。机电一体化产品中的执行元件有电动、气动和液压等类型，其中多采用电动式执行元件，驱动装置主要是各种电动机的驱动电源电路，目前多由电力电子器件及集成化的功能电路构成。执行元件一方面通过接口电路与计算机相连，接受控制系统的指令，另一方面通过机械接口与机械传动和执行机构相连，以实现规定的动作。因此，伺服驱动技术直接影响着机电一体化产品的功能执行和操作，对产品的动态性能、稳定性能、操作精度和控制质量等具有决定性的影响。

(6)系统总体技术　系统总体技术是从整体目标出发，用系统的观点和方法，将机电一体化产品的总体功能分解成若干功能单元，找出能够完成各个功能的可能技术方案，再把功能与技术方案组合成方案组进行分析、评价、综合优选出适宜的功能技术方案。系统总体技术的主要目的是在机电一体化产品各组成部分的技术成熟、组件的性能和可靠性良好的基础上，通过协调各组件的相互关系和所用技术的一致性来保证产品实现经济、可靠、高效率和操作方便等。系统总体技术是最能体现机电一体化设计特点的技术，也是保证其产品工作性能和技术指标得以实现的关键技术。

1.4　机电一体化产品设计的方法

机电一体化产品的设计与常规机械产品的设计有着本质上的区别。常规机械产品一般是先用单纯机械设计的方法构思和设计，再为这个纯粹的机械设计选配适宜的电气设备。这种方法实际上是面向设计者的传统设计方法。相比之下，机电一体化的设计要求设计者必须同时具备各门工程技术和电子技术以及自动控制等多种技术，必须综合运用这些技术来解决设计中的问题。机电一体化产品的设计是面向产品的设计，它要求设计者具有多种能力、视野开阔，具有综合利用机械设计和电气控制设计方面的知识和能力。机电一体化产品的设计通常由多个环节相互配合而构成。

(1)产品可行性研究　通过实际调查和研究，掌握对所设计产品的市场需求，并进行可行性论证，从而确定产品设计的基本方案，其中包括预测投资总额、组成部件价格、产品的性能价格比以及经济评价等。

(2)基本设计阶段　在基本设计阶段要提出必需的主要技术，其中包括硬件技术和软件技术两个方面。硬件包括产品的结构元件和控制元件，软件包括操作系统和控制系统。在进行整个系统设计时，必须提出几个方案进行比较，从中选出较优的方案。

(3)详细设计阶段　详细设计包括业务分工、程序设计、操作系统设计、工艺设计、外围设备设计、总体设计、控制系统设计、安全保护设计等。在开发性产品设计过程中，要拟定产品的各项性能指标参数，通过计算选定所用的设备，从而进一步完成机构设计、运动和性能设计以及控制设计等。

(4)实际运行试验　这一阶段的工作主要包括产品工作性能检验和改进以及产品性能评价。产品工作性能检验的目的是进行生产周期和生产率测定，进行故障分析和考察故障时间等。改进是指对产品存在的问题提出改进措施以提高产品的性能。产品的性能评价包括技术评价、经济评价两个方面。这一阶段是产品设计过程的总结阶段，目的是通过对已决定的操作系统的具体使用，检验其实际的使用价值。

在实施机电一体化产品设计的过程中，要正确处理好质量与成本、市场需求与技术可能性、长期发展和短期利益之间的矛盾关系，在满足市场需要的前提下，使产品具有足够的竞争力，同时又要符合当前实际情况和技术可实现性，以保证产品获得最大的技术经济效益和社会效益。

习题与思考题

1. 机电一体化技术的概念及内涵是什么？
2. 机电一体化产品由哪几部分组成？
3. 机电一体化技术包括哪几个方面的关键技术？
4. 机电一体化产品设计与传统机械产品设计的区别是什么？
5. 机电一体化产品的设计过程有哪几个阶段？

2 机械系统

机电一体化系统中的机械系统与一般的机械系统相比，除要求具有较高的定位精度外，还应具备体积小、质量轻、刚度大、动态性能好等特点。

概括地讲，机电一体化机械系统应包括以下 3 大部分机构。

(1)传动机构　机电一体化系统中的传动机构的主要功能是传递转矩和转速，因此，它实际上是一种转矩、转速变换器。机械传动部件对伺服系统的伺服特性有很大影响，特别是其传动类型、传动方式、传动刚性以及传动的可靠性对系统的精度、稳定性和快速响应性有重大影响。

(2)导向机构　其作用是支承和限制运动部件按给定的运动要求和规定的运动方向运动。该机构应能保证安全、准确。

(3)执行机构　用来完成操作任务。执行机构根据操作指令的要求在动力源的带动下，完成预定的操作。一般要求它具有较高的灵敏度、精确度，良好的重复性和可靠性等。

2.1 传动机构

2.1.1 传动机构的种类及特点

机电一体化系统中所用的传动机构主要有滑动丝杠副、滚珠丝杠副、齿轮传动副、同步带传动副、间歇机构、挠性传动机构等。对于工作机中的传动机构，既要求能够实现运动的转换，又要求能够实现动力的转换；对于信息机中的传动机构，主要要求运动的转换。对于动力，则只需要克服惯性力(力矩)和各种摩擦力(力矩)以及较小的工作负载即可。

机电一体化机械系统的传动机构要求具有传动精度高、工作稳定性好、响应速度快等特点。随着科技的进步，机电一体化产品得到了飞速的发展，要求其传动机构不断地适应新的技术要求。目前的传动机构又呈现出一些新的特点，正朝着精密化、高速化、小型化、轻量化的方向发展。

2.1.2 传动机构的基本要求

在机电一体化机械系统中，为保证该系统的传动精度、工作稳定性和快速响应性，传动机构应能满足以下几个方面的要求。

①在不影响系统刚度的条件下，传动机构的质量和转动惯量应尽可能小。转动惯量大会对系统造成不良影响，使机械负载增大、系统响应速度变慢、灵敏度降低；使系统固有频率下降，容易产生谐振；使电气驱动部分的谐振频率变低，阻尼增大。

②刚度是使弹性体产生单位变形量所需的作用力，包括机构产生各种基本变形时的刚度和两接触面的接触刚度。静态力和变形之比为静刚度，动态交变应力、冲击力和变形之比为动刚度。刚度越大，伺服系统动力损失越小；刚度越大，机构固有频率越高，能超出系统的频带宽度，不易产生共振；刚度越大，闭环系统的稳定性越高(对开环系统的稳定性没有影响)。

③机械零件产生共振时，系统中阻尼越大，最大振幅就越小，且衰减越快；但大阻尼也会使系统的失动量和反转误差增大，稳态误差增大，精度降低。

所以在设计时要注意传动机构的阻尼要合适。机构传动件若要简化为二阶振动系统，其阻尼比 ξ 为

$$\xi = \frac{c}{2\sqrt{mk}} \tag{2-1}$$

式中：c 为黏性阻尼系数；m 为系统质量；k 为系统刚度。

根据经验，一般可将阻尼比取为：$0.1 \leqslant \xi \leqslant 0.2$。

④系统传动部件的静摩擦力应尽可能小，动摩擦力应是尽可能小的正斜率，若为负斜率则易产生爬行，降低精度，缩短寿命。

根据经验，克服摩擦力所需的电动机转矩 T_F 与电动机额定转矩 T_K 的关系为

$$0.2T_K < T_F < 0.3T_K \tag{2-2}$$

此外，还要求抗振性好，稳定性高，间隙小(减小误差，提高伺服系统中位置环的稳定性)，避免谐振，特别是要求其动态特性与伺服电动机等其他环节的动态性能相匹配。

2.1.3 常用传动机构的设计方法

2.1.3.1 滚珠丝杠副传动机构

1. 滚珠丝杠副的结构与特点

滚珠丝杠副是一种新型螺旋传动机构，具有螺旋槽的丝杠与螺母之间装有中间传动元件——滚珠，图 2-1 为滚珠丝杠螺母机构组成示意图。从图可知，当丝杠转动时，带动滚珠沿螺纹滚道滚动。为防止滚珠从螺纹滚道端面掉出，在螺母的

螺旋槽两端设有滚珠回程引导装置(图中3),如图2-1(a)的反向器和图2-1(b)的挡珠器,构成滚珠的循环返回通道,从而形成滚珠流动的闭合通路。

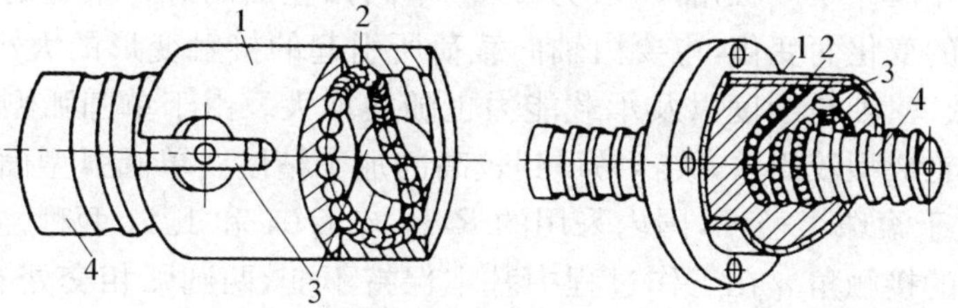

(a)内循环式滚珠丝杠副　(b)外循环式滚球丝杠副

图 2-1　滚珠丝杠副结构示意图

1—螺母　2—滚珠　3—回程引导装置　4—丝杠

滚珠丝杠副具有如下特点。

(1)*传动效率高*　效率高达90%～95%,耗费的能量仅为滑动丝杠的1/3。

(2)*运动具有可逆性*　既可将回转运动变为直线运动,又可将直线运动变为回转运动,逆传动效率几乎与正传动效率相同。

(3)*系统刚度好*　通过给螺母组件内施加预压力来获得较高的系统刚度,可满足各种机械传动要求,无爬行现象,始终保持运动的平稳性和灵敏性。

(4)*传动精度高*　经过淬硬并精磨螺纹滚道后的滚珠丝杠副本身具有很高的制造精度,又由于摩擦小,丝杠副工作时温升小、热变形小,容易获得较高的传动精度。

(5)*使用寿命长*　滚珠是在淬硬的滚道上作滚动运动,磨损极小,长期使用后仍能保持其精度,因而寿命长,且具有很高的可靠性。其寿命一般比滑动丝杠高5～6倍。

(6)*不能自锁*　特别是垂直安装的滚珠丝杠,当运动停止后,螺母将在重力作用下下滑,故常需设置制动装置。

(7)*工艺复杂*　滚珠丝杠和螺母等零件加工精度、表面粗糙度要求高,制造成本高。

由于滚珠丝杠副独特的性能,它已成为数控机床、精密机械、各种省力机械设备及各种机电一体化产品中常用的传动机构。

2. 滚珠丝杠副的结构类型

滚珠丝杠副的结构类型可以从螺纹滚道的截面形状、滚珠的循环方式和消除轴向间隙的调整方法进行区别。

(1)*螺纹滚道的截面形状* 滚珠丝杠副的螺纹滚道截面(法向)的形状有单圆弧形和双圆弧形,如图 2-2 所示。滚道型面与滚珠接触点之法线与丝杠轴向之垂线间的夹角 α 被称作接触角,一般为 45°。单圆弧型面的螺纹滚道的接触角随轴向载荷大小的变化而变化,主要由轴向载荷所引起的接触变形的大小而定。α 增大时,传动效率、轴向刚度以及承载能力也随之增大。由于单圆弧型面螺纹滚道的加工用砂轮成型较简单,故容易得到较高的加工精度。单圆弧型面的滚道圆弧半径 R 稍大于滚珠半径 r_0,国内采用的 R/r_0 有 1.04 和 1.11 两种。双圆弧型面的螺纹滚道的接触角 α 在工作过程中基本保持不变,两圆弧相交处有一小空隙,可使滚珠不接触滚道底部,并能存有一定的润滑油以减少磨损。由于加工双圆弧型面的砂轮修整和加工、检验均较困难,故加工成本较高。

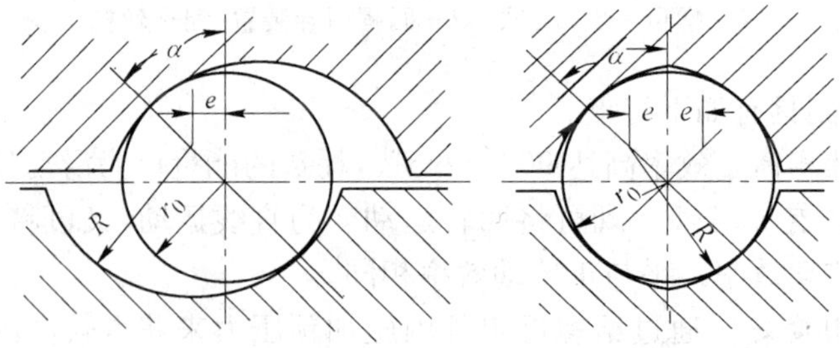

图 2-2 螺纹滚道法向截面形状

(2)*滚珠的循环方式* 滚珠丝杠副中按滚珠的循环方式分为内循环和外循环两种。

①内循环。内循环方式的滚珠在循环过程中始终与丝杠表面保持接触,如图 2-1(a)所示。在螺母 1 的侧面孔内装有接通相邻滚道的反向器 3,利用反向器引导滚珠 2 越过丝杠 4 的螺纹顶部进入相邻滚道,形成一个循环回路。一般在同一螺母上装有 2～4 个反向器,并沿螺母圆周均匀分布。内循环方式的优点是滚珠循环的回路短,流畅性好,效率高,螺母的尺寸也较小;缺点是反向器加工困难,装配调整也不方便。

浮动式反向器的内循环滚珠丝杠副如图 2-3 所示。其结构特点是反向器 1 上的安装孔有 0.01～0.015 mm 的配合间隙,反向器弧面上加工有圆弧槽,槽内安装拱形片簧 4,外有弹簧套 2,借助拱形片簧的弹力,始终给反向器一个径向推力,使回珠圆弧槽内的滚珠与丝杠 3 表面保持一定的压力,从而使槽内滚珠代替了定位键而对反向器起到自定位作用。这种反向器的优点是:在高频浮动中达到回珠圆弧槽进出口的自动对接,通道流畅、摩擦特性较好,更适用于高速、高灵敏度、高刚性的精密进给系统。

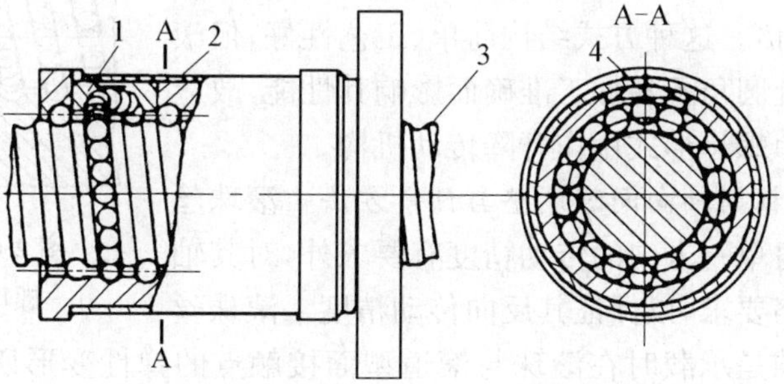

图 2-3 浮动式反向器

1—反向器 2—弹簧套 3—丝杠 4—拱形片簧

②外循环。外循环方式中的滚珠在循环返向时离开丝杠螺纹滚道,在螺母体内或体外作循环运动。从结构上看,外循环有以下 3 种形式。

——螺旋槽式,如图 2-4 所示。在螺母 2 的外圆表面上铣出螺纹凹槽,槽的两端钻出两个与螺纹滚道相切的通孔,螺纹滚道内装入两个挡珠器 4 引导滚珠 3 通过这两个孔,应用套筒 1 盖住凹槽,构成滚珠的循环回路。这种结构的特点是工艺简单、径向尺寸小、易于制造,但是挡珠器刚性差、易磨损。

——插管式,如图 2-5 所示。用一弯管 1 代替螺纹凹槽,弯管的两端插入与螺纹滚道 3 相切的两个内孔,用弯管的端部引导滚珠 4 进入弯管,构成滚珠的循环回路,再用压板 2 和螺钉将弯管固定。插管式结构简单、容易制造,但是径向尺寸较大,弯管端部比较容易磨损。

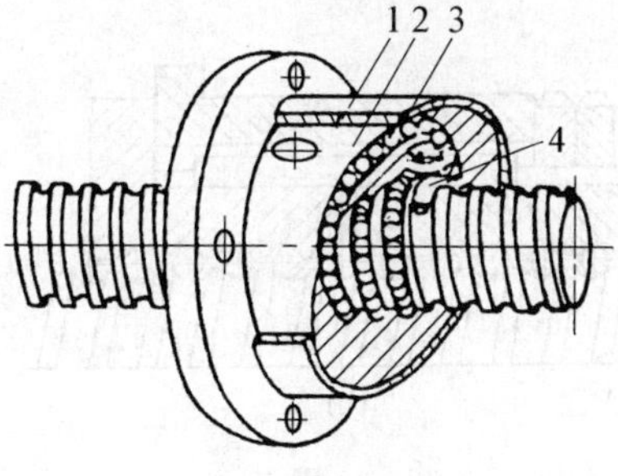

图 2-4 螺旋槽式

1—套筒 2—螺母 3—滚珠 4—挡珠器

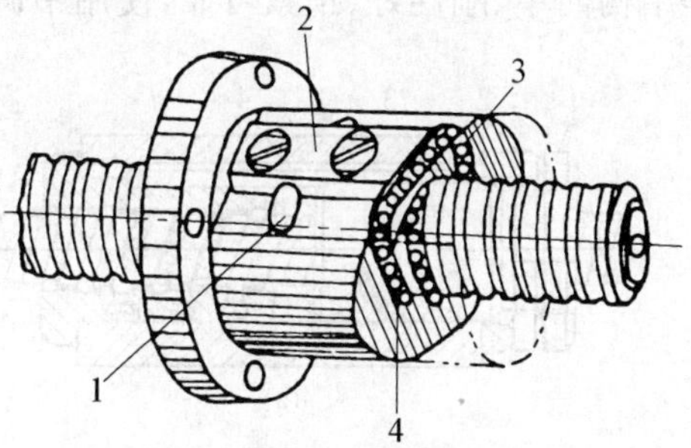

图 2-5 插管式

1—弯管 2—压板 3—螺纹滚道 4—滚珠

——端盖式，如图 2-6 所示。在螺母 1 上钻出纵向孔作为滚珠回路滚道，螺母两端装有两块扇形盖板或套筒 2，滚珠的回程道口就在盖板上。滚道半径为滚珠直径的 1.4～1.6 倍。这种方式结构简单、工艺性好，但滚道吻接和弯曲处圆角不易加工准确而影响其性能，故应用较少。常以单螺母形式用作升降传动机构。

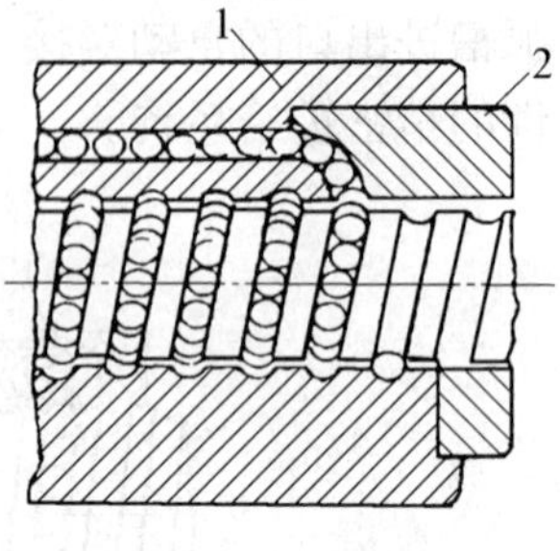

图 2-6 端盖式

1—螺母 2—盖板

(3)*滚珠丝杠副轴向间隙调整与预紧方法* 滚珠丝杠副除了对本身单一方向的传动精度有要求外，对其轴向间隙也有严格要求，以保证其反向传动精度。滚珠丝杠副的轴向间隙是承载时在滚珠与滚道型面接触点的弹性变形所引起的螺母位移量和螺母原有间隙的总和。通常采用双螺母预紧的方法，把弹性变形控制在最小限度内，以减小或消除轴向间隙，并可以提高滚珠丝杠副的刚度。

目前制造的单螺母式滚珠丝杠副的轴向间隙达 0.05 mm，而双螺母式的经加预紧力调整后基本上能消除轴向间隙。应用该方法消除轴向间隙时应注意以下两点：

①预紧力大小必须合适，过小不能保证无隙传动，过大将使驱动力矩增大，效率降低，寿命缩短。预紧力应不超过最大轴向负载的 1/3。

②要特别注意减小丝杠安装部分的间隙，这些间隙用预紧的方法是无法消除的，而它对传动精度有直接影响。

常用的消除轴向间隙的方法有以下几种：

——双螺母螺纹预紧调隙式。如图 2-7 所示，其中一个螺母的外端有凸缘，而另一个螺母的外端虽无凸缘，但制有螺纹，并通过二个圆螺母固定（图 2-7(a)）。调整时旋转圆螺母消除轴向间隙并产生一定的预紧力，然后用锁紧螺母锁紧。预紧后两个螺母中的滚珠相向受力，如图 2-7(b)所示，从而消除轴向间隙。其特点是结构简单、刚性好、预紧可靠，使用中调整方便，但不能精确地调整。

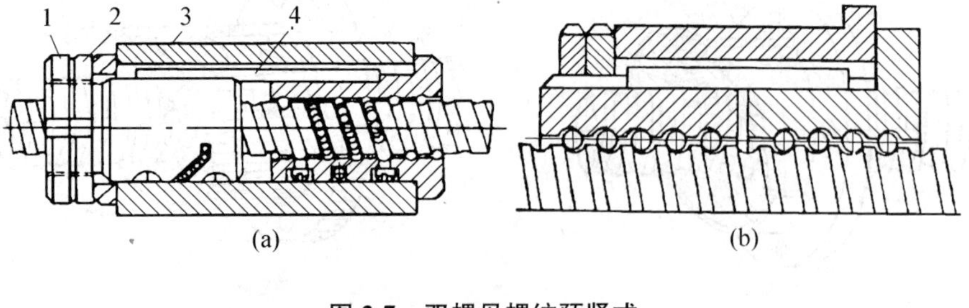

图 2-7 双螺母螺纹预紧式

1—锁紧螺母 2—圆螺母 3—套筒 4—键

——双螺母齿差预紧调隙式。如图 2-8 所示，两个螺母的两端分别制有圆柱齿轮，二者齿数相差 1，通过两端的 2 个内齿轮与上述圆柱齿轮相啮合并用螺钉和定位销固定在套筒上。调整时先取下两端的内齿轮，当两个滚珠螺母相对于套筒同一方向转动同一个齿固定后，一个滚珠螺母相对于另一个滚珠螺母产生相对角位移，使两个滚珠螺母产生相对移动，从而消除间隙并产生一定的预紧力。其特点是可实现定量调整，调整精度很高，工作可靠，使用中调整较方便；但结构复杂，加工和装配工艺性能较差。

——双螺母垫片预紧调隙式。如图 2-9 所示，用螺钉连接滚珠丝杠两个螺母的凸缘，并在凸缘间加垫片。调整垫片的厚度，可使两螺母产生微量的轴向位移，以达到消除间隙、产生预紧力的目的。其特点是结构紧凑、刚度高、预紧可靠、应用广，但使用中调整不方便，也不很准确，适用于一般精度的传动机构。

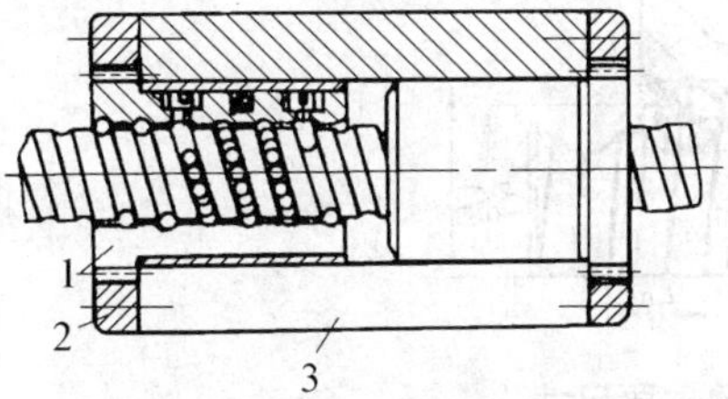

图 2-8 双螺母齿差预紧式

1—圆柱齿轮 2—内齿圈 3—套筒

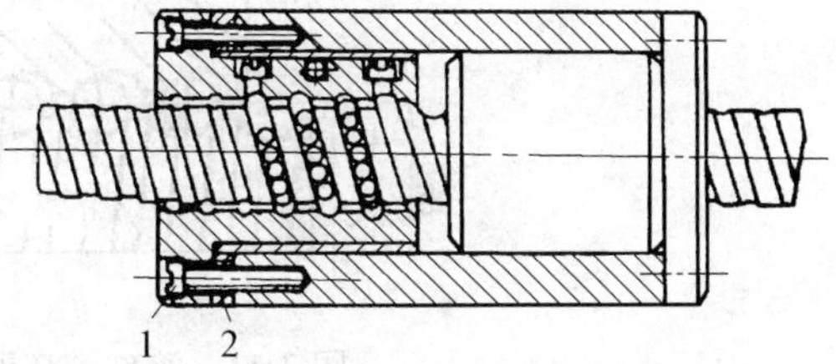

图 2-9 双螺母垫片预紧式

1—螺钉 2—垫片

——弹簧自动调整预紧式。如图 2-10 所示，双螺母中一个活动另一个固定，用弹簧使二者之间产生轴向位移并获得预紧力。其特点是能消除使用过程中由于磨损或弹性变形产生的间隙，但其结构复杂、轴向刚度低。

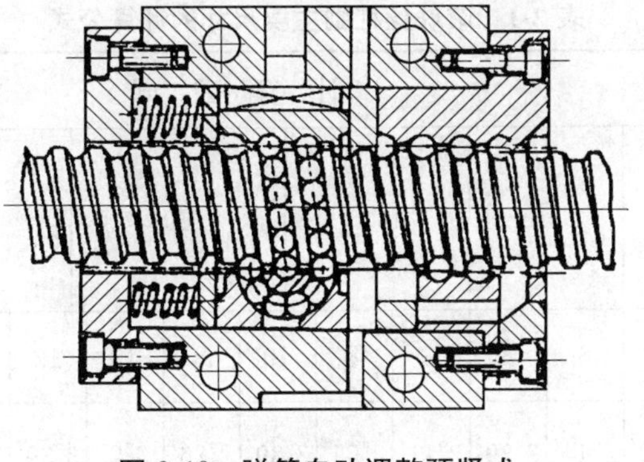

图 2-10 弹簧自动调整预紧式

3. 滚珠丝杠副的主要尺寸参数

滚珠丝杠副的主要尺寸参数如下：

——公称直径 d_0。指滚珠与螺纹滚道在理论接触角状态时包络滚珠珠心的圆柱直径。它是滚珠丝杠副的特征尺寸。

——基本导程 L_0（或螺距 t）。指丝杠相对于螺母旋转 2π 弧度时，螺母上基准点的轴向位移。

——行程 L。指丝杠相对于螺母旋转任意角度时，螺母上基准点的轴向位移。

此外还有丝杠螺纹大径 d、丝杠螺纹小径 d_1、滚珠直径 d_b、螺母螺纹大径 D、螺母螺纹小径 D_1、丝杠螺纹全长 L_s 等。滚珠丝杠副部分尺寸参数如图 2-11 所示。

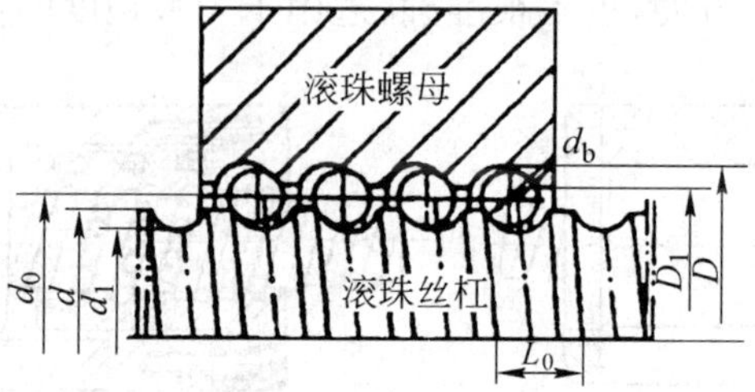

图 2-11 滚珠丝杠副的主要尺寸

基本导程的大小应根据机电一体化系统的精密要求确定。精度要求高时应选取较小的基本导程。滚珠的工作圈（或列）数和工作滚珠的数量由试验确定：第一、第二和第三圈（或列）分别承受轴向载荷的 50%、30%和 20%左右。因此，工作圈（或列）数一般取 2.5～3.5。滚珠总数 N 一般不超过 150。表 2-1 列出了滚珠丝杠副主要尺寸的计算公式。

表 2-1 滚珠丝杠副主要尺寸的计算公式

<table>
<tr><th>主要尺寸</th><th>符号</th><th colspan="13">计 算 公 式</th></tr>
<tr><td>标称直径（滚珠中心圆直径）</td><td>d_0/mm</td><td colspan="2">30</td><td colspan="2">40</td><td colspan="3">50</td><td colspan="3">60</td><td colspan="2">80</td><td>根据承载能力选用</td></tr>
<tr><td>导程</td><td>L_0/mm</td><td>5</td><td>6</td><td>6</td><td>8</td><td>6</td><td>8</td><td>10</td><td>8</td><td>10</td><td>12</td><td>10</td><td>12</td><td>根据承载能力选用</td></tr>
<tr><td>螺旋升角</td><td>λ</td><td>3°2′</td><td>3°39′</td><td>2°44′</td><td>3°39′</td><td>2°11′</td><td>2°55′</td><td>3°39′</td><td>2°26′</td><td>3°2′</td><td>3°39′</td><td>2°17′</td><td>2°44′</td><td>$\lambda=\arctan\frac{L_0}{\pi d_0}$
$\lambda=2°\sim5°$</td></tr>
</table>

续表 2-1

主要尺寸	符号	计算公式
滚珠直径	d_b/mm	3.175 | 3.969 | 3.969 | 4.763 | 3.969 | 4.763 | 5.953 | 4.763 | 5.953 | 7.144 | 5.953 | 7.144
螺纹滚道半径	R	一般 $R=(0.52\sim0.58)d_b$，目前内循环常取 $R=0.52d_b$，外循环常取 $R=0.52d_b$ 或 $R=0.56d_b$
接触角	α	$\alpha=45°$
偏心距	e	$e=(R-d_b/2)\sin\alpha=0.707(R-d_b/2)$
丝杠外径	d	$d=d_0-(0.2-0.25)d_b$
丝杠内径	d_1	$d_1=d_0+2e-2R$
螺纹牙顶圆角半径	r_3	$r_3=0.1d_b$(用于内循环)
螺母外径	D	$D=d_0-2e+2R$
螺母内径	D_1	$D_1=d_0+(0.2-0.25)d_b$(外循环) $D_1=d_0+(d_0-d)/3$(内循环)

4. 滚珠丝杠副的安装

(1)*支承方式* 为了保证滚珠丝杠副传动的刚度和精度，应选择合适的支承方式，选用高刚度、小摩擦力矩、高运转精度的轴承，并保证支承座有足够的刚度。

为了提高轴向刚度，常采用止推轴承为主的轴承组合来支承丝杠。目前常用的轴承组合有以下几种：

——双推—自由式，如图 2-12 所示。其固定端轴向、径向都需要有约束，采用止推轴承，另一端悬空。双推端可以预拉伸安装，预紧力较小，轴承寿命较高，但轴向

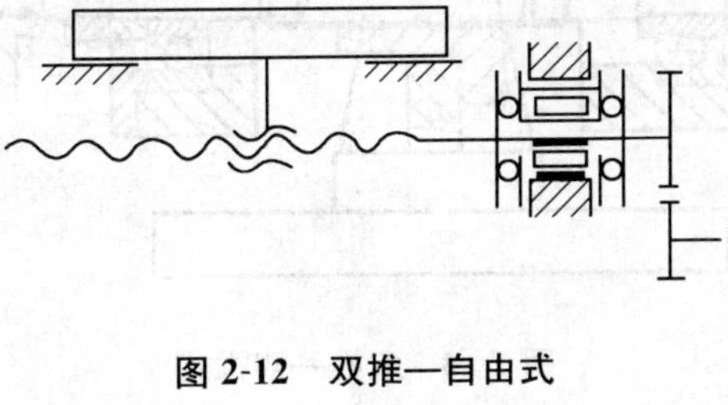

图 2-12 双推—自由式

刚度和承载能力低。这种结构只能用于短丝杠或竖直安装的丝杠，在水平安装时，两轴承之间的距离要尽量大一些。适用于轻载、低速的垂直安装丝杠传动系统。

——双推—简支式，如图 2-13 所示。固定端采用深沟球轴承 2 和双向推力球轴承 4，可分别承受径向和轴向负载，螺母 1、挡圈 3、轴肩、支承座 5、台肩、端盖 7 提供轴向限位，垫圈 6 可调节推力轴承 4 的轴向预紧力。游动端需要径向约束，轴向无约束。采用深沟球轴承 8，其内圈由挡圈 9 限位，外圈不限位，以保证丝杠在受热变形后可在游动端自由伸缩。适用于中速、精度较高的长丝杠传动系统。

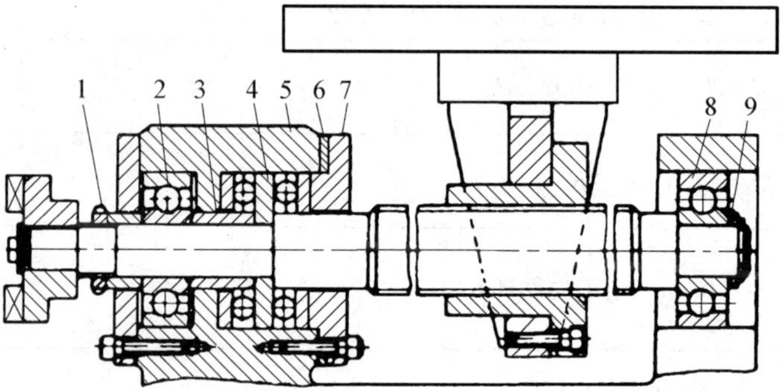

图 2-13 双推—简支式

1—螺母 2,8—深沟球轴承 3—挡圈 4—双向推力球轴承

5—支承座 6—垫圈 7—端盖 9—挡圈

——双推—双推式。这种两端固定方式的支承为减少丝杠因自重的下垂和补偿膨胀，应进行预拉伸。如图 2-14 所示。两端各采用一个推力角度接触球轴

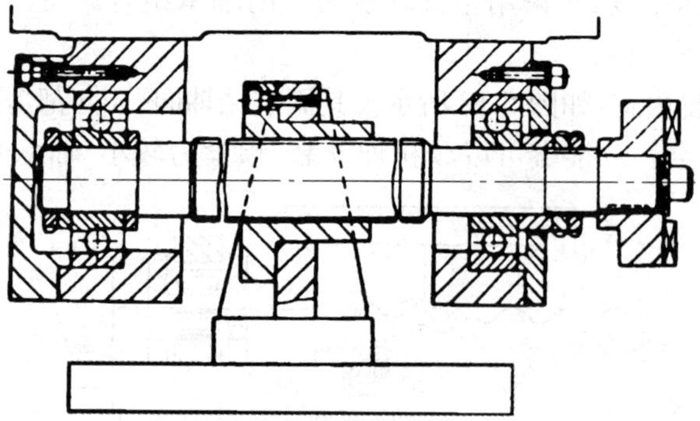

图 2-14 双推—双推式

承，外圈限位，内圈分别用螺母进行限位和预紧，调节轴承的间隙，并根据预计温升产生的热膨胀量对丝杠进行预拉伸。只要实际温升不超过预计的温升，这种支承方式就不会产生轴向间隙。使用时要注意当温度升高会使丝杠的预紧力增大，容易造成两端支承的预紧力不对称。适用于高刚度、高速度、高精度的传动系统。

(2)制动装置　垂直传动时，由于滚珠丝杠副的传动效率高，又无自锁能力，故需安装制动装置以满足其传动要求，如图 2-15 所示。由于超越离合器具有体积小、质量轻、易于安装等特点，因而被经常采用。图 2-16 为数控铣床主轴箱进给丝杠的制动装置示意图。当主轴(位于 7 内)作上下进给运动时，电磁线圈 4 通电并吸引铁芯，吸住弹簧 3，从而打开摩擦离合器 5。此时电动机 1 通过减速齿轮 2、滚珠丝杠副 6 将旋转运动转换成主轴箱 7 的垂直方向运动。当电动机停止运动或停电时，电磁线圈 4 也同时断电，在压缩弹簧 3 作用下摩擦离合器 5 压紧制动轮，从而使滚珠丝杠不能自由转动，防止主轴箱因自重而下滑。

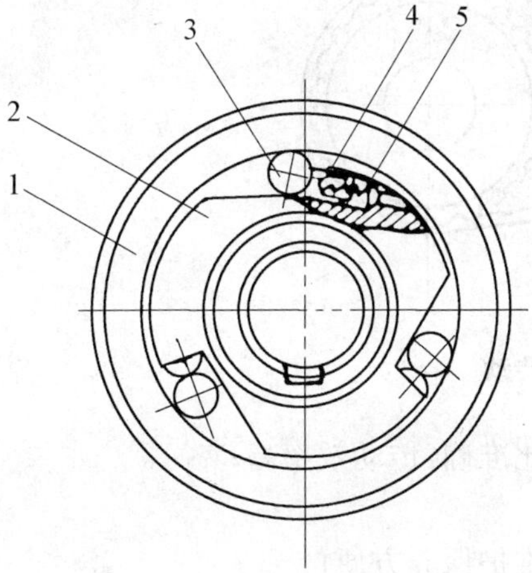

图 2-15　超越离合器

1—外圈　2—星轮　3—滚柱
4—活销　5—弹簧

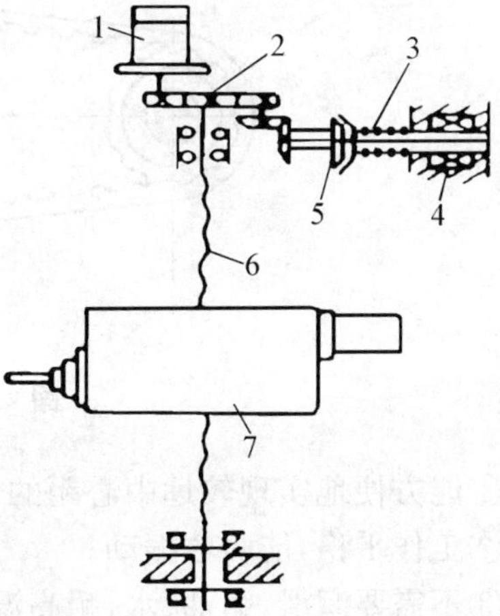

图 2-16　电磁—摩擦制动装置示意图

1—电动机　2—齿轮　3—压簧
4—电磁线圈　5—摩擦离合器
6—滚珠丝杠副　7—主轴箱

(3)润滑和密封　润滑剂可提高滚珠丝杠副的耐磨性和传动效率。润滑剂分为润滑油、润滑脂两大类。润滑油为一般机油或 90～180 号的透平油或 140 号主轴油，可通过螺母上的油孔将其注入螺纹滚道；润滑脂可采用锂基油脂，加在螺纹滚道和安装螺母的壳体空间内。

滚珠丝杠副在使用时常采用一些密封装置进行防护。为防杂质和水进入丝杠(否则会增加摩擦或造成损坏),对于预计会带进杂质之处使用防护套密封,以完全盖住丝杠轴。对于螺母,应在其两端进行密封。密封圈有接触式和非接触式两种,将其装在滚珠螺母的两端。密封防护材料必须具有防腐蚀和耐油性能。非接触式密封圈通常由聚氯乙烯等塑料制成,其内孔螺纹表面与丝杠纹之间稍有间隙;接触式密封圈用具有弹性的耐油橡胶或尼龙等材料制成,具有接触压力并产生一定的摩擦力矩,防尘效果好。

2.1.3.2 同步带传动

同步带传动是综合了带传动、齿轮传动和链传动特点的一种新型传动,如图2-17所示。带的工作表面加工有带齿,它与加工有相应齿形的带轮相啮合,用来传递运动和动力。与一般带传动相比较,同步带传动具有如下特点:

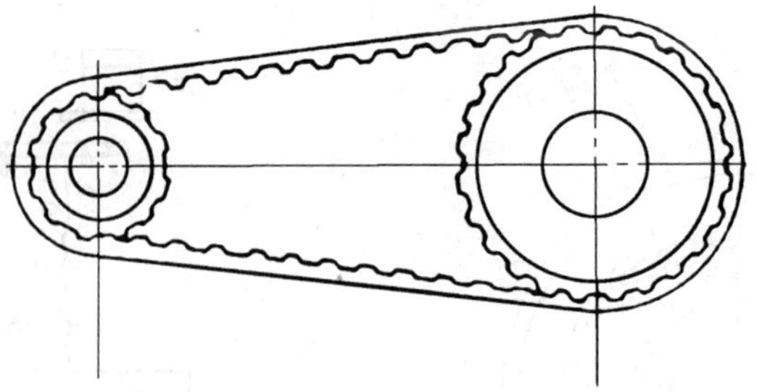

图 2-17 同步带传动

①能方便地实现较远中心距的传动,传动比准确,传动效率高;

②工作平稳,能吸收振动;

③不需要润滑,耐油、水,耐高温,耐腐蚀,维护保养方便;

④强度高,厚度小,质量轻;

⑤中心距要求严格,安装精度要求高;

⑥制造工艺复杂,成本高。

因此在数控机床、工业机器人等伺服传动中,同步带传动得到了广泛应用。同步带按照用途分,有一般工业用同步带(梯形齿同步带),大转矩同步带(圆弧齿同步带),特种规格的同步带,特殊用途的同步带(耐油性同步带、耐热性同步带、高电阻同步带、低噪声同步带)。按规格制度分,有模数制(俄罗斯和东欧各国使用)和节距制(世界广泛采用的一种规格制度)同步带。本书主要介绍常用的梯形齿同步带。

梯形齿同步带的结构如图 2-18 所示。同步齿形带一般由带背、承载绳、带齿组成。在以氯丁橡胶为基体的同步带上，其齿面还覆盖了一层尼龙包布(与普通带类似)。

承载绳传递动力，同时保证带的节距不变，因此承载绳应有较高的强度和较小的伸长率，目前常用的材料有钢丝、玻璃纤维、芳香族聚纤胺纤维(芳纶)。带背是承受弯曲应力的，须有良好的弹性、韧性和耐弯曲疲劳能力；带齿是直接与钢制带轮啮合并传递扭矩的，因此要求有很高的剪切强度、耐磨性、耐油性和耐热性；包布层可以增加带齿的耐磨性，提高带的抗拉强度，一般用尼龙织成。

同步带的主要参数和尺寸规格如图 2-19 所示，其主要参数是带齿的节距 p_b。由于承载绳在工作时长度不变，因此承载绳的中心线被规定为同步带的节线，且以节线长度 L_p 作为其公称长度。同步带上相邻两齿对应点沿节线度量的距离称为带齿的节距 p_b。同步带的尺寸型号和节距见表 2-2。

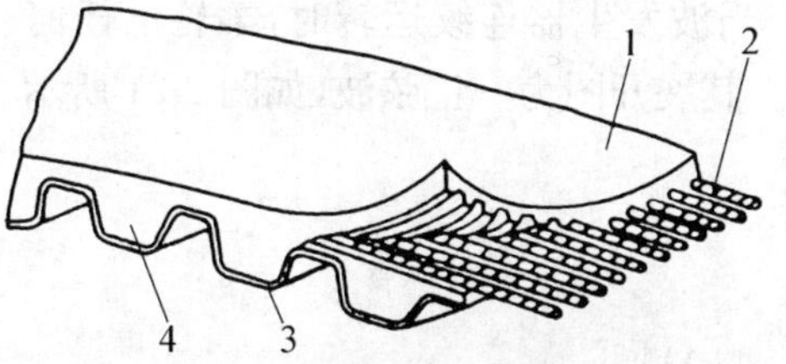

图 2-18　梯形齿同步带结构

1—带背　2—承载绳　3—包布层　4—带齿

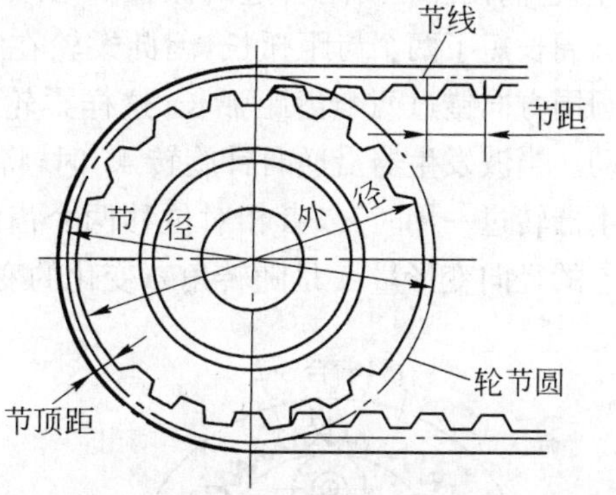

图 2-19　同步带主要参数

表 2-2　同步带的型号和尺寸

型　号	MXL	XXL	XL	L	H	XH	XXH
节距/mm	2.023	3.175	5.080	9.525	12.700	22.225	31.75

2.1.3.3　谐波齿轮传动

谐波齿轮传动是一种新型传动，其原理是依靠柔性齿轮所产生的可控制弹性变形波，引起齿间的相对位移来传递动力和运动的。柔轮的变形是一个基本对称的和谐波，故称为谐波传动。

谐波齿轮传动的工作原理如图 2-20 所示。谐波齿轮传动主要由波形发生器 H、柔轮 1 和刚轮 2 组成。柔轮具有外齿，刚轮具有内齿，它们的齿形为三角形或渐开线形。二者的齿距 p 相等，但齿数不同。刚轮的齿数 Z_g 比柔轮齿数 Z_r 多。柔轮的轮缘极薄，刚度很小，在未装配前，柔轮是圆形的。由于波形发生器的直径比柔轮内圆的直径略大，所以当波形发生器装入柔轮的内圆时，就迫使柔轮变形，呈椭圆形。在椭圆长轴的两端（图中 A 点、B 点），刚轮与柔轮的轮齿完全啮合；而在椭圆短轴的两端（图中 C 点、D 点），两轮的轮齿完全分离；长短轴之间的齿，则处于半啮合状态，即一部分正在啮入，一部分正在脱出。

图 2-20 所示的波形发生器有两个触头，称双波发生器。刚轮与柔轮的齿数相差为 2，周长相差 2 个齿距的弧长。若采用单波时，齿数差为 1；采用三波时，齿数差为 3。

当波形发生器转动时，迫使柔轮的长短轴的方向随之发生变化，柔轮与刚轮上的齿依次进入啮合。柔轮与刚轮在节圆处的啮合过程，如同两个纯滚动的圆环一样，它们在任一瞬间转过的弧长都必须相等。对于双波传动，由于柔轮比刚轮的节圆周长短了两个齿距弧长，因此柔轮在啮入和啮出的一转中，就必然相对于刚轮在圆周方向错过两个齿距弧长，这样柔轮就相对于刚轮沿着波发生器相反的方向转动。当波发生器沿逆时针旋转 45°时，将迫使柔轮和刚轮相对移动 1/4 齿距；当波发生器转过一周时，二者相对位移两个齿距。当波发生器连续运转时，柔轮上任何一点的径向变形量 Δ 是随转角 φ 变化的变量。其展开图为一正弦波，如图 2-21 所示。

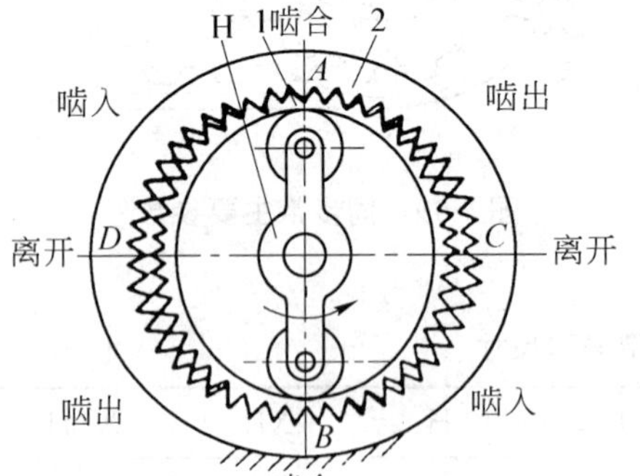

图 2-20　谐波齿轮传动

H—波发生器　1—柔轮　2—刚轮

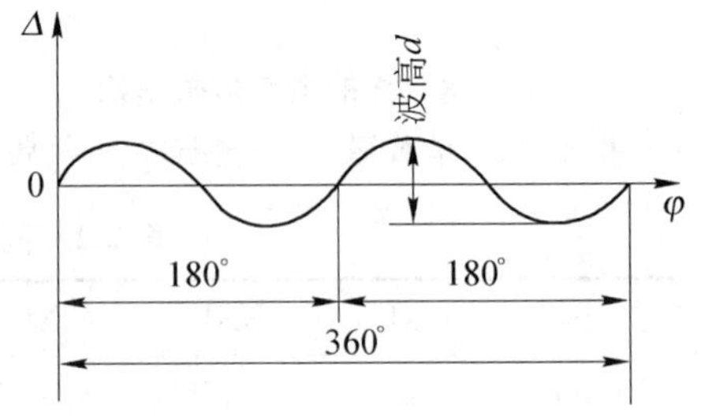

图 2-21　柔轮(双波)变形波波形

谐波齿轮传动的波形发生器相当于行星轮系的转臂，柔轮相当于行星轮，刚轮则相当于中心轮。故谐波齿轮传动装置的传动比可以应用行星轮系求传动比的方式来计算。设刚轮、柔轮和波发生器的角速度分别为 ω_g、ω_r、ω_H，那么

$$i_{rg}^{H}=\frac{\omega_r-\omega_H}{\omega_g-\omega_H}=\frac{z_g}{z_r} \tag{2-3}$$

①当柔轮固定时，$\omega_r=0$，则有

$$i_{rg}^{H}=\frac{-\omega_H}{\omega_g-\omega_H}=\frac{z_g}{z_r}$$

$$\frac{\omega_g}{\omega_H}=1-\frac{z_r}{z_g}=\frac{z_g-z_r}{z_g}$$

$$i_{Hg}=\frac{\omega_H}{\omega_g}=\frac{z_g}{z_g-z_r}$$

若 $z_g=202$，$z_r=200$，则 $i_{Hg}=101$。结果为正，说明刚轮与波形发生器旋转方向相同。

②当刚轮固定时，$\omega_g=0$，则有

$$i_{rg}^{H}=\frac{\omega_r-\omega_H}{-\omega_H}=\frac{z_g}{z_r}$$

$$1-\frac{\omega_r}{\omega_H}=\frac{z_g}{z_r}$$

$$i_{Hr}=\frac{\omega_H}{\omega_r}=\frac{z_r}{z_r-z_g}$$

若 $z_g=202$，$z_r=200$，则 $i_{Hr}=-100$。负值说明柔轮和波形发生器旋转方向相反。

与一般齿轮传动相比，谐波齿轮传动具有以下优点：

(1)传动比大　单级谐波齿轮的传动比为 50～5 000。多级和复式传动的传动比更大，可达 30 000 以上。不仅用于减速，还可用于增速。

(2)承载能力大　谐波齿轮传动同时啮合的齿数多，可达柔轮或刚轮齿数的 30%～40%，因此能承受大的载荷。

(3)传动精度高　由于啮合齿数较多，因而误差得以均化。同时，通过调整，齿侧间隙较小，回差较小，因而传动精度高。

(4)可以向密封空间传递运动或动力　当柔轮被固定后，它既可以作为密封传动装置的壳体，又可以产生弹性变形，即完成错齿运动，从而达到传递运动或动力的目的。因此，它可以用来驱动在高真空、有原子辐射或其他有害介质的空间工作的传动机构。这一特点是现有其他传动机构所无法比拟的。

(5)传动平稳　基本上无冲击振动。这是由于齿的啮入与啮出按正弦规律变化，无突变载荷和冲击载荷，磨损小，无噪声。

(6)传动效率高　单级传动的效率一般在 69%～96%之间。

(7)结构简单　谐波齿轮一般体积小巧、质量轻。

谐波齿轮传动的缺点是：

①柔轮和波形发生器制造复杂，需专门设备，成本较高。

②传动比下限值较高。

③不能做成交叉轴和相交轴的结构。

由于谐波齿轮传动的上述优点，在机电一体化系统中得到了广泛的应用。如用于机器人、雷达、射电望远镜、电子仪器、仪表等的大传动比传动机构中。

2.1.3.4 软轴传动机构

软轴又称作钢丝软轴，是由几层紧密缠在一起的弹簧钢丝层构成的，相邻层的缠绕方向相反，如图 2-22 所示。工作时相邻两层钢丝中的一层趋于拧紧，另一层趋于拧松，以使各层钢丝间趋于压紧，传递转矩。

常用的钢丝软轴主要有功率型(G 型)软轴和控制型(K 型)软轴。主要用于两个传动机件的轴线不在同一直线上，或工作时彼此要求有相对运动的传动。它可以弯曲地绕过各种障碍物，远距离传递回转运动。适合于受连续冲击的场合，也适用于高速、小转矩的场合，其转速可达 20 000 r/min，传递功率不超过 5.5 kW，不适合低速大转矩的传动，因为这将使从动轴的转速不均匀，扭转刚度无法保证。

2.1.3.5 棘轮传动机构

棘轮传动机构主要应用于将原动机构的连续运动转换成间歇运动。它主要由棘轮和棘爪组成，其工作原理如图 2-23 所示。棘爪 1 装在摇杆 4 上，能围绕 O_1

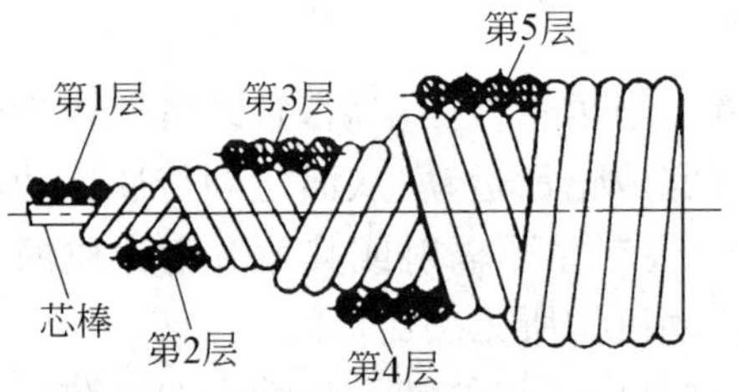

图 2-22 软轴

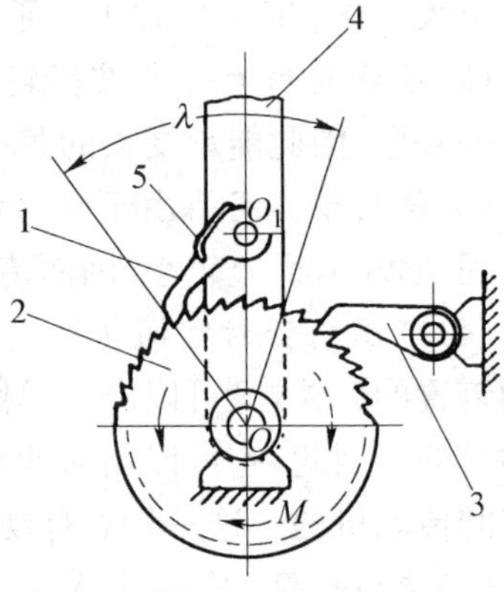

图 2-23 棘轮传动

1—棘爪 2—棘轮 3—止动爪

4—摇杆 5—扭簧

点转动，摇杆空套在棘轮凸缘上作往复摆动。当摇杆作逆时针方向摆动时，棘爪与棘轮2的齿啮合，克服棘轮轴上的外加力矩 M，推动棘轮朝逆时针方向转动，此时止动爪3在棘轮齿上打滑。当摇杆摆过一定角度 λ 而返向作顺时针方向摆动时，止动爪3把棘轮闸住，使其不致因外加力矩 M 的作用而随同摇杆一起作返向转动，此时棘爪1在棘轮齿上打滑而返回到起始位置。摇杆如此往复不停地摆动时，棘轮就不断地按逆时针方向间歇地转动。扭簧5用于帮助棘爪与棘轮齿啮合。

间歇机构还有槽轮传动机构、凸轮传动机构等，这里不再介绍。

2.1.3.6 滚珠花键机构

滚珠花键机构的结构如图2-24所示。花键轴的外圈均布3条凸起轨道，配有6条负荷滚珠列，相对应有6条退出滚珠列。轨道横截面为近似滚珠的凹形，以减少接触应力。承受载荷转矩时，3条负荷滚珠列自动定心，反转时，另外3条承载并自动定心。这种结构使切向间隙减小，必要时还可以用一个花键螺母的旋转方向施加预紧力后再锁紧，使其刚度高、定位准。其外筒上开有键槽，用于连接其他传动件。保持架能使滚珠相互不产生摩擦，拆卸时不至于脱落。为提高滚珠花键的使用寿命，用橡皮密封垫防尘，通过油孔注入润滑油。滚珠花键传动主要用于高速场合，其运动速度可达60 m/min。

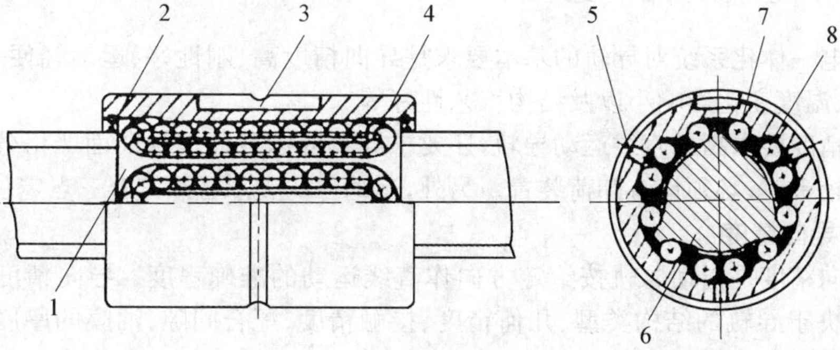

图2-24 滚珠花键传动

1—保持架 2—橡皮密封垫 3—键槽 4—外筒 5—油孔
6—花键轴 7—负荷滚珠列 8—退出滚珠列

滚珠花键传动目前广泛地用于镗床、钻床、组合机床等机床的主轴部件，各类测量仪器、自动绘图仪中的精密导向机构，压力机、自动搬运机等机械的导向轴，各类变速装置以及各类工业机器人的执行机构等。

2.2 导向机构

在机电一体化机械系统中，导向支承部件的作用是支承和限制运动部件按给定的运动要求和运动方向运动，这样的部件通常被称为导轨副，简称导轨。

2.2.1 导轨的组成、分类及特点

导轨主要由两部分组成，在工作时一部分固定不动，称为支承导轨；另一部分相对支承导轨作直线或回转运动，称为动导轨。

常用的导轨种类很多，按其接触面的摩擦性质可分为滑动导轨、滚动导轨、流体介质摩擦导轨等。按其结构特点可分为开式导轨（借助重力或弹簧弹力保证运动件与承导面之间的接触）和闭式导轨（只靠导轨本身的结构形状保证运动件与承导面之间的接触）。根据导轨之间的摩擦情况，常用导轨有滑动导轨和滚动导轨。滑动导轨的两导轨工作面的摩擦性质为滑动摩擦。滚动导轨的两导轨工作面的摩擦性质为滚动摩擦。

2.2.2 导轨的基本要求

机电一体化系统对导轨的基本要求是导向精度高、刚性好、运动轻便平稳、耐磨性好、温度变化影响小以及结构工艺性好等。

对精度要求高的直线运动导轨，还要求导轨的承载面与导向面严格分开。当运动件较重时，必须设有卸荷装置。另外，运动件的支承必须符合三点定位原理。

1. 导向精度

导向精度是指动导轨按给定方向作直线运动的准确程度。导向精度的高低主要取决于导轨的结构类型、几何精度、接触精度、配合间隙、油膜的厚度和刚度以及导轨和基础件的刚度和热变形等。

如图 2-25 所示，直线运动导轨的几何精度一般包括以下两项：

(1)直线度　导轨在垂直平面内的直线度（纵向直线度）如图 2-25(a)所示，导轨在水平平面内的直线度（横向直线度）如图 2-25(b)所示。理想的导轨与垂直和水平截面上的相交线都应该是一条直线。在实际制造过程中，由于加工误差使实际轮廓线偏离理想的直线。测得实际包容线的两平行直线间的宽度 ΔV、ΔH，即为导轨在垂直平面内或水平平面内的直线度。在这两种精度中，一般规定导轨全长上的直线度或导轨在一定长度上的直线度。

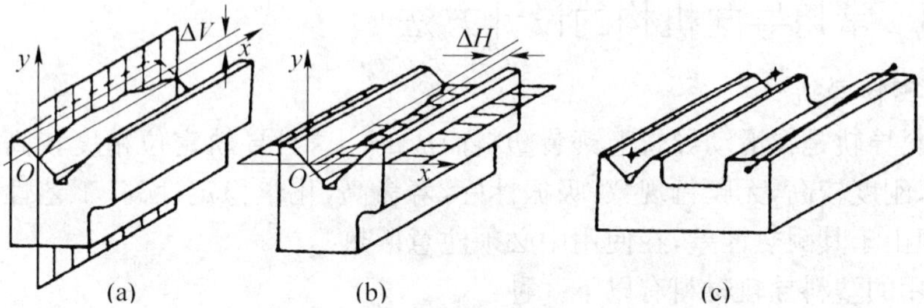

图 2-25 直线运动导轨的几何精度

(2)两导轨面间的平行度 这项误差一般规定用在导轨一定长度上或全长上的横向扭曲值表示,如图 2-25(c)所示。

2. 刚度

导轨的刚度就是抵抗因载荷而变形的能力。抵抗恒定载荷的能力称为静刚度,抵抗交变载荷的能力称为动刚度。导轨受力变形会影响导轨的导向精度及部件之间的相对位置。为了加强导轨的自身刚度,常用增大尺寸、合理布置筋与筋板或添加辅助导轨等办法来解决。

3. 耐磨性

导轨的耐磨性是指导轨在长期使用后,应能保持一定的导向精度。导轨的耐磨性主要取决于导轨的结构、材料、摩擦性质、表面粗糙度、表面硬度、表面润滑及受力情况等。提高导轨的精度保持性,必须进行正确的润滑与保护。采用独立的润滑系统自动润滑已被普遍应用。防护的方法目前主要采用多层金属薄板伸缩式防护罩进行防护。

4. 运动的灵活性和低速运动的平稳性

机电一体化系统和计算机外围设备等的精度和运动速度都比较高,因此,导轨应有较好的灵活性和平稳性,工作时应轻便省力,速度均匀,低速运动或微量位移时不出现爬行现象,高速运动时应无振动。在低速运行时(如 0.05 mm/min),往往不是作连续的匀速运动而是时走时停(即爬行),其主要原因是摩擦系数随运动速度变化和传动刚性不足造成的。

为防止爬行现象的出现,可同时采取以下几项措施:采用滚动导轨、静压导轨、卸荷导轨、贴塑料层导轨等;在普通滑动导轨上使用含有极性添加剂的导轨油;用减小结合面、增大结构尺寸、缩短传动链、减少传动副等方法来提高传动系统的刚度。

2.2.3 常用导向机构的设计方法

1. 塑料导轨

塑料导轨是在滑动导轨上镶装塑料而成的。这种导轨定位精度较高，摩擦系数较小，刚度较高，无爬行现象，吸振性好，寿命高，化学稳定性高，工艺性好，维护方便；但由于其耐热性差，在使用中必须注意散热。

常用的塑料导轨材料有以下3种：

(1)*塑料导轨软带* 国产的TSF塑料导轨软带是以聚四氟乙烯为基材，添加合金粉和氧化物所构成的高分子复合材料。将塑料导轨软带粘贴在金属导轨上所形成的导轨又称为贴塑导轨。

软带粘贴形式如图2-26所示。图2-26(a)为平面式，多用于设备的维修；图2-26(b)为埋头式，即粘贴软带的导轨加工有带挡边的凹槽，多用于新产品。

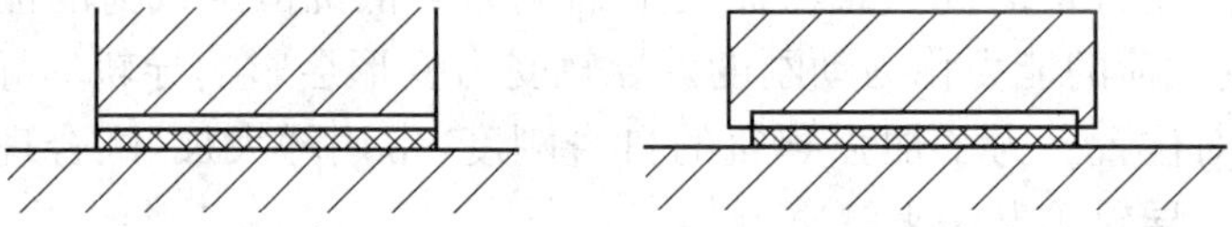

(a)平面式 (b)埋头式

图2-26 塑料导轨软带粘贴形式

这种软带可与铸铁或钢组成滑动摩擦副，也可以与滚动导轨组成滚动摩擦副。

(2)*金属塑料复合导轨板* 导轨板分3层，如图2-27所示。内层为钢带，以保证导轨板的机械强度和承载能力。钢带上镀有烧结成球的青铜粉或青铜丝网，形成多孔中间层，再浸渍聚四氟乙烯等塑料填料。中间层可以提高导轨的导热性，避免浸渍进入孔或网中的氟塑料产生冷流和蠕变。当青铜与配合面摩擦而发热时，膨胀系数远大于金属的塑料从中间层的孔隙中挤出，向摩擦表面转移，形成厚度0.01～0.05 mm的表面自润滑塑料外层。

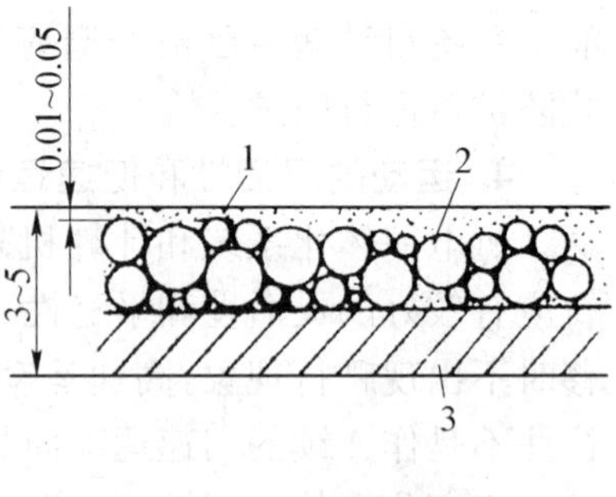

图2-27 金属塑料复合导轨

1—外层 2—中间层 3—内层

这种导轨板一般用胶粘贴在金属导轨上，成本比聚四氟乙烯软带高。

(3)*塑料涂层* 导轨副中，若只有一面磨损严重，则可以把磨损部分切除，涂敷配制好的胶状塑料涂层，利用模具或另一摩擦面使涂层成形，固化后的塑料涂层即成为摩擦副中的配对面之一，与另一金属配对面形成新的摩擦副。目前常用的塑料涂层材料有环氧涂料和含氟涂料。它们都是以环氧树脂为基体，但所用牌号和加入的成分有所不同。环养涂料的优点是摩擦系数小且稳定，防爬行性能好，有自润滑作用；缺点是不易存放，且黏度不断增大。含氟涂料则克服了上述缺点。

这种方法主要用于导轨的维修和设备的改造，也可用于新产品设计。

2. 滚动导轨

滚动导轨是在做相对直线运动的两导轨面之间加入滚动体，变滑动摩擦为滚动摩擦的一种直线运动支承。滚动导轨作为滚动摩擦副的一类，具有很多优点。

①摩擦系数小(0.003～0.005)，运动灵活；

②动、静摩擦系数基本相同，因而启动阻力小，不易产生爬行现象；

③可以预紧，刚度高；

④寿命长；

⑤精度高；

⑥润滑方便，可以采用脂润滑，一次装填，长期使用。

滚动导轨按滚动体形状不同，可以分为滚珠导轨、滚柱导轨、滚针导轨 3 种，如图 2-28 所示。

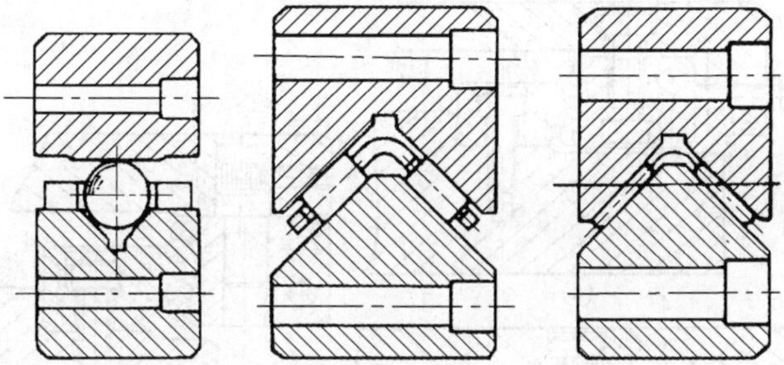

(a)滚珠导轨　(b)滚柱导轨　(c)滚针导轨

图 2-28　滚动导轨结构形式

滚珠导轨为点接触，摩擦小、灵敏度高，但承载能力小、刚度低，适用于载荷不大、行程较小而运动灵敏度要求较高的场合。滚柱导轨为线接触，承载能力和刚度都比滚珠导轨大，适用于载荷较大的场合，但制造安装要求高。滚柱结构有实心和空心两种。空心滚柱在载荷作用下有微小变形，可减小导轨局部误差和滚柱尺寸对运动部件导向精度的影响。滚针导轨的尺寸小、结构紧凑、排列密集、承载能力大，但摩擦相应增加，精度较低，适用于载荷大、导轨尺寸受限制的场合。

按滚动体的循环方式，滚动导轨又可分为滚动体不循环式导轨和滚动体循环式导轨两种。

(1)滚动体不循环式导轨　不循环式导轨的滚动体可以是滚珠、滚柱或滚针。它们的共同特点是滚动体不循环，因而行程不能太长。这种导轨结构简单，制造容易，成本较低，但有时难以施加预紧力，刚度较低，抗振性能差，不能承受冲击载荷。

(2)滚动体循环式导轨　图2-29为行程无限的标准滚动导轨副，滚动体可以是滚珠、滚柱或滚针，这种导轨副用于重载荷条件下。

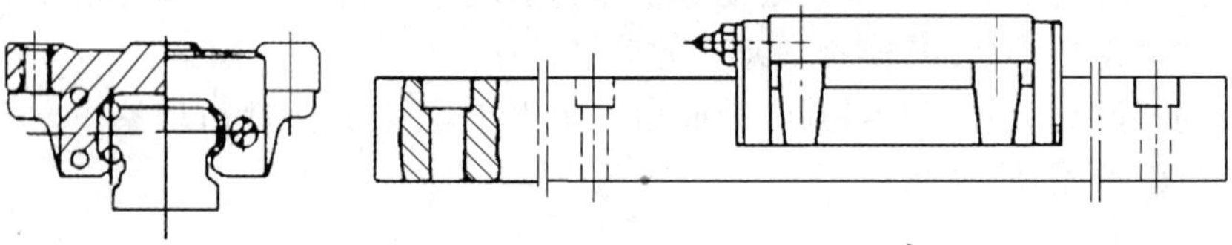

图2-29　滚动体循环式导轨副

图2-30为标准化的滚动导轨副。它具有不同的间隙预紧结构。图2-30(a)中

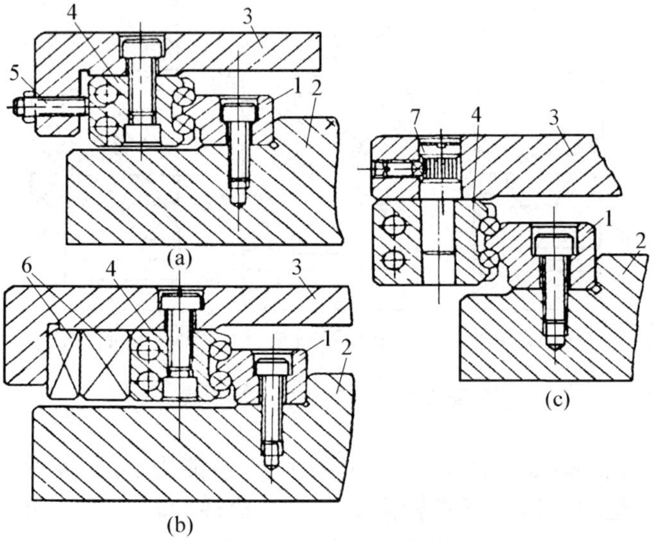

图2-30　滚动导轨副

1—定导轨　2—机身　3—运动部件　4—动导轨

5—调整螺钉　6—塞块　7—偏心调整销轴

定导轨 1 用螺钉固定在机身 2 上，动导轨 4 固定在运动件 3 上，其间隙可用调节螺钉 5 调节，故其精度和刚度均较低。图 2-30(b)中采用塞块 6 调整间隙，其精度和刚度均较高。图 2-30(c)中采用偏心销轴 7 进行间隙调整。

3. 滚动轴承导轨

滚动轴承导轨与滚珠、滚柱导轨的主要区别是它不仅起着滚动体的作用，而且还代替了导轨。它的主要特点是：摩擦力矩小，运动平稳、灵活，承载能力大，调节方便，导轨面积小，加工工艺性好，能长久地保持较高的精度。但其精度受到轴承精度的影响。滚动轴承导轨在精密机械设备和仪器中均有采用，如电子计算机的磁盘存储器以及测长仪等。

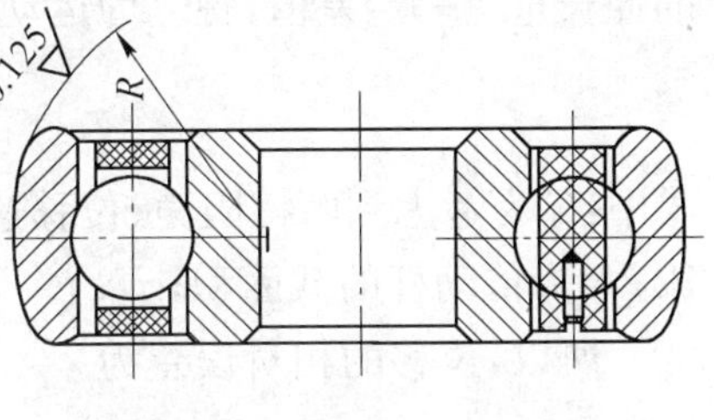

图 2-31 导轨用滚动轴承

用作导轨的滚动轴承与标准轴承有所不同，标准滚动轴承是外环固定，内环旋转，而用作导轨的滚动轴承恰恰相反。其轴承的内外环比标准轴承厚(图 2-31)，精度更高，如三坐标测量机的滚动轴承的径向跳动量要求在 0.5～1 μm 之间，而轴承厂供应的最精密轴承的径向跳动也达 2～3 μm，故只能用在导轨中作压紧作用，用作导向与支承的滚动轴承需专门制造。

2.3 执行机构

在机电一体化系统中，为实现不同的目的和功能，需要采用不同形式的执行机构，主要有机械式的、电子式的、激光的和电动的执行机构等。在本节中，我们主要讨论机电一体化机械系统中的执行机构。执行机构是实现机电一体化产品主要功能的一个重要环节，它要能够保证按时、准确地完成预期的动作，并且要求具有动态特性好、响应速度快、精度高、灵敏度高等特点。

2.3.1 热变形式执行机构

热变形式执行机构属于微动机构，该类机构利用电热元件作为动力源，电热元件通电后产生热变形实现微小位移，其工作原理如图2-32所示。传动杆 1 的一端固定在机座上，另一端固定在沿导轨移动的运动件 3 上。电阻丝 2 通电加热时，传动杆 1 受热伸长，其伸长量 ΔL(mm)为

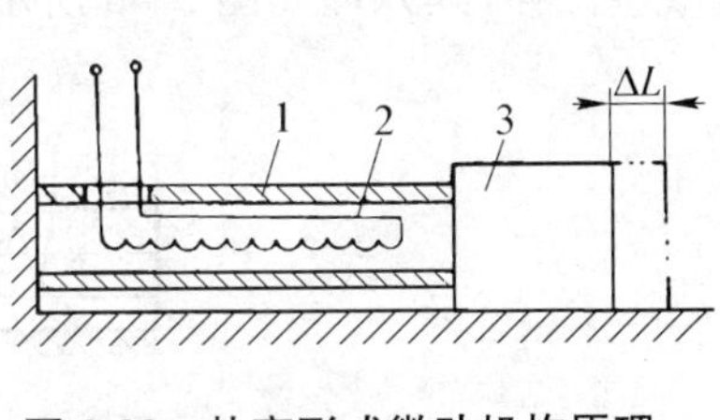

图 2-32 热变形式微动机构原理

1—传动杆 2—电阻丝 3—运动件

$$\Delta L = \alpha L(t_1 - t_0) = \alpha L \Delta t \tag{2-4}$$

式中：α 为传动杆材料的线性膨胀系数，K^{-1}；L 为传动杆长度，mm；t_1 为加热后的温度，℃；t_0 为加热前的温度，℃；Δt 为加热前后的温度差，℃。

当传动杆 1 由于伸长而产生的力大于导轨副中的静摩擦力时，运动件 3 就开始移动。理想情况为运动件的移动量等于传动杆的伸长量，但由于导轨副摩擦力性质、位移速度、运动件质量以及系统阻尼的影响，实际运动件的移动量与传动件的伸长量有一定差值，称之为运动误差 ΔS(mm)：

$$\Delta S = \pm \frac{CL}{EA}$$

式中：C 为考虑到摩擦阻力、位移速度和阻尼的系数；E 为传动杆材料的弹性模量，Pa；A 为传动杆的截面积，m^2。

所以，位移的相对误差为

$$\frac{\Delta S}{\Delta L} = \pm \frac{C}{EA\alpha \Delta t} \tag{2-5}$$

为减少微量位移的相对误差，应增加传动杆的弹性模量、线膨胀系数和截面积。因此作为传动杆的材料，其线性膨胀系数和弹性模量要高。

热变形微动机构可利用变压器、变阻器等来调节传动杆的加热速度，以实现对位移速度和微进给量的控制。为了使传动杆恢复到原来的位置（或使运动件复位），可利用压缩空气或乳化液流经传动杆的内腔使之冷却。

热变形微动机构具有高刚度和无间隙的优点，并可通过控制加热电流来得到所需微量位移。但由于热惯性以及冷却速度难以精确控制等原因，这种微动系统只适用于行程较短、频率不高的场合。

2.3.2 磁致伸缩式微动机构

该类机构利用某些材料在磁场作用下具有改变尺寸的磁致伸缩效应来实现微量位移，其原理如图 2-33 所示。磁致伸缩棒 1 左端固定在机座上，右端与运动

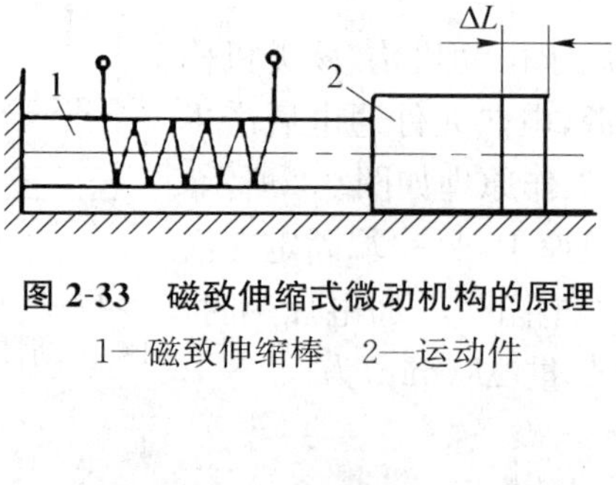

图 2-33 磁致伸缩式微动机构的原理

1—磁致伸缩棒 2—运动件

件 2 相连,绕在伸缩棒外的磁致线圈通电励磁后,在磁场作用下,棒 1 产生伸缩变形而使运动件 2 实现微量移动。通过改变线圈的通电电流来改变磁场强度,使棒 1 产生不同的伸缩变形,从而运动件可得到不同的位移量。在磁场作用下,伸缩棒的变形量 ΔL(μm)为

$$\Delta L = \pm \lambda L \tag{2-6}$$

式中:λ 为材料磁致伸缩系数,μm/m;L 为伸缩棒被磁化部分的长度,m。

当伸缩棒变形时产生的力能克服运动件导轨副的摩擦时,运动件产生位移,其最小位移量 ΔL_{min} 为

$$\Delta L_{min} > F_0 / K \tag{2-7}$$

最大位移量 ΔL_{max} 为

$$\Delta L_{max} \leqslant \lambda_s L - F_d / K \tag{2-8}$$

式中: F_0 为导轨副的静摩擦力; F_d 导轨副的动摩擦力; K 为伸缩棒的纵向刚度; λ_s 为磁饱和时伸缩棒的相对磁致伸缩系数。

磁致伸缩式微动机构的特征为重复精度高,无间隙,刚度好,转动惯量小,工作稳定性好,结构简单、紧凑。由于工程材料的磁致伸缩量有限,该类机构所提供的位移量很小,如 100 mm 长的铁钴矾棒,磁致伸缩只能伸长 7 μm,因而该类机构适用于精确位移调整、切削刀具的磨损补偿及自动调节系统。

图 2-34 所示为磁致伸缩式精密工作台,它利用粗、精位移相结合得到所需的较大的进给量。传动箱 1 经丝杠螺母副传动得到粗位移,装在螺母与工作台 3 之间的磁致伸缩棒 2 实现微量位移。

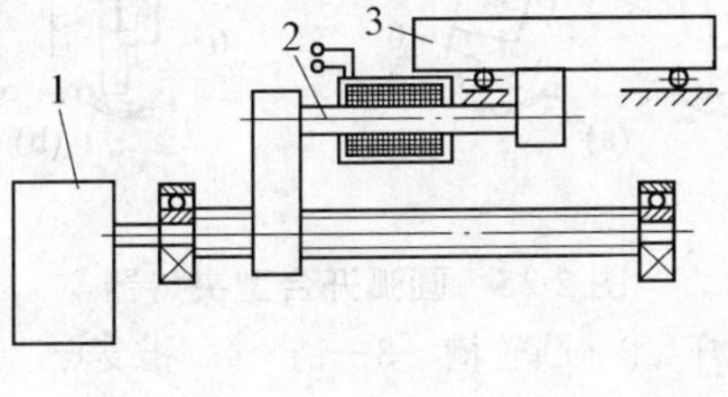

图 2-34　磁致伸缩式精密坐标工作台

1—传动箱　2—磁致伸缩棒　3—工作台

2.3.3　工业机器人末端执行器

工业机器人是一种自动控制、可重复编程、多功能、多自由度操作机,是能搬

动物料、工件或操作工具以及完成其他各种作业的机电一体化设备。工业机器人末端执行器装在操作机手腕的前端，是直接实现操作功能的机构。

末端执行器因用途不同而结构各异，一般可分为3大类：机械夹持器、特种末端执行器、万能手（或灵巧手）。

1. 机械夹持器

它是工业机器人中最常用的一种末端执行器。机械夹持器首先应有一定的力约束和形状约束，以保证被夹工件在移动、停留和装入过程中，不改变姿态。当需要松开工件时，应完全松开。另外它还应保证工件夹持姿态再现几何偏差在给定的公差带内。

机械夹持器常用压缩空气作动力源，经传动机构实现手指的运动。根据手指夹持工件时的运动轨迹的不同，机械夹持器可有下述几种型式。

——圆弧开合型。在传动机构带动下，手指指端的运动轨迹为圆弧，如图2-35所示。图2-35(a)采用凸轮机构，图2-35(b)采用连杆机构作为传动件。夹持器工作时，两手指绕支点作圆弧运动，同时对工件进行夹持和定心。这类夹持器对工件被夹持部位的尺寸有严格要求，否则可能会造成工件状态失常。

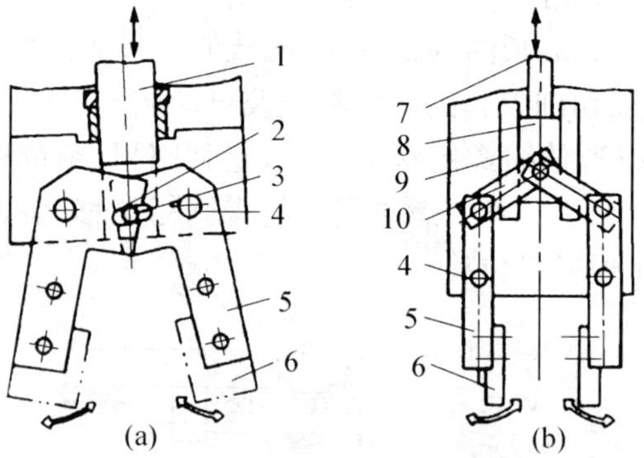

图2-35 圆弧开合型夹持器

1—活塞杆 2—凸轮槽 3—销 4—指支点 5—手指
6—卡爪 7—杆 8—十字头 9—导轨 10—中间连杆

——圆弧平行开合型。这类夹持器两手指工作时作平行开合运动，而指端运动轨迹为一圆弧。图2-36所示的夹持器是采用平行四边形传动机构带动手指平行开合的两种情况，其中图2-36(a)所示机构在夹持时指端前进，图2-36(b)所示机构在夹持时指端后退。

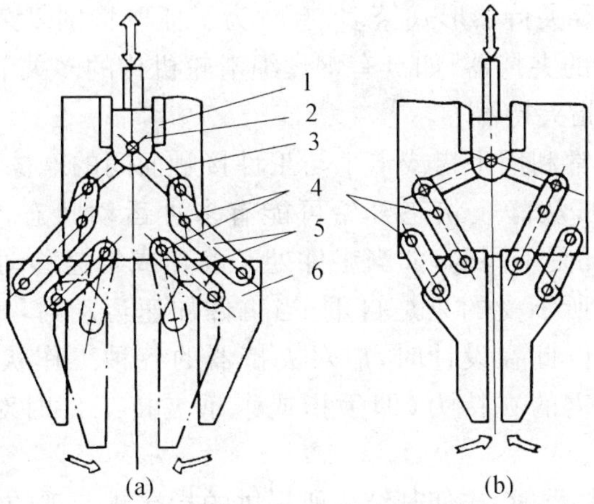

图 2-36 圆弧平行开合型夹持器

1—导轨 2—十字头 3—中间连杆 4—指支点 5—平行连杆 6—手指

——直线平行开合型。这类夹持器两手指的运动轨迹为直线，且两指夹持面始终保持平行，如图 2-37 所示。图 2-37(a)采用凸轮机构实现两手指的平行开合，在各指的滑动块上开有斜形凸轮槽，当活塞杆上下运动时，通过装在其末端的滚子在凸轮中运动，实现手指的平行夹持运动。图 2-37(b)采用齿轮齿条机构，当活塞杆末端的齿条带动齿轮旋转时，手指上的齿条作直线运动，从而使两手指平形开合，用来夹持工件。

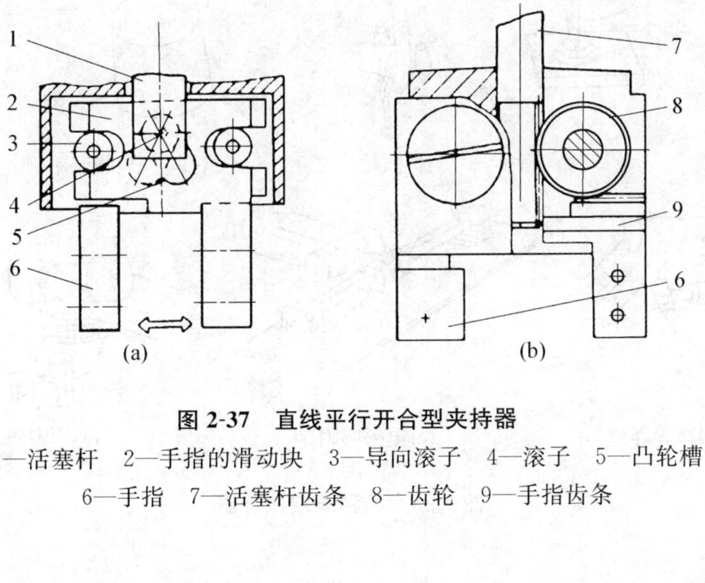

图 2-37 直线平行开合型夹持器

1—活塞杆 2—手指的滑动块 3—导向滚子 4—滚子 5—凸轮槽 6—手指 7—活塞杆齿条 8—齿轮 9—手指齿条

根据作业的需要夹持器形式繁多，有时为了抓取特别复杂形体的工作，还设计有特种手指机构的夹持器，如具有钢丝绳滑轮机构的多关节柔性手指夹持器、膨胀式橡胶手袋手指夹持器等。

机械夹持器通常利用手指或卡爪与工件接触面间的摩擦力来夹持工件。工件在被夹持过程中，从静止状态开始可能有多种运动状态。在不同运动状态下，工件的受力情况是不同的，如当工件处于静止或匀速移动状态下时，工件除与卡爪的作用力外所承受的只是自重；当工件加速运动时，其受力情况还应考虑惯性力的影响。因此在设计时，应对夹持器的各种工作状态进行分析，使其结构能够提供所必需的夹持力（即手指或卡爪夹持工件时对工件接触处的正压力）。

在设计机械夹持器时，应使其结构所提供的指端或卡爪的夹持力保证工件在运动过程中不滑落，即结构所提供的夹持力不小于工件在夹持过程中所需的最大夹持力。因此，无论设计夹持器的结构如何，都需对其进行受力分析，以确定结构所提供的夹持力。

2. 特种末端执行器

特种末端执行器供工业机器人完成某类特定的作业，图 2-38 列举了一些特种末端执行器的应用实例。下面简单介绍其中的两种。

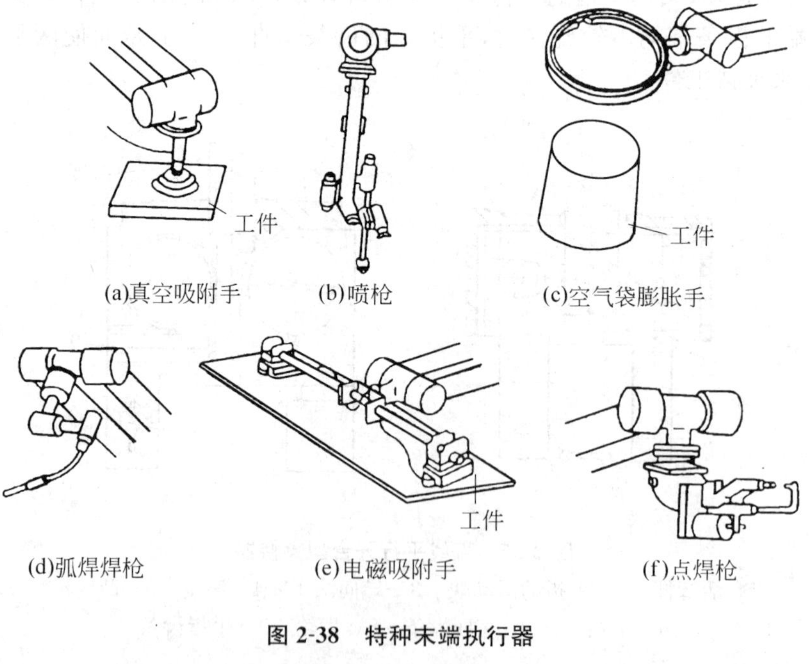

图 2-38 特种末端执行器

真空吸附手如图 2-38(a)所示。工业机器人中常把真空吸附手与负压发生器组成一个工作系统(图 2-39),控制电磁换向阀的开合可实现对工件的吸附和脱开。它结构简单,价格低廉,且吸附作业具有一定柔顺性(图 2-40),这样即使工件有尺寸偏差和位置偏差也不会影响吸附手的工作。它常用于小件搬运,也可根据工件形状、尺寸、重量的不同将多个真空吸附手组合使用。

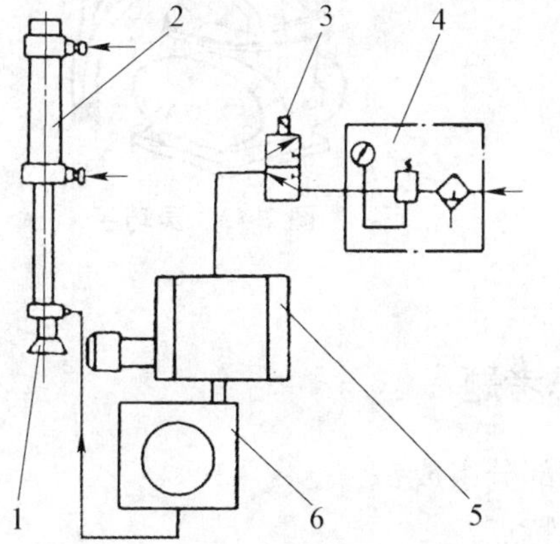

图 2-39 负压真空吸附手

1—吸附手 2—送进缸 3—电磁换向阀
4—调压单元 5—负压发生器
6—空气净化过滤器

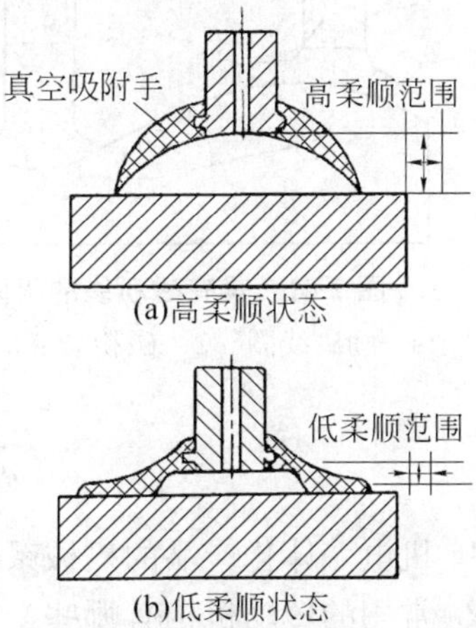

图 2-40 真空吸附手的柔顺性

电磁吸附手如图 2-38(e)所示。它利用通电线圈的磁场对可磁化材料的作用力来实现对工件的吸附作用。它同样具有结构简单、价格低廉等特点,但它吸附工件的过程是从不接触工件开始的,工件与吸附手接触之前处于飘浮状态,即吸附过程由极大的柔顺状态突变到低的柔顺状态。这种吸附手的吸附力是由通电线圈的磁场提供的,所以可用于搬运较大的可磁化材料的工件。

吸附手的形式根据被吸附工件表面形状来设计。图 2-38(e)所示的电磁吸附手用于吸附平坦表面的工件。

图 2-41 所示的电磁吸附手可用于吸附不同的曲面工件,这种吸附手在吸附部位装有磁粉袋,线圈通电前将可变形的磁粉袋贴在工件表面上,当线圈通电励磁后,在磁场作用下,磁粉袋端部外形固定成被吸附工件的表面形状,从而达到吸附不同表面形状工件的目的。

3. 万能手(或灵巧手)

图 2-42 所示为灵巧手,是模仿人手的多指多关节机器人的末端执行器,在相

应的控制和驱动系统的操作下可完成一系列抓取和搬运等动作，方便灵活。

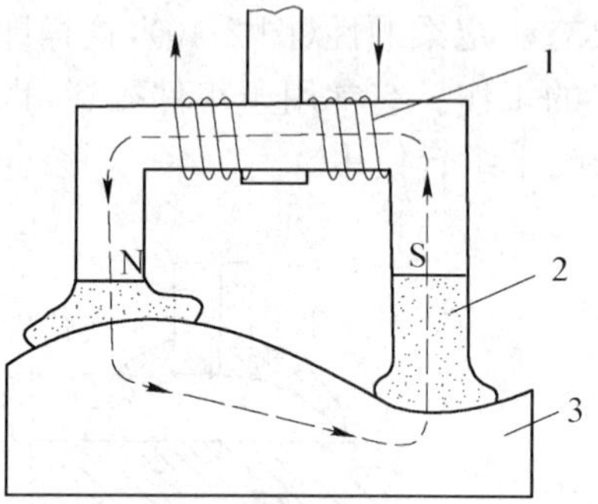

图 2-41 具有磁粉袋的吸附手

1—励磁线圈 2—磁粉袋 3—工件

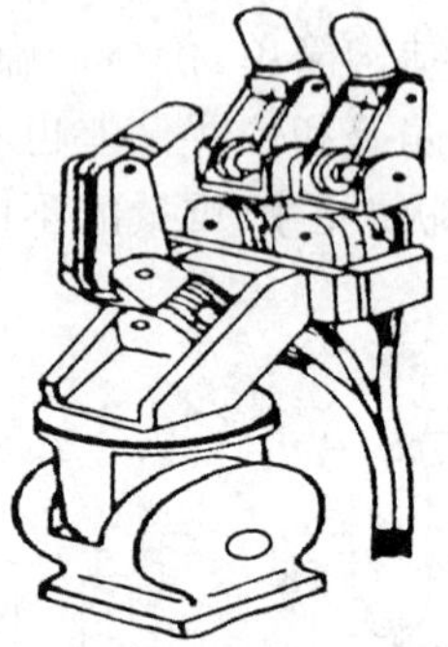

图 2-42 灵巧手

习题与思考题

1. 机电一体化产品的机械系统由哪几部分组成？
2. 常用的传动机构有哪些？各有什么特点？
3. 滚珠丝杠副是如何分类的？
4. 梯形齿同步带由哪几部分组成？各部分的材料是什么？
5. 谐波齿轮传动的工作原理是什么？有哪些优缺点？
6. 钢丝软轴有几种？主要应用于哪些场合？
7. 滚动导轨的特点有哪些？滚动导轨分为哪几类？
8. 常用的塑料导轨有哪些？各有什么特点？
9. 常用的执行机构有哪些？各有什么特点？

3 检测系统

3.1 检测系统的功能与特性

3.1.1 检测系统的基本功能

检测系统是机电一体化系统的一个基本要素，其功能是对系统运行中所需的自身和外界环境参数及状态进行检测，将其变换成系统可识别的电信号，传递给信息处理单元。如果把机电一体化系统中的机械系统看作是人的躯干和手足，信息处理系统看作是人的大脑，则检测系统好比是人的“感觉器官”。

根据被检测物理量特性不同，检测系统可以分为：运动学参数检测系统，主要完成位移、速度、加速度及振动的检测；力学参数检测系统，主要检测拉压力、弯扭力矩及应力等；其他物理量检测系统，如温度、湿度、酸碱度、光照强度及声音等的检测；图像检测系统，主要指利用摄像头及图像采集电路完成图像的输入。

根据检测信号的时间特性不同，检测系统又可分为模拟量检测系统和数字量检测系统。模拟量检测系统完成时间上连续、具有幅值意义的模拟信号的检测，而数字量检测系统完成时间上不连续、没有幅值意义的脉冲信号的检测。

3.1.2 检测系统的基本特性

在满足检测系统基本功能要求的前提下，应以技术上合理可行、经济上节约为基本原则，对设计的检测系统应提出基本要求。

1. 灵敏度及分辨率

灵敏度 S 是检测系统的一个基本参数。当检测系统的输入 x 有一个微小的增量 Δx 时，引起输出 y 发生相应变化 Δy，则称

$$S=\frac{\Delta y}{\Delta x} \tag{3-1}$$

为该系统的绝对灵敏度。如一位移检测装置在位移变化 1 mm 时，输出的电压变化为 30 mV，则其灵敏度为 30 mV/mm。

分辨率是检测系统对被测量敏感程度的另一种表示形式，它是指系统能检测到的被检测量的最小变化，如一个位移检测系统的分辨率为 0.2 mm，是指当位移

变化小于 0.2 mm 时，不能保证系统的输出在允许的误差范围内。一般情况下，系统灵敏度越高，其分辨能力就越强，而分辨率高也意味着系统具有高的灵敏度。

原则上说，检测系统的灵敏度应尽可能高一些，高灵敏度意味着它能“感知”到被检测对象的微小变化。但是，高灵敏度或高分辨率系统对信号中的噪声成分也同样敏感，噪声也可能被系统的放大环节放大。既能检测到被检测量的微小变化，又能将噪声抑制到最小程度，是检测系统主要技术目标之一。

高灵敏度或高分辨率的检测系统，其有效量程范围一般相对较窄，稳定性也较差。因此，在选择设计测试系统时，应综合考虑上述各因素，合理确定测试系统的灵敏度及分辨率。

2. 精确度

精确度表示检测系统所获得的检测结果与被测量真值的一致程度。精确度在一定程度上反映出检测系统各类误差的综合情况。精确度越高，表明检测结果中包含系统自身误差和随机误差就越小。

根据误差理论，一个检测系统的精确度取决于组成系统的各环节精确度的最小值。所以在选择设计检测系统时，应该尽可能保持各环节具有相同或相近的精确度。如果某一环节精确度太低，会影响整个系统的精确度。若不能保证各环节具有相同的精确度，应该按前面环节精确度高于后面环节的原则布置系统。

选择一个检测系统的精确度，应从检测系统的最终目的及经济情况等几方面综合考虑。如为了控制农机具的入土深度而进行的地表不平度的检测，由于入土深度并不要求很高的精确度，则检测系统的精确度也不必选择很高；如为了控制机械手进行某项精确的作业，机械手的各位置及姿态检测就应要求达到较高的精确度。但是精确度高的设备或部件，其价格通常也很高，为了获得最佳的系统性能价格比，应合理地选择检测系统精确度。

3. 系统的频率响应特性

一个检测系统，对不同频率的输入信号的响应总有一定差别，在一定频率范围内保持这种差别最小是十分重要的。系统响应特性表现在两个方面，一是将等幅值不同频率的信号输入给测试系统，其输出信号的幅值不可能保持完全相等，总要有一定的变化，某一频率附近的输出幅值可能大于其他频率的输出幅值，对于测试系统，这种变化会产生一定的系统误差；二是系统的输出信号和输入信号相比，在时间上总会有一些延迟，显然这种延迟时间越短越好。在选择设计测试系统时，特别是被检测信号频率较高，或要求能对被测量的变化做出快速反应的系统，应该充分考虑检测系统的频率响应特性。

4. 稳定性

稳定性表示在规定的测试条件下,检测系统的特性随时间的推移而保持不变的能力。影响系统稳定性的因素主要有环境参数、组成系统元器件的特性等,如温度、湿度、振动情况、电源电压波动情况及元件温度变化系数等。

在被测量不变情况下,经过一定时间后,其输出发生变化,这种现象称为漂移。如果输入量为零,这种漂移又叫零漂。系统的漂移或零漂一般是由于系统本身对温度的变化敏感以及元器件特性不稳定等因素引起的。显然这种漂移不是我们所希望的,设计检测系统时应采取一定措施减小这种漂移。

5. 线性特性

检测系统的线性特性反映了系统的输入、输出能否像理想系统那样保持常值的比例关系。检测系统的线性特性可用系统的非线性度来表示。所谓非线性度是指在有效量程范围内,测量值与由测量值拟合成的直线间最大相对偏差。系统产生非线性度的因素主要是由于组成系统的元件存在非线性或系统设计参数选择不合理,使某些环节或部件工作状态进入非线性区。在设计选择检测系统时,非线性度应该控制在一定的范围内。

6. 检测方式

检测系统在实际工作条件下的测量方式也是设计选择系统时应考虑的因素之一,如接触式与非接触式检测、在线检测与非在线检测等。采用不同的检测方式,对系统的要求也有所不同。

对运动学参数量的检测,一般采用非接触式检测方法。因为接触检测不仅会对被检测量产生一定程度的不良影响,而且存在着许多难以解决的技术问题,如接触状态的变化、检测头的磨损等。对非运动参数的检测,如非运动部件的受力检测、温度的检测等,可以或必须采用接触方式进行检测。接触式检测不但更容易获得信号,而且系统的造价也要低一些。

在线检测是指在被检测系统处于正常工作情况下的检测,显然在线检测可以获得更真实的数据,在机电一体化系统中的检测多数为在线检测。在线检测必须在现场实时条件下进行,在设计选择检测系统时应充分考虑系统的工作环境和一些不可控因素对被检测量的影响及对检测系统工作状态的影响等问题。

3.2 常用传感器

传感器是检测系统中第一个环节,其性能直接影响检测系统的性能。合理设计选择传感器是整个检测系统设计的关键。

由于机电一体化系统中被检测物理量的种类较多，并且传感器的工作原理不同，因此传感器的种类也很繁多。有些传感器可以同时检测多个参数，而一种参数又可以用不同类型的传感器进行检测。表3-1表示出传感器的常见分类方法。

表3-1 传感器的分类

分类方法	传感器种类	说　明
按被检测量分类	角位移传感器、线位移传感器、速度传感器、加速度传感器、温度传感器、湿度传感器、压力传感器等、图像传感器	以被检测物理量命名
按工作原理分类	应变式、电感式、电磁式、光电式、压电式、热电式、激光式	根据传感器工作原理命名
按输出信号分类	模拟量传感器 数字量传感器	输出为模拟量 输出为数字量

3.2.1 线位移传感器

线位移传感器是利用敏感元件某些电参数随位移变化而改变的特性进行工作的。常用的线位移传感器有电阻式、电感式、电容式等。

1. 电阻式线位移传感器

电阻式线位移传感器又分为电位器式和电阻应变式。电位器式传感器结构原理如图3-1所示。被测部件的移动通过拉杆带动电刷 C 移动，从而改变 C 点的电位，通过检测 C 点的电位即可达到检测 C 点位移的目的。电阻器可以是一段均匀的电阻丝，也可以利用线绕电阻器，对小位移的测量也可以采用精密的直线碳膜线性电阻。电阻应变式位移传感器是通过检测弹性元件由于位移而产生应变的原理来间接检测位移的。

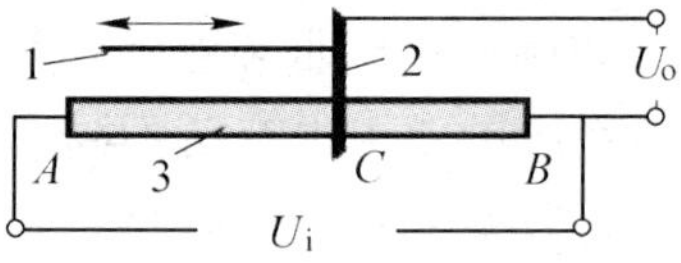

图3-1 电位器式传感器结构原理图
1—拉杆 2—电刷 3—电阻器

2. 电感式线位移传感器

电感式线位移传感器分为差动电感式和差动变压器式两种类型。差动电感式线位移传感器利用磁芯在感应绕组中位置的变化引起两个绕组电感的改变原理，实现位移检测，其结构原理如图3-2所示。磁芯一般采用铁氧体，线圈管可采用硬质绝缘树脂管或硬质塑料管，两绕组要求匝数及疏密相同，以保证感抗相同。差动变压器式是在互感传感器基础上，在两个互感绕组中间再增加一个励磁绕组，并利用一定频率的电流进行励磁，产生交变磁场，在绕组 A 和绕组 B 上分别产生感应电压。

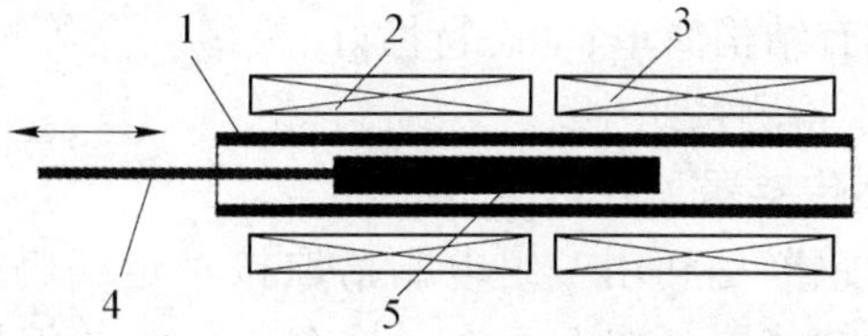

图 3-2 差动电感式线位移传感器结构原理图

1—线圈管 2—线圈绕组 A 3—线圈绕组 B 4—拉杆 5—磁芯

两种电感式传感器绕组接法都接成差动式。差动电感式接法如图 3-3 所示，两绕组接入交流电桥的邻臂，当两绕组电感不相同时，电桥失去平衡，进而通过电桥的输出检测出磁芯的位移。图 3-4 为差动变压器式两绕组的接线方法，两绕组反向串接，当磁芯处在中心位置时，两绕组的感应电压相同，方向相反，输出端无输出；当磁芯偏离中心位置时，两绕组的感应电压不等，输出端输出它们的电压差。偏离越大，输出的电压差就越大。通过检测输出端的电压值，即可检测磁芯在绕组中的位置。

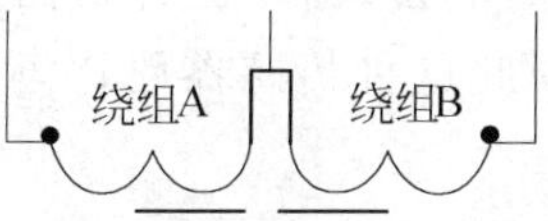

图 3-3 差动电感式接线图

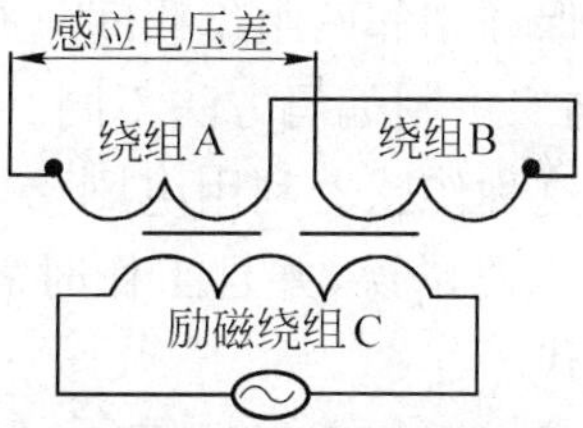

图 3-4 差动变压器式接线图

电感式线位移传感器具有动态范围宽、分辨率高及线性度好等特点，缺点是回程误差较大。动态范围最大一般可达到 500～1 000 mm，非线性度一般小于 1%，最小分辨率可以达到 0.01 μm。

3. 电容式线位移传感器

平行板电容器的电容值 C 取决于极板的有效面积 S、极板间介质的相对介电常数 ε 及两极板间的距离 δ，参数之间关系如下：

$$C=\varepsilon S/\delta \tag{3-2}$$

显然，只要改变其中任意一个参数，就会引起电容值的变化。如改变两极板的距离，通过检测电路将电容量的变化转变成电信号输出，即可确定位移的大小。

电容式传感器具有结构简单、动态特性好、灵敏度高等特点，并可用于非接触检测，故被广泛应用于检测系统中。

4. 编码式线位移传感器

编码式线位移传感器是利用一组电刷拾取按一定编码方式编码的编码尺上的电位来确定位移量的装置。图 3-5 为一具有 4 位码的编码式线位移传感器原理图。

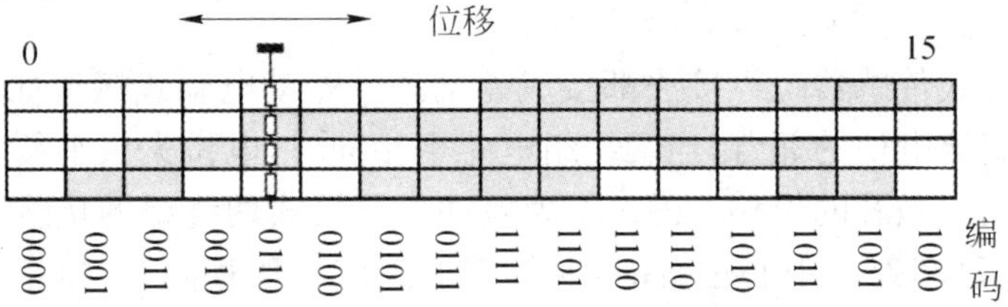

图 3-5 编码式线位移传感器原理图

为了减少两组相邻编码之间由于过多改变位码数而造成的编码竞争，在安排编码时应保证相邻两组编码间只有一位变化。图 3-5 中给出了 16 个编码的安排方案，这与二进制编码方法不同。

由于这种传感器利用电刷拾取编码，其分辨率不会太高，也容易由于磨损等原因造成编码错误，并且工作时需要经常维护，因此这种传感器已逐渐被光栅传感器所取代。

5. 光栅式线位移传感器

光栅式线位移传感器结构原理如图 3-6 所示。传感器由光栅和光电组件组成，当光栅和光电组件产生相对位移时，光电三极管便产生相应的脉冲信号，通过检测电路（或计算机系统）对产生的脉冲进行计数，即可确定其相对位移量。所谓光栅实际上是一条均匀刻印条纹的塑料带，条纹间距可以做得很小，一般可以做

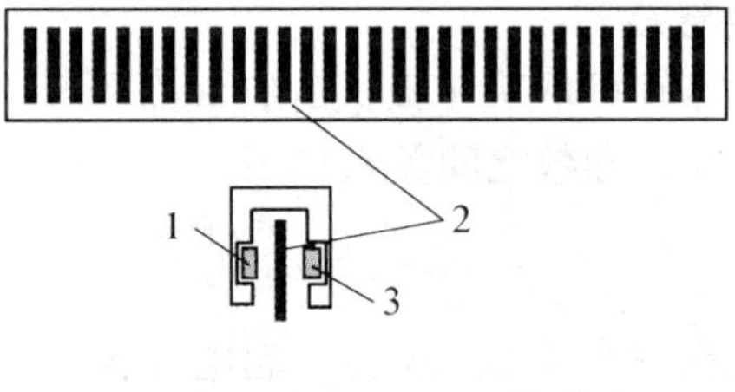

图 3-6 光栅式线位移传感器原理图

1—发光二极管 2—光栅 3—光电三极管

到微米级,以提高位移检测精度。光栅位移传感器具有动态范围大、分辨率高等特点,广泛应用在精密仪器和数控机床上。

3.2.2 角位移传感器及转速传感器

1. 电阻式角位移传感器

电阻式角位移传感器的工作原理和电位器式线位移传感器相似,不同之处是将电阻器做成圆弧形,电刷绕中心轴作旋转运动,这样电刷输出的电压就反映了电刷的转角。电阻式角位移传感器具有结构简单、输出信号强等特点。

2. 旋转变压器角位移传感器

旋转变压器实际上是初级和次级绕组之间的角度可以改变的变压器。常规变压器的两个绕组之间是固定的,其输入电压和输出电压之比保持常数。旋转变压器励磁绕组和输出绕组分别安装在定子和转子上,如图 3-7 所示。如果两绕组夹角为 θ,励磁电压为 U_i,则在次级感应的输出电压为

$$U_o = kU_i\cos\theta \tag{3-3}$$

式中:k 为一个与绕组匝数及铁芯结构有关的常数。

旋转变压器具有精度高、可靠性好等特点,广泛应用在各种机电一体化系统中。

3. 电容角位移传感器

电容角位移传感器的工作原理如图 3-8 所示。当动极板产生角位移时,电容器的工作面积发生变化,电容量随之改变;检测电路检测这种电容量变化,即可确定角位移。实际电容角位移传感器可以采用多极板并联,这样可以在减小体积的同时增大电容量,提高检测精度。

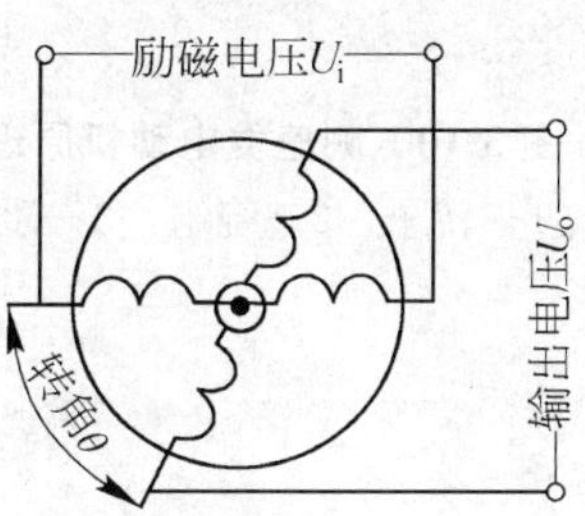

图 3-7 旋转变压器传感器原理图

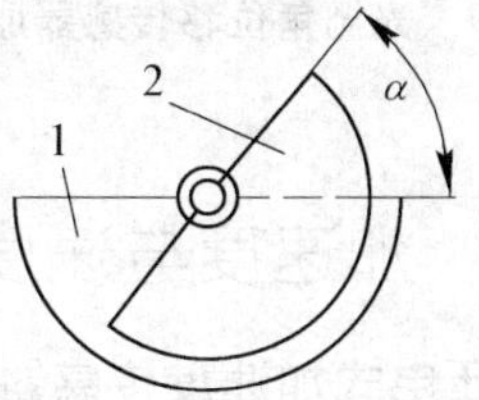

图 3-8 电容角位移传感器原理图

1—定极板 2—动极板

4. 光栅角位移传感器

与光栅式线位移传感器相比,光栅角位移传感器将光栅刻印在圆盘的圆周

上，当圆盘转动时，光电三极管即有脉冲输出，对脉冲进行计数即可得角位移。为了识别光栅盘的转动方向，可以利用相差 $n+1/4$ 个光栅间距的两个光电组件拾取光栅脉冲(图 3-9)，根据两个脉冲序列的相位差就可以识别方向，如 A 光电三极管输出的脉冲比 B 提前 1/4 个周期，说明光栅盘逆时针旋转，如果 B 比 A 提前1/4 个周期，说明光栅盘顺时针旋转。光栅角位移传感器可以测量任意转角，并可利用增速齿轮将被测转角进行放大，得到高精度的角位移测量值。

如果对光栅的脉冲信号进行等时间段计数，或检测出两相邻脉冲的时间间隔，即可计算出转速。

5. 磁电式角位移传感器及转速传感器

利用导磁材料制成的齿轮代替光栅传感器的光栅盘，利用磁钢芯绕组代替光电组件，由于齿轮的转动会影响磁路的磁阻，使磁通量发生变化，进而在绕组中会产生相应的感应脉冲电压。对脉冲电压整形后进行计数，可以实现角位移及角速度的测量。

检测转速还可以使用测速发电动机，其结构原理如图 3-10 所示。由于导线在均匀磁场中作切割磁力线运动所产生的感应电压与运动的速度成正比，因此发电动机产生的电压就能够反映其转速。

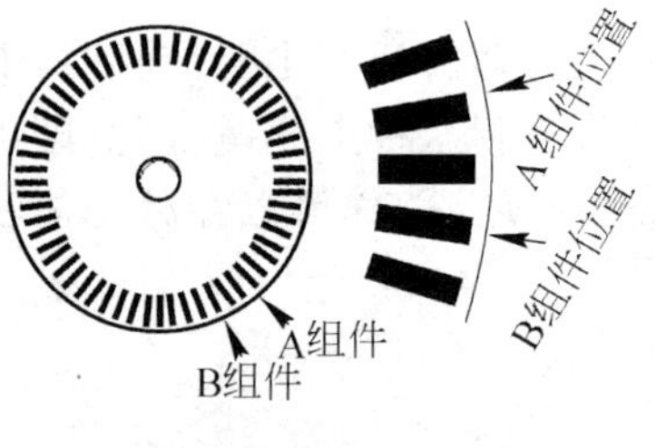

图 3-9 光栅角位移传感器原理图

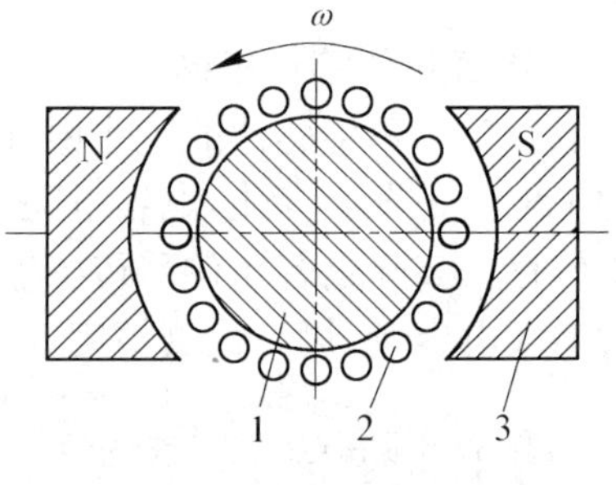

图 3-10 测速发电动机原理图

1—转子 2—绕组 3—磁极

3.2.3 加速度与速度传感器

1. 压电式加速度传感器

一些晶体材料，如天然的石英、经人工极化过的陶瓷、钛酸钡等，受到外压力作用发生变形时，其内部发生极化，在材料的表面上会产生电荷，形成电场。压力发生变化，表面电荷量也会随之发生变化，这种现象叫压电效应。利用压电效应，可以把机械力变化转换成电荷量的变化，做成压电传感器。

压电材料通常分为两类,一类为单晶体压电材料,如石英;另一类为多晶体压电陶瓷,如钛酸钡。石英晶体具有性能稳定、机械强度高、绝缘性能好等优点,但石英晶体的压电效应较小、介电常数小,对后继电路要求较高,通常应用在有特殊要求的传感器中。压电陶瓷材料是经人工高温烧结而成,通过调整材料成分或控制烧结温度等处理,可以制造出具有大的压电常数和介电常数的陶瓷材料。压电陶瓷的稳定性及力学特性不如石英晶体好,特别是在较大加速度的冲击下,会发生零漂现象,产生误差。

图 3-11 为压电加速度传感器的一般原理图,当机座在垂直方向产生加速度 a 时,质量块对压电陶瓷片产生 ma 作用力,使陶瓷片两极产生相应的电荷,通过引线输出到电荷测量电路中,这样可以得到相应的加速度值。

2. 电磁式速度传感器

电磁式速度传感器原理如图 3-12 所示,可以用来检测两部件的相对速度。壳体固定在一个试件上,顶杆顶住另一个试件,线圈置于内外磁极构成的均匀磁场中。如果线圈相对磁场运动,线圈由于切割磁力线而产生感应电动势,其大小为

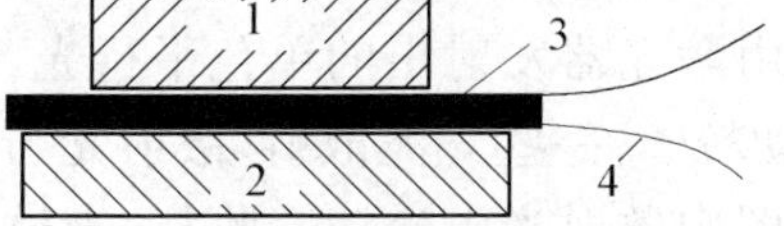

图 3-11 压电式加速度传感器原理图

1—质量块 2—基座

3—压电陶瓷片 4—引线

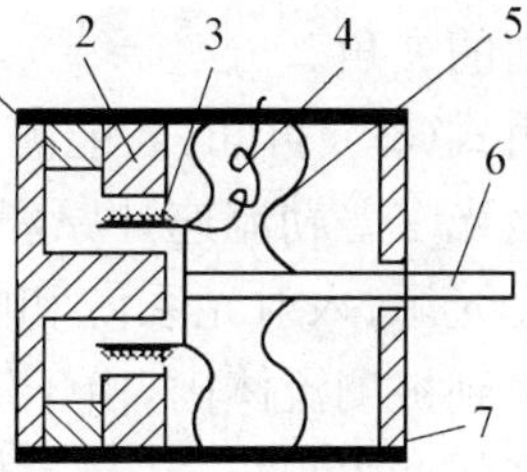

图 3-12 电磁式速度传感器原理图

1—磁钢 2—磁极 3—线圈 4—引线

5—弹簧片 6—顶杆 7—壳体

$$e = BWlv\sin\theta \tag{3-4}$$

式中:B 为磁场强度,T;W 为线圈匝数;l 为每匝线圈有效长度,m;v 为线圈与磁场的相对速度,m/s;θ 为线圈运动方向与磁场方向的夹角。

上式表明,当 B,W,l,θ 均为常数时,电动势 e 只与相对速度 v 成正比。实际上只要保证磁场宽度足够大,并且在一定范围内保持均匀,就可以满足 B,W,l,θ 为常数的要求。因此只要顶杆能完全跟踪试件的运动,通过检测线圈的电动势,即可检测顶杆和壳体的相对运动速度。

3. 激光测速传感器

激光速度检测主要利用激光多普勒效应原理来实现对运动物体速度的测量。激光的多普勒效应是当激光照射到相对运动的物体上时，被物体散射（或反射）光的频率将发生改变的现象。相应地，将散射（或反射）光的频率与光源光频率的差值称为多普勒频移。将激光束以不同形式照射在运动的固体或流体上，产生多普勒效应，可测量运动物体速度、流体流速等。

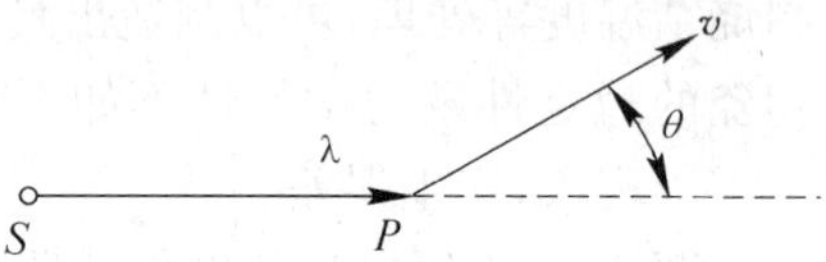

图 3-13 激光多普勒频移测速系统

对于如图 3-13 所示的激光测速系统，其组成主要光学部件有激光光源、入射光系统和收集光系统等。激光光源 S 和受光点 P（即反射表面）之间有相对运动，由于反射表面运动速度而引起光波频率漂移，此时，多普勒频移

$$f_{\mathrm{d}}=\frac{v\cos\theta}{\lambda} \tag{3-5}$$

式中：v 为反射表面运动速度；λ 为光源光波波长；θ 为物体运动速度方向与激光传播方向的夹角。

由式(3-5)可知，若能测得多普勒频移 f_{d}，则可求得物体运动速度 v。

激光多普勒流速计原理如图 3-14 所示。组成激光测速系统的主要光学部件有激光光源、入射光系统和收集光系统等。由激光器发射出的单色平行光，经透镜聚集到被测流体内，由于流体中存在着运动粒子，一些光波散射，散射光与未散射光之间产生频移，它与流体速度成正比。图中散射光由透镜 6 收集，未散射光由透镜 5 收集，最后在光电倍增管 9 中进行混频后输出信号。该信号输入到频率

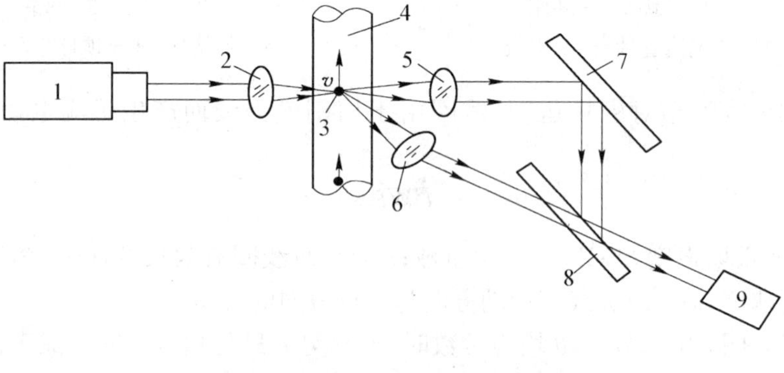

图 3-14 激光多普勒流速计原理

1—激光器 2—聚焦透镜 3—粒子 4—管道 5，6—接收透镜

7—平面镜 8—分光镜 9—光电倍增管

跟踪器内进行处理，获得与多普勒频移 f_d 相应的模拟信号，从测得的 f_d 值可得到粒子运动速度，从而获得流体流速。

激光测速是一种非接触测量，对被测物体无任何干扰。在实现自动测量时，一般采用多普勒信号处理器接受来自光电接收器的电信号，从中取出速度信息，把这些信息传输给计算机进行分析和显示。

3.2.4 力传感器

1. 电阻应变片传感器

弹性体在外力的作用下会产生变形，将电阻应变片粘贴在弹性体表面即可检测到这种变形产生的应变，进而可以检测力的大小。电阻应变片输出为电阻变化，通常利用惠斯登电桥电路将电阻变化转换成电压的变化。利用应变片在弹性体上布片方式的不同或电阻丝形式的不同，可以检测拉压力、弯矩、扭矩、剪切力及压力等。由于电阻应变片结构简单、使用灵活，广泛被应用在检测系统中。

2. 压力传感器

除了可以利用电阻式应变片检测压力外，对液体或气体压力还可以采用其他方法检测。图 3-15 给出了几种常用的压力敏感元件示意图。随着内外压力差不同，这些敏感元件都会产生变形，通过检测变形大小或变形力的大小，即可检测出压力大小。

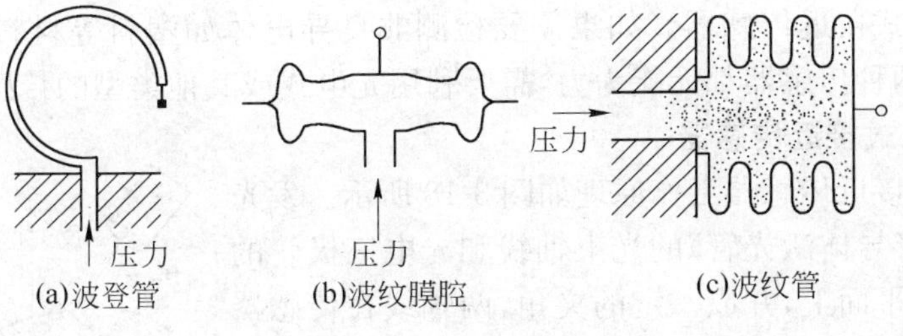

图 3-15 压力敏感元件

3.2.5 接近传感器与距离传感器

接近传感器是指用于近距离对象的存在检测。目前常用的接近传感器有以下几种。

1. 电容式接近传感器

电容式接近传感器是利用检测被检测对象与检测极板间电容的变化，来检测物体的接近程度。图 3-16 为电容式接近传感器工作原理，当被检测物体足够远时，两极板间形成恒定的电容量，当物体接近两极板时，两极板间电容就会增大。检测电路通过检测极板间电容量的变化，就可获得物体与传感器间接近程度。

2. 电感式接近传感器

如果检测对象为钢、铁等磁性材料，可以利用其磁通特性检测物体的接近程度。图 3-17 为电感式接近传感器工作原理，当磁性材料接近传感器时，由于缝隙的减小，磁芯的磁通量增加，线圈的电感也随之增加。通过检测线圈的电感即可得到物体与传感器间的接近程度。

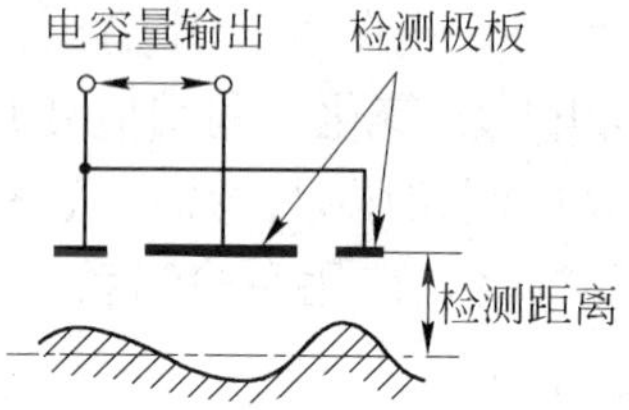

图 3-16 电容式接近传感器原理图

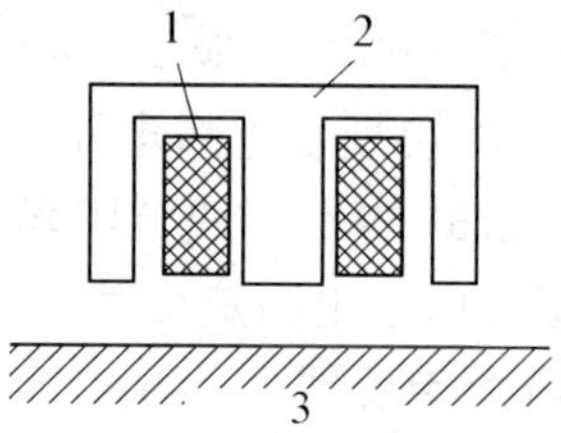

图 3-17 电感式接近传感器原理图

1—线圈 2—磁芯 3—被检测体

和电容式接近传感器相比，电感式传感器的灵敏度会更高一些，检测电路也要简单一些，但被检测物体必须是磁性体。要检测像地面、水面或生物体时，一般可使用电容式接近传感器。如果需要检测非良导电体如塑料等材料物体的接近程度，上述两种传感器都无能为力，需要利用光电式或其他类型的传感器。

3. 光电式接近传感器

光电式接近传感器工作原理如图 3-18 所示。发光二极管(或半导体激光管)的光束轴线和光电三极管的轴线在一个平面上，并成一定的夹角，两轴线在传感器前方交于一点。当被检测物体表面接近交点时，发光二极管的反射光被光电三极管接收，产生电信号。当物体远离交点时，反射区不在光电三极管的视角内，检测电路没有输出。一般情况下，送给发光二极管的驱动电流并不是直流电流，而是一定频率的交变电流，这样接收电路得到的也是同频率的交变信号。如果对接收来的信号进行滤波，只允许同频率的信号通过，可以有效地防止其他杂光的干扰，并可以提高发光二极管的发光强度。

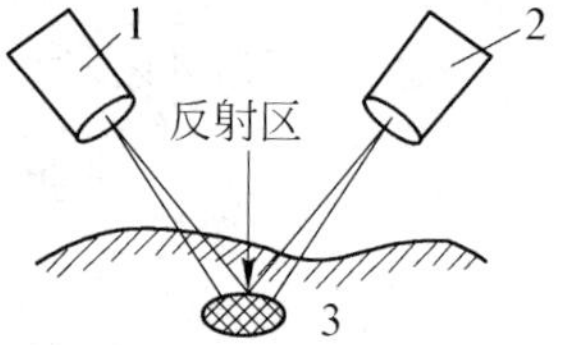

图 3-18 光电式接近传感器工作原理

1—发光二极管 2—光电三极管 3—检测物体

4. 超声波距离传感器

超声波在检测系统中有着广泛的应用，如超声波探伤仪、超声波流量仪、超声波鱼群探测设备等。利用超声波进行距离检测的原理是将超声波向被检测物体发射，并由被检测物体反射回来，通过检测从发射到接收反射波所利用的时间来实现距离测量。超声波的发射和接收一般利用压电效应器件实现，并且发射与接收可以由同一个器件完成。

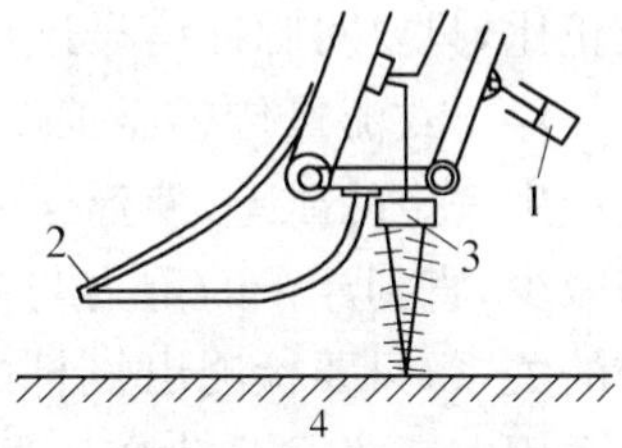

图 3-19 超声波距离传感器工作原理

1—升降油缸 2—割台 3—超声波传感器 4—地面

图 3-19 是利用超声波进行收割机割台高度自动检测原理图，超声波传感器检测割台距地面的高度，并和给定高度相比较，再通过控制系统控制割台的升降，实现割台对地面的自动跟踪仿形。

3.2.6 温度和流量传感器

1. 热电偶温度传感器

将两种不同材质的导体 A,B 组成一个闭合回路，若两结点温度不同，在回路中就会产生一定的电流，其大小与两结点的温度差有关，这一现象称为热电效应。利用热电效应原理，由两种材料组成的热电转换元件叫热电偶。国家定型的热电偶元件主要有铂铑—铂电偶、镍铬—镍硅电偶、镍铬—考铜电偶、铜—康铜电偶。不同的热电偶除其温度—电势关系不同外，适应的温度范围也不同。如铂铑—铂热电偶可短时间内测量高达 1 600℃的高温，而铜—康铜热电偶检测的最高温度只能达到 200℃，这一点在使用时应引起足够重视。另外，由于热电偶反映的是两结点间的电势，检测后还要对结果进行修正。

2. 热敏电阻传感器

热敏电阻是另一种温度敏感元件，通常由多种金属氧化物粉末高温烧结而成，其电阻值随温度的升高而下降。另一种热敏元件为半导体 PN 结，在一定范围内，PN 结端电压与其温度有着良好的线性关系，并且具有较大的温度系数，因此，应用越来越广泛。

3. 流量传感器

流量传感器根据工作原理不同分为涡流式和浮子式等多种形式。涡流式流量传感器工作原理如图 3-20 所示。涡轮叶片材料为导磁不锈钢，电磁脉冲检测组件由磁铁及线圈绕组构成。当管道中有液体流过时，涡轮叶片旋转，流速在一定范围内时，流量与涡轮转速成正比，此时电磁脉冲检测组件的输出频率也和流量成正比,只要对脉冲信号进行计数,即可换算出液体流量。

浮子式流量传感器工作原理如图3-21所示。当液体向上运动时,浮子上下两侧产生一定的压差,使浮子上浮。随着浮子上升,流体截面积加大,流速降低,浮力减少,直到浮子的重力与浮力达到平衡。很显然,流量与浮子上升的位移有一定的关系,只要检测出挺杆的位移量,即可换算出液体的流量。测量挺杆位移通常采用电感式或差动变压器式传感器,其目的是减少浮子上下运动的非线性阻力,提高测量准确度。

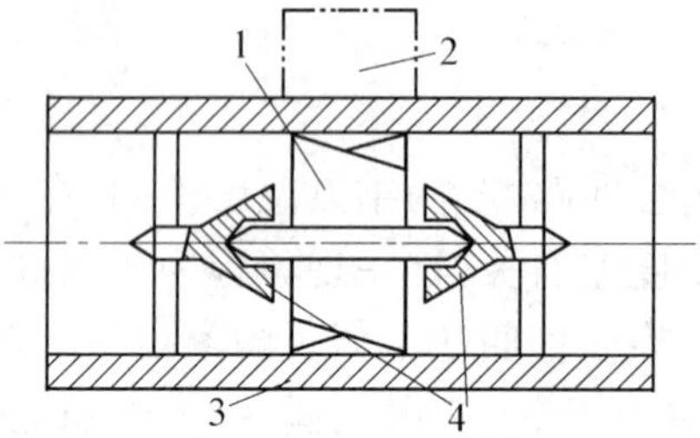

图3-20 涡流式流量传感器工作原理

1—涡轮 2—电磁脉冲检测组件

3—壳体 4—轴承及导流架

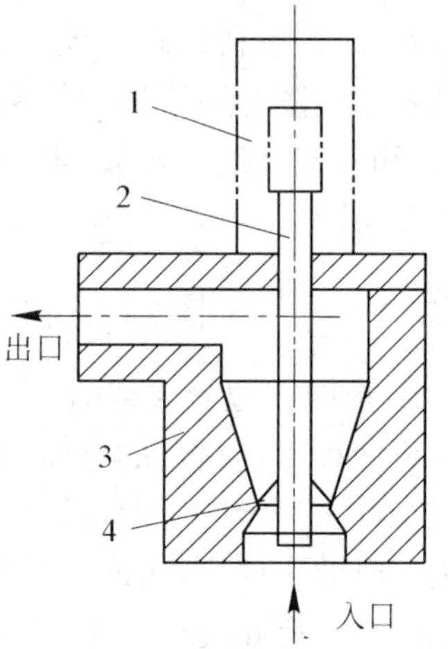

图3-21 浮子式流量传感器工作原理

1—位移检测组件 2—挺杆

3—壳体 4—浮子

涡流式流量传感器具有结构简单、精度高、安装方便等优点,但量程范围比较小,流速过小或过大都会产生较大误差。浮子式流量传感器量程范围比较大,但工作条件要求比较高,由于靠重力平衡浮子的浮力,当发生倾斜或大幅度振动时,会造成较大误差,甚至无法工作。

3.2.7 图像传感器

固态图像传感器是采用光电转换原理,将被测物体的光图像转换为电子图像信号输出的一种大规模集成电路光电元件,常称为电荷耦合器件(charge coupled device,简称CCD)。

CCD的工作原理是建立在CCD的基本功能上,即电荷的产生、存储和转移。

其工作过程是：首先由光学系统将被测物体成像在CCD的受光面上，受光面下的许多光敏单元形成了许多像素点，这些像素点将投射到它的光强转换成电荷信号并存储；然后在时钟脉冲信号控制下，将反映光像的被存储电荷信号读取并按顺序输出，从而完成了从光图像到电信号的转换过程。

CCD器件是在MOS电容器基础理论上发展起来的，是在N型或P型硅衬底上生成一层厚度约120 nm的二氧化硅(SiO_2)层，该二氧化硅层具有介质作用，然后在二氧化硅层上依一定次序沉积金属电极，形成金属—氧化物—半导体电容阵列，即MOS电容器阵列，最后加上输入和输出端便构成了CCD器件。图3-22为MOS电容器结构示意图。

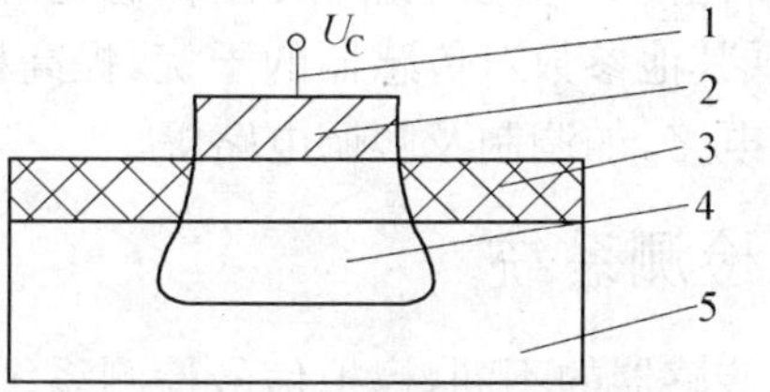

图3-22　MOS电容器结构及势阱

1—输入电极　2—金属电极　3—SiO_2　4—耗尽区　5—硅衬底

固态图像传感器依其光敏元排列方式分为线型、面型等多种。已应用的有1 024、1 728、2 048、4 096像素的线型传感器和32×32、100×100、320×244、490×400以及28万～38万、130万像素的面型传感器。

CCD图像传感器体积小、析像度高、功耗小，广泛用于非接触的尺寸、形状、损伤的测量，它还可以判别被测物体的位置和异物的混入，在图像处理和生产自动化中得到广泛应用。CCD图像传感器检测工件尺寸的测量系统如图3-23所示。通过透镜将被测工件放大成像于CCD传感器的光敏阵列上，由视频处理器将CCD输出信号进行存储和数字处理，并将测得结果显示或判断，可实现对工件形

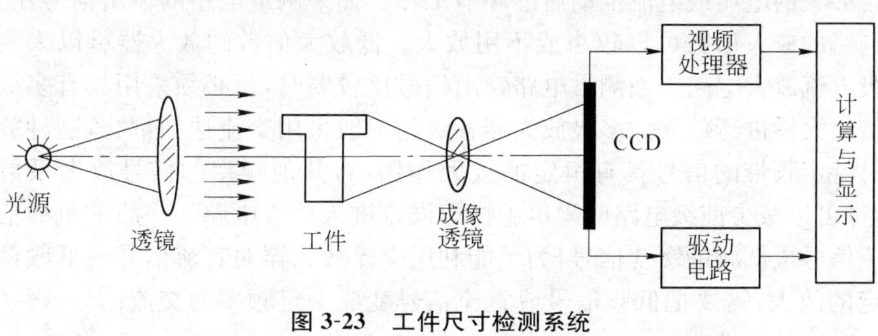

图3-23　工件尺寸检测系统

状和尺寸的非接触测量。

3.3 检测系统组成及检测原理

检测系统主要由传感器、放大电路、转换电路、接口电路及辅助部分构成。传感器直接感受被检测物理量，并将非电量物理量的变化转换成易于处理的电量的变化。放大电路将传感器的微弱信号进行适当放大。转换电路将放大后的电信号进行适当的预处理，并将其转换为信息处理及控制系统可以接受的数字信号。接口电路负责检测系统与信息处理及控制系统的连接，一方面接受信息处理及控制系统的控制，另一方面将检测系统的信号传给信息处理及控制系统。为了保证传感器有效地工作，降低其他参数对传感器的干扰，提高检测精度，一些检测系统中还有一些必要的辅助电路，如调制及解调电路等。

3.3.1 模拟信号检测系统

根据检测物理量及传感器的不同，模拟信号检测系统的组成形成也不完全相同，典型的系统组成如图 3-24 所示。

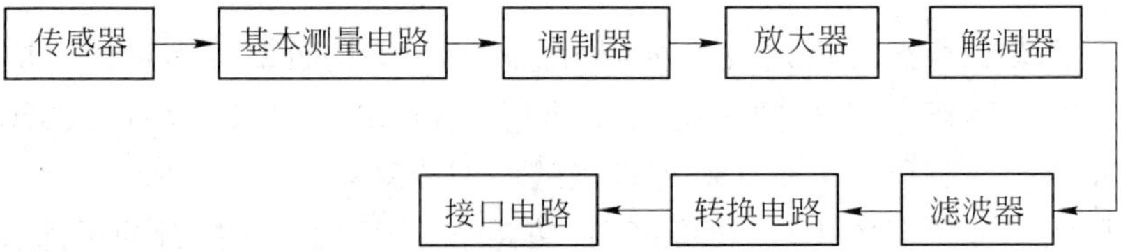

图 3-24 典型模拟信号检测系统组成

传感器是把非电物理量参数转成电量参数。基本测量电路把不容易测的电量参数转换成容易测的电量参数。放大电路是对测量电路的电信号进行放大，以获得足够大的电压或电流推动后继环节工作。如果测量电路的输出信号比较强，放大电路的放大倍数可以较小或不用放大。低放大倍数的放大器可以采用简单的单级直流放大电路。当测量电路输出信号比较弱时，就必须采用具有多级放大的高倍放大器进行放大。多级放大器各级间一般采用交流选频耦合，这种放大电路只对特定频带的信号具有恒定的放大作用，对其他频率的信号放大系数比较小，这样可以减少前级电路的噪声干扰等误差进入后级电路。一般的机械信号多为直流信号或低频的缓变信号，为了能利用交流放大器对直流信号或低频信号进行恒定的放大，需要把低频信号或直流信号变成一定频率的交流信号，再送入放大器进行放大。对放大后的信号进行适当处理(如解调和滤波),从中还原出有用信号。最后,通过转换电路把模拟信号转换成数字信号。下面介绍调制、解调电路,基本测量电路以及转换电路的结构及工作原理。

3.3.1.1 调制与解调电路

将直流或频率较低的缓变信号变成频率比较高的交流信号过程称为调制,调制过程是利用频率较低的信号控制一个频率较高的信号,使频率较高信号的某些特征随着低频信号变化而变化。频率较高的信号称为载波,低频信号称为调制信号。如果载波被控制的量是幅值,这种调制称为调幅;如果被控制的量是频率或相位,则称为调频或调相。图 3-25 给出调幅载波各波形的关系示意图,实际上调幅过程是两个信号在时域内相乘的过程。

由于调幅处理电路实现简单,在检测电路中广泛被使用。放大后的调幅载波信号需要进行解调才能还原出调制信号,相敏检波器就可以实现解调功能。

从调制波中分离出调制信号过程称为信号的解调。从图 3-25 可以看出,当调制信号为正时,调制波信号和调制信号相位一致;当调制信号为负时,调制波信号和调制信号相位相差 180°。显然利用简单的单二极管检波电路只能检出调制波信号的正半周(或负半周)。要正确检出调制信号,应根据调制波信号和调制信号相位差情况,分别检出正半周或负半周信号,能完成这样功能的检波电路称为相敏检波器。

图 3-26 为相敏检波器的工作原理,其中 B_1、B_2 变压器分别输入放大器输出的调幅载波信号和参考信号,参考信号和载波信号频率、相位都相同。4 个二极管相当于 4 个单向开关。当载波信号和参考信号相位相同时,检出的为调制波信号的正半周信号;当相位相反时,检出的为调制波信号的负半周信号。相敏检波器输出的信号再经过滤波电路滤掉载波频率,即可还原出调制信号。

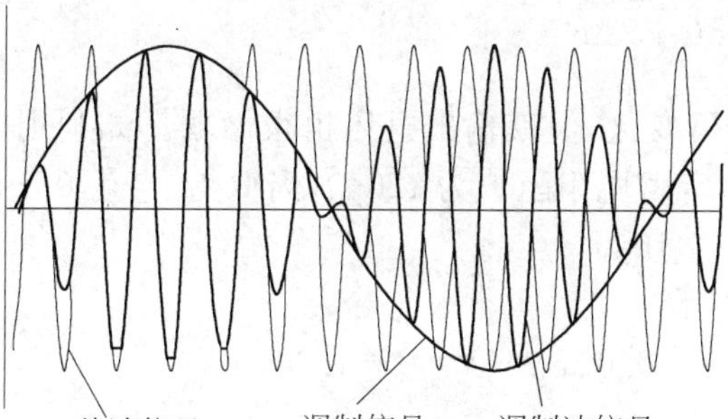

图 3-25 信号调制波形示意图

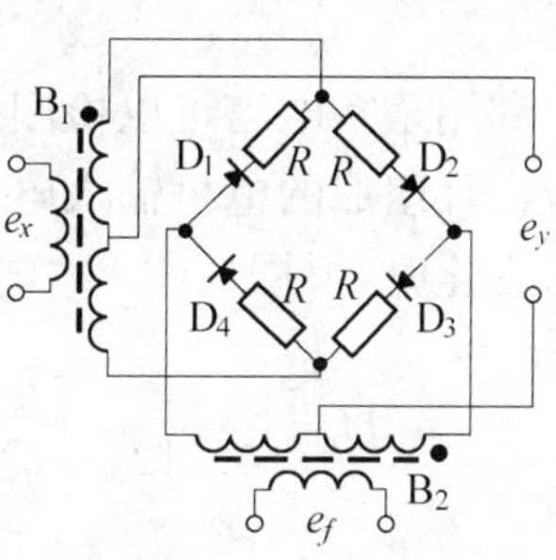

图 3-26 相敏检波器的工作原理

3.3.1.2 基本测量电路

如果传感器输出的信号为电压、电流或频率等容易测得的电信号，则直接送入放大器进行信号放大，如果传感器输出的信号为电阻、电感或电容等不易测得的电信号，则要把这些信号通过基本测量电路转换成易于测量的电压、电流和电量等电信号。下面介绍基本测量电路的结构及工作原理。

1. 电阻参数测量电路

电阻参数测量通常采用电桥电路来实现。根据电路结构的不同，电桥分为全桥和半桥；根据电源性质不同，电桥又分为直流电桥和交流电桥；根据电桥元器件的不同，电桥又分为电阻电桥、电感电桥和电容电桥。电阻电桥是由电阻元件组成的电桥。下面以全电阻电桥电路为例分析电桥的工作原理。

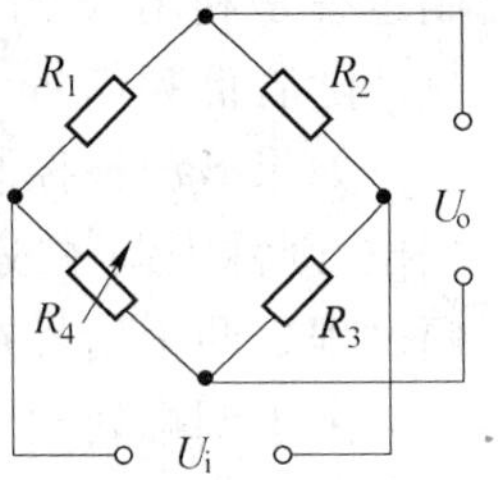

图 3-27　全电阻电桥测量电路

电阻全桥电路如图 3-27 所示，输入端电压 U_i，如果满足

$$R_1R_3=R_2R_4 \tag{3-6}$$

则输出电压 U_o 为 0，此时称电桥平衡。当某一个电阻阻值发生了变化，这种平衡被破坏，设 R_4 产生 ΔR 变化，则输出电压为

$$U_o=\left[\frac{R_1}{R_1+R_2}-\frac{R_4+\Delta R}{R_3+(R_4+\Delta R)}\right]U_i \tag{3-7}$$

如果我们选择 4 个臂的阻值均相等，即 $R_1=R_2=R_3=R_4=R$，这种电桥称为等臂电桥。则式 3-7 可改写成

$$U_o=\frac{-\Delta R}{4R+2\Delta R}U_i \tag{3-8}$$

利用全桥电路可以检测微弱的电阻变化，但其输出电压也很微弱。如利用电阻应变片组成的电桥输入电压为 5 V，等臂电阻阻值为 120 Ω，当 R_1 上产生 0.1 Ω 阻值变化时，根据式(3-8)，电桥的输出电压为

$$U_o=\frac{-0.1}{4\times120+2\times0.1}\times5=-0.00104(V)=-1.04(mV)$$

这样小的输出，难以推动信号转换电路或其他部件工作，因此，必须利用放大器电路对其放大。

阻值变化比较大的检测，也可以使用半桥分压电路。图 3-28 为半桥分压电路及电压跟随电路，R_2 为测量电阻，如温敏电阻等。它和 R_1 构成半桥分压电路，当阻值发生变化时，两电阻的中点电压值随之发生变化。为了提高带负载能力，后跟一个由运算放大构成的电压跟随电路。这种半桥电桥检测电路结构简单，在检测系统中有着广泛的应用。

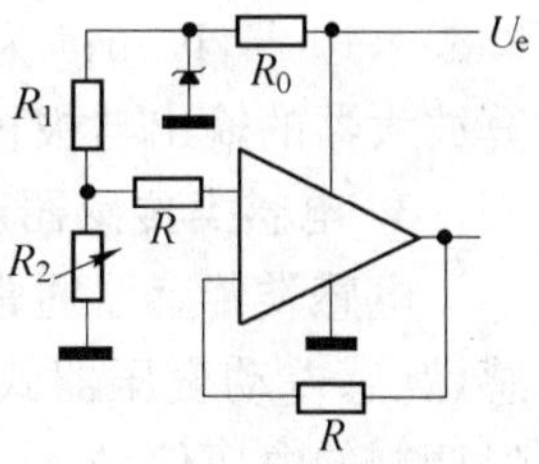

图 3-28　半桥分压电路及电压跟随电路

2. 电容参数测量电路

电容传感器输出为电容量，必须经过测量电路将其转换为电压、电流或频率信号，才能被进一步处理，常用的测量电路有电容电桥测量电路、调频电路及电容比例电路等。

电容电桥电路是将传感器电容作为交流电桥的一部分。图 3-29 是一种电感、电容传感器构成的电桥。当电容传感器值发生变化，电桥不平衡，输出端有电压输出，经过放大、解调及滤波处理后，输出值即可反映电容量的变化情况。一般情况下，由于电容传感器的电容值都比较小，为了提高电桥的输出带负载能力，应尽可能提高调制信号的频率。

调频电路是利用传感器的电容作为振荡器谐振回路的一部分。当传感器的电容值变化时，振荡的频率随之发生变化。频率信号可以通过鉴频器转换成电压信号，经放大后输出。这种电路具有抗干扰能力强、灵敏度高等优点，缺点是连接电缆及电路中分布电容对输出影响较大，使用中调试与维护都比较麻烦。

另一种电容传感器测量电路为比例电路，电路原理如图 3-30 所示。运算放大

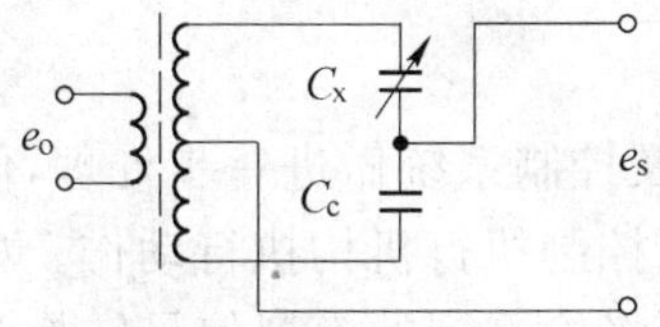

图 3-29　电容传感器电桥测量电路

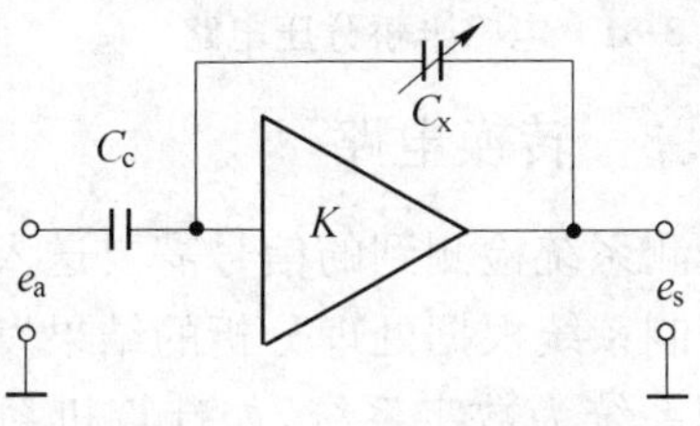

图 3-30　电容传感器比例测量电路

器输入端阻抗采用固定电容器 C_c，利用传感器电容作为负反馈匹配阻抗，激励源 e_a 为一交流电压信号。根据比例运算的关系，有：

$$e_s = -e_a \frac{C_c}{C_x} = -e_a \frac{C_c \delta}{\varepsilon_0 \varepsilon A} \tag{3-9}$$

式中：δ 为电容极板间距离，m；A 为极板面积，m^2；ε_0 为真空中介电常数，$\varepsilon_0 =$

8.85×10^{-12},F/m;ε 为极板间介质的相对介电常数,在空气中 ε=1。可以看出运算放大器的输出与极板间距离呈线性关系。

3. 电感类传感器测量电路

电感类传感器通常有自感式、互感式和磁电式。自感式传感器输出参量为电感,互感差动变压器式传感器输出调制感应电压差,磁电式传感器输出参量为未经调制的电压信号。

电感的测量一般采用半桥分压电路或调频电路。图 3-31 为电感半桥分压电路原理,输入端的频率、电压保持不变,输出端为 L 上的分压值,很显然,输出端电压变化与 L 的变化有直接关系。

如果将传感器电感作为电感—电容振荡电路回路的一部分,则电感的变化会引起振荡频率的变化,通过频率的检测可以间接检测电感传感器的输出。

图 3-32 为差动变压器式传感器的测量电路。振荡器将恒定的振荡信号送到差动变压器的初级线圈 L_0,同时送给相敏检波器。差动变压器输出信号,经放大器放大,再经相敏检波器检波,输出信号既是磁芯的位移量检测信号。

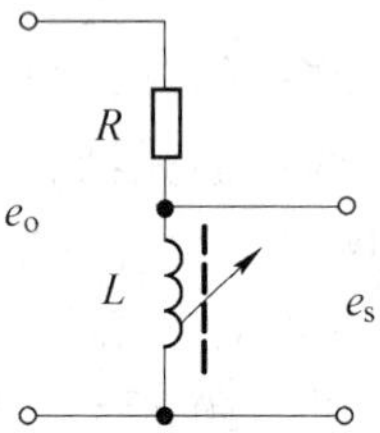

图 3-31　电感半桥分压电路

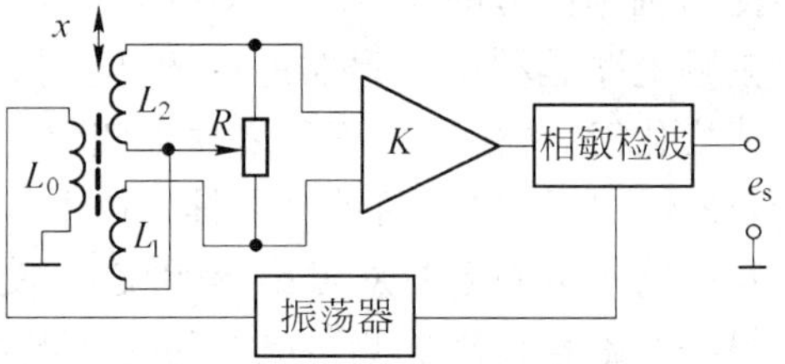

图 3-32　差动变压器式传感器的测量电路

3.3.1.3　转换电路

检测系统检测到的信号需要送入信息处理及控制系统做进一步处理,信息处理及控制系统根据处理分析的结果发出指令,以控制执行机构执行动作。如果信息处理系统为数字系统,如计算机系统,就必须将检测到的模拟信号转换为数字信号,才能被数字系统接受。转换电路的目的是将测量电路或放大电路输出的模拟量转换为数字量。当然,如果信息系统本身是模拟系统,这种转换就不必要了。

完成模拟量到数字量转换的最简单方法是利用模数转换芯片,即 A/D 芯片。所谓模数转换,是指将模拟量离散成数字量的过程。对于一种型号的 A/D 芯片,设允许输入的电压范围为 0～5 V,转换精度为 8 位。如果输入端电平为 0 V 时,A/D 转换单元的输出为 8 个 0,如果输入电平为 5 V 时,A/D 转换单元的输出为 8

个 1;反过来,如果 A/D 输出为"10 000 000",则表示其输入端电平为$\frac{5}{255}\times128=$ 2.509 8(V),这样可以将 0～5 V 的输入范围离散为 256 个由 8 位"0"和"1"组成的二进制数字形式输出,这就是 A/D 转换的基本原理。很显然,A/D 转换输出的二进制位数越多,转换的精度就越高。

A/D 完成一次转换,需要花费一定的时间。目前常用 12 位的 A/D 芯片的转换时间在几十微秒以下,也就是说 1 s 可以完成十几万个或几十万个模拟量到数字量的转换。

图 3-33 为一种具有模拟量切换开关、8 位转换精度的 A/D 芯片内部逻辑结构图。模数转换具体由其中的模数转换器完成,这种 A/D 芯片内部集成了一个模拟量切换开关,目的是分别将多路模拟量分别切入 A/D 转换器进行转换,如果需要将八路模拟量分别切入,则需要 3 条地址线来控制哪路切入。A/D 转换后送入锁存器暂时保存,并通过一组门电路输送出去。

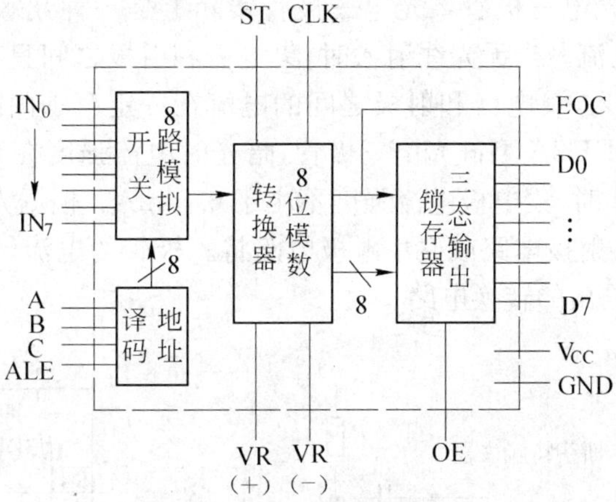

图 3-33 A/D 芯片逻辑结构图

A/D 芯片一般是在计算机的 CPU 控制下进行工作的。要完成一次转换,CPU 首先发出 3 位地址码到 A,B,C 3 条地址线上,再发出 ALE 指令将地址码锁定在地址译码器中,此时地址译码器选通 8 个模拟输入中的一路与转换器的模拟输入端连接;然后 CPU 发出 ST 信号,控制转换芯片开始转换,转换完成后转换器发出完成信号。一方面通知锁存器将转换后的结果保存起来,另一方面通过 EOC 端通知 CPU 转换已完成。CPU 收到 EOC 信号后,发出读指令到锁存器的 OE 端,并将锁存器中的数据读出,完成一次转换。

除了 A/D 转换芯片可以完成模拟量到数字量的转换外,在转换速度要求较低的情况下，还可以使用频率计数方式，间接完成模拟量到数字量的转换。如电感或电容传感器调频检测电路输出信号的频率随传感器检测参数的变化而变化，如果对输出的频率进行定时计数，单位时间内计数器的值就可以反映传感器的测量值。

3.3.2 脉冲信号的检测

脉冲信号也称数字信号或开关信号。很多类型的传感器，如光栅位移传感器、编码式位移传感器及限位开关触点等的输出都是脉冲信号。脉冲信号的检测方法不同于模拟信号的检测，传感器输出信号经必要的放大、整形后即可通过接口电路直接送入计算机系统处理。

1. 脉冲信号的拾取及整形电路

脉冲信号的拾取电路要比模拟信号的测量电路简单。下面以目前常用的光电脉冲拾取电路为例，介绍脉冲信号拾取电路的基本原理。

光电脉冲传感器由发光二极管和光电三极管组成，发光二极管产生恒定的光线，通过光栅射入光电三极管。光电三极管实际上是一种光敏三极管，光线相当于三极管的基极电流。当无光线射入时，集电极和射极之间只有微弱的漏电电流流过；当有光线射入，集电极和射极之间的电流在一定范围内随光线射入的强度改变而变化。如 3DU2A 型硅光电三极管，暗光时电流强度在 0.3 μA 以下，当光线强度达到 100 lx 时，集电极电流强度不小于 0.5 mA。根据光电三极管的特性，可以利用简单的共射极电路或共集电极电路将三极管的电流转换成电压输出，图 3-34(a)为一射极输出的转换电路。

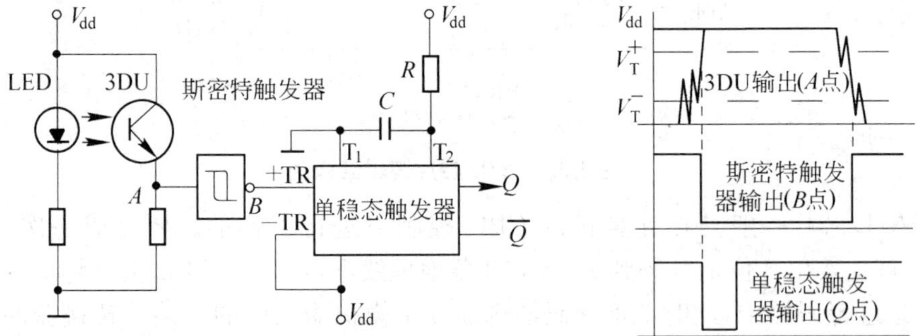

(a)光电转换、脉冲整形电路　　(b)波形图

图 3-34　光电脉冲信号拾取及整形原理

由于光电检测的光栅在条纹交替时，会出现一个过渡状态，使光电三极管的

输出产生抖动现象，如图 3-34(b)。为了消除这种抖动，需要对三极管的输出进行整形处理，这种处理通常利用斯密特触发器进行。斯密特触发器具有“回差”特性，输入电压必须高于上触发电平 V_T^+ 或必须低于下触发电平 V_T^- 触发器才翻转，两电平的差 $V_T^+ - V_T^-$ 称为“回差”。利用斯密特触发器这一特性，可以很好地消除脉冲边缘的抖动现象。

另外，光栅运行速度的快慢会直接影响输出脉冲的宽度。要获得固定宽度的脉冲信号，还需要利用单稳态触发器或其他电路对信号做进一步处理，参见图 3-34(a)。其中单稳态触发器的 R 和 C 的值，决定了触发器的输出脉冲宽度，如 $R=20\ \text{k}\Omega$、$C=1\ 000\ \text{pF}$ 时，输出的脉冲宽度为 20 μs 左右。

有些现场触点开关或电磁开关在工作时会产生较大干扰，如果将这些开关干扰量直接接入检测电路，可能会造成电路损坏。为了减少干扰，避免造成电路的损坏，通常采用光电耦合元件将现场电路与检测电路进行电隔离。一般型号的光电耦合元件隔离电压可达 500 V 以上。

2. 无触点接近检测

接近检测通常被用来检测运动部件是否接近以及对加工对象进行计数等。当金属物体接近传感器时，检测电路就会产生一个脉冲信号。因为被检物体和传感器不需直接接触，只需接近传感器即可，所以称“无触点接近检测”。

无触点接近传感器通常为电感式或电容式，图 3-35 为电感式无触点接近传感器检测电路原理图。其中三极管 T_1、电感 L_1 和 L_2 及电容 C 构成 LC 振荡电路，在 L_3 中产生的感应电流经二极管 D 检波后送入三极管 T_2。当金属物体远离传感器时，振荡器保持振荡状态。当金属物体接近传感器时，金属物体产生感应涡流，吸收部分振荡能量，使振荡电路停振，这样 T_2 的输出就会根据金属物体的接近或离开而改变。

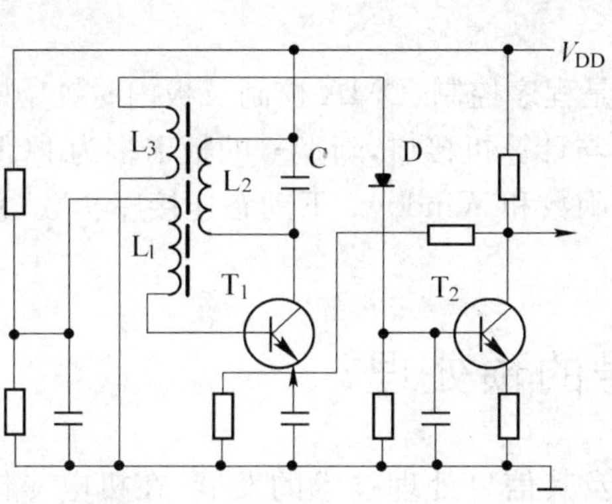

图 3-35 电感式无触点接近检测电路

无触点接近检测具有动作可靠、灵敏度高、反应速度快等特点。因为没有触点，在动作时不产生火花，抗干扰能力强，使用寿命长，维护方便，广泛应用于机电一体化产品中。

3.3.3 通用数据采集控制卡

通用数据采集卡是由专业厂家设计生产的，作为计算机采集数据接口的电路板。由于是专门设计并由专业厂家生产，因此通用数据采集卡具有功能强大、稳定性好及性价比高等特点，广泛应用在工业监控装置、现场数据采集与监视系统。有些多功能卡同时还带有数模转换部分，可以输出模拟量和开关量，因此在计算机自动控制系统中得到广泛应用。下面以 EVOC 公司设计的 PCL-818L 卡为例，说明通用数据采集控制板卡的主要技术指标。

①具有 16 路单极或 8 路差动模拟量输入。所谓单极输入，是指输入的模拟量范围只能是正的或负的，而差动输入可以有正有负。

②A/D 最高转换速度为 100 kHz/s，即每秒钟可以完成 1×10^5 次的 A/D 转换，最高转换速度一般是指单通道采用 DMA 传送模式下的工作方式。

③A/D 转换精度为 12 Bit，即可识别的最小相对量为 1/4 096。如果输入范围为－5～＋5V，则可以分辨出 0.002 44 V 的变化。

④具有程序可控增益器。具有 1、2、4、8 四级增益，允许量程范围分别为±5 V、±2.5 V 、±1.25 V、±0.625 V。有些具有高增益的板卡，最大增益可达 1 000 倍，量程可达±5 mV 。

⑤具有 2 路 D/A 输出，精度为 12 Bit，输出驱动能力最大为±5 mA，输出电压范围为 0～10 V。

⑥具有 16 路的数字量输入(DI)和 16 路的数字量输出(DO)，数字量形式和 TTL 电路兼容。

⑦采样触发可以是程序控制、DMA 控制及板内时钟中断控制 3 种模式之一。

⑧采用 ISA 总线与计算机接口，新型号的板卡多为 PCI 接口。

⑨带有 C 语言库函数和 Windows 下动态连接库函数，并与 LabVIEW 等平台兼容。

3.4 检测信号的预处理

随着微电子技术及其信息处理技术的发展，在机电一体化产品中，信号的采集、处理和控制功能多采用计算机来实现。首先是信号的采集是按一定的方式通过适当的接口电路来实现，其次是信号被采入计算机后往往要先进行适当的预处理，预处理的方法主要包括模拟信号输入方式、采样方式及其采样频率的选择、数字信号的预处理、检测系统的非线性处理、零位误差和增益误差补偿和修正等，其目的是消除各种干扰信号，提高信噪比，以利于对信号的检测。

3.4.1 模拟信号的预处理

1. 模拟量的转换输入方式

模拟量的转换输入方式根据转换装置结构和要求不同可分为 4 种，如图 3-36 所示。图 3-36(a)是最简单的一种输入方式，它仅适用于只有一路检测信号的场合。第二种方式如图 3-36(b)所示，多路检测信号共用一个 A/D 转换器，通过模拟多路开关依次对各路信号进行采样，其特点是电路简单、节省元器件、成本低，但由于转换器的采样速率要分配给多路信号采集，使具体到每一路信号的采样速度低，不能获得同一瞬时的各路信号，一般用于多通道缓变信号的采样。第三种方式如图 3-36(c)所示，它与第二种方式的主要区别是信号的采样/保持电路在多路开关之前，因而可获得同一瞬时的各路信号。图 3-36(d)中各路信号都有单独的采样/保持和 A/D 转换通道，这样可根据检测信号的特点，分别采用不同的采样/保持电路或不同精度的 A/D 转换器，因而灵活性大、抗干扰能力强，但电路复杂，采用的元器件较多，一般成本较高。

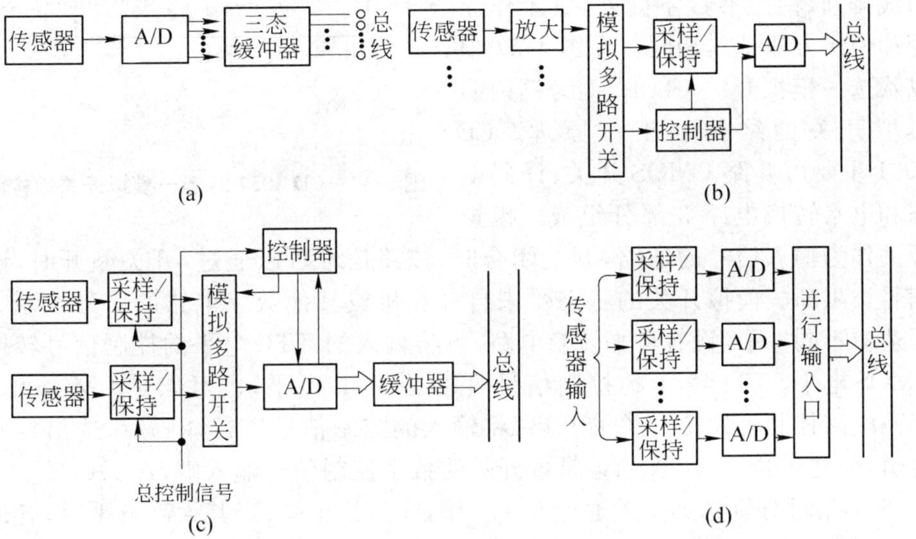

图 3-36 模拟量转换输入方式

上述 4 种方式中，除第一种外，其他 3 种都可用于对多路检测信号进行采集，因此对应的系统常被称为多路数据采集系统。

2. 多路模拟开关

模拟开关是数据采集系统中的主要部件之一，它的作用是切换各路输入信号。在测控系统中，被测物理量经常是几个或几十个。为了降低成本和减小体积，系统中通常使用公共的采样保持器、放大器及 A/D 转换器等器件，因此，需要使用多路开关轮流把各路被测信号分时地与这些公用器件接通。多路开关主要有电力机械开关和集成模拟电子开关。电力机械开关中最常用的是继电器，由于体积大，切换速率慢，因而在数据采集中很少使用。集成模拟电子开关是以二极管、双极性晶体管、MOS 场效应管等作开关元件而构成的开关电路。在较低频段上（f<10 MHz）的集成模拟电子开关通常采用 CMOS 工艺制成；而在较高频段上（f>10 MHz）则采用双级性晶体管工艺技术制造。集成模拟开关具有体积小、切换速率高、无抖动、耗电少、工作可靠和容易控制等优点，在测试技术中得到广泛应用。模拟开关芯片的种类很多，除了外部引线排列、性能参数不同外，其工作原理和使用方法基本相同。在图 3-37 中以八选一模拟开关 CD 4051 为例说明模拟开关的结构和工作原理。CD 4051 主要由 8 路 CMOS 开关、译码电路和电平转换电路 3 部分组成。模拟开关作为输入信号的通路，开关闭合时，该路信号可以通过，开关断开时，该路信号被阻断。模拟开关的状态受来自计算机或其他数字电路的信号控制。为了适应不同电平，设有电平转换电路，可将输入的 TTL 电平的控制信号转换为 CMOS 电平。CD 4051 的控制信号可以是 TTL 电平，也可以是 CMOS 电平。译码电路控制各模拟开关的开启，将输入的控制信号进行译码后，选出相应的通道，使之闭合。A_0、A_1、A_2 是各开关的数字控制信号输入端，A_0、A_1、A_2=000～111 时，可分别选通开关通道 0～7。INH 为禁止端，当其为高电平时，各通道的信号均被阻断。CD 4051 的真值如表 3-2 所示。

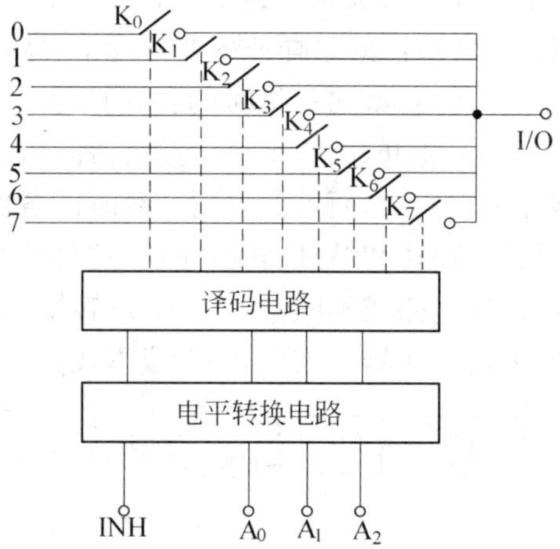

图 3-37 CD 4051 八选一模拟开关结构图

表 3-2 CD 4051 真值表

INH	地址输入			通道号 K_i	INH	地址输入			通道号 K_i
	A_2	A_1	A_0			A_2	A_1	A_0	
1	5	5	5	—	0	1	0	0	K_4
0	0	0	0	K_0	0	1	0	1	K_5
0	0	0	1	K_1	0	1	1	0	K_6
0	0	1	0	K_2	0	1	1	1	K_7
0	0	1	1	K_3	1	5	5	5	—

为了满足不同的需要，现已开发出各种各样的集成模拟开关。按输入信号的连接方式可分为单端输入和差动输入，按信号的传输方向可分为单向开关和双向开关。双向开关可以实现两个方向的信号传输，即能完成从多到一的转换，也能完成从一到多的转换。一般选择集成模拟开关时，首先考虑路数，常用的集成模拟开关有四选一、双四选一、八选一、双八选一、十六选一、三十二选一等多种。

3. 模拟信号采样与保持

所谓采样，就是把时间连续的信号变成一系列不连续的脉冲时间序列的过程，采样过程如图 3-38 所示。$f(t)$是连续信号通过采样开关 S 后，变成一连串的脉冲信号 $f^*(t)$。采样开关 S 又称采样器，它实质上是一个模拟开关，每隔时间间隔 T 闭合一次，每次闭合持续时间 τ。T 称为采样周期，其倒数 $f_0=1/T$ 称为采样频率；τ 称为采样时间或采样宽度；$0, T, 2T$……各时刻称为采样时刻。采样后的脉冲序列 $f^*(t)$ 称为采样信号，它在时间轴上是离散的，但在函数轴上仍是连续的，在经过 A/D 转换之前，采样信号 $f^*(t)$ 是一个离散的模拟信号。

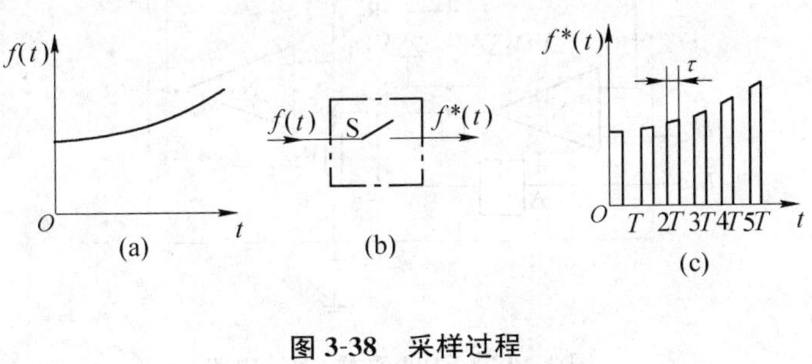

图 3-38 采样过程

为了保证在采样过程中不丢失原来信号中所包含的信息，采样频率必须按照奈奎斯特(Nyquist)采样定理来确定，即要求

$$f_s > 2f_{max} \tag{3-10}$$

f_{max}是被采原信号 $f(t)$的最高频率。在实际应用中，常取 $f_s \geqslant (5\sim10)f_{max}$。

由于采样信号 $f^*(t)$在函数轴上仍是连续变化的模拟量，因此还需用 A/D 转换器将其转换成数字量。A/D 转换过程需要一定时间，为了防止产生误差，要求在此期间内保持采样信号不变。实现这一功能的电路称为采样/保持电路。

采样/保持电路由模拟开关、保持电容和运算放大器组成，如图 3-39 所示。运算放大器 N_1 和 N_2 接成跟随器，作缓冲器用。当控制信号 U_c 为高电位时，场效应管 VF 导通，电路处于信号采集状态，对输入信号实施采集。输入信号 U_i 通过 N_1 和 VF 向电容 C 充电，并通过 N_2 输出 U_o，由于 N_1 的输出阻抗很小，N_2 的输入阻抗很大，因而在 VF 场效应管导通期间，$U_o=U_i$。当 U_c 为低电平时，VF 截止，电容 C 将采样期间的信号电平保持下来，并经 N_2 缓冲后输出。

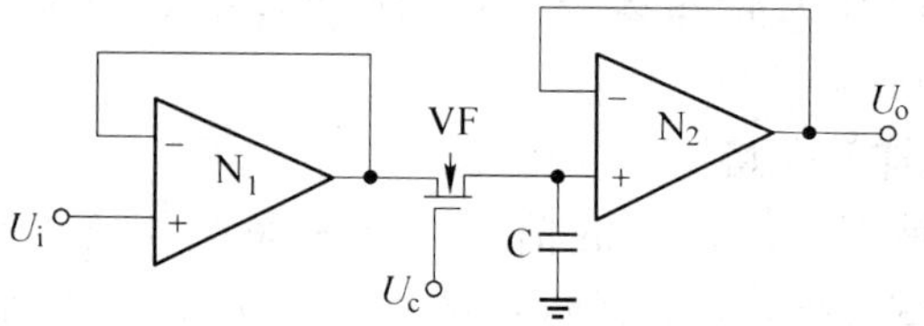

图 3-39 采样/保持电路

在该电路中，场效应管 VF 即为采样开关，其关断电阻和 N_2 的输入阻抗越高，C 的泄漏电阻越大，u_o 的保持时间越长，保持精度越好。

图 3-40 是单片集成的 LF198 采样/保持电路的原理图，其中 S 是模拟开关，A 是开关驱动电路，二极管 VD_1 和 VD_2 是开关保护电路。当控制信号 U_c 为高电平

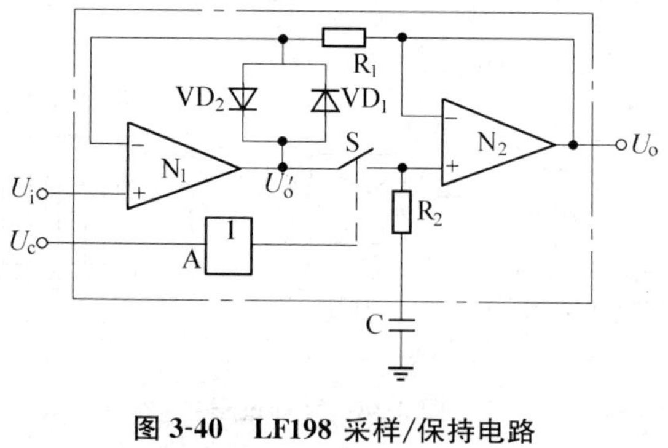

图 3-40 LF198 采样/保持电路

时，S 闭合，$U_o=U_i$；当 U_c 为低电平，S 断开，U_i 被保持在外接电容 C 上。在 S 断开期间，若 U_i 发生变化，N_1 的输出 U_o 可能变化很大甚至超过开关所能承受的电压，这时由二极管构成的保护电路可将 U_o 嵌位在 U_i+U_D 范围内（U_D 为二极管正向压降）。

应当指出，目前大多数 A/D 转换器本身带有多路开关和采样/保持器。此外，当输入信号变化非常缓慢时，也可不用保持电路。

3.4.2 数字信号的预处理

检测信号被采入计算机后，尚需经过预处理才能交付应用程序使用。预处理的主要任务是去除混杂在有用信号中的各种干扰信号。干扰信号通常有周期性干扰和随机性干扰两类。典型的周期干扰是 50 Hz 的工频干扰，采用积分时间为 20 ms 整数倍的双积分型 A/D 转换器，可有效地消除其影响。对于随机性干扰，可采用数字滤波的方法予以消除或削弱。

数字滤波器实质上是一种程序滤波（软滤波），它在通讯、雷达、测量、控制等领域中得到广泛的应用，它与模拟滤波器相比具有如下优点：①数字滤波器是计算机的运算过程，不需要额外的硬件设备，不存在阻抗匹配问题，可靠性高，稳定性好；②可以对频率很低或很高的信号实现滤波；③可根据信号的不同，采用不同的滤波方法或滤波参数，应用灵活、方便、功能强。

应当指出，尽管数字滤波器具有许多模拟滤波器所不具备的特点，但它并不能代替模拟滤波器。因为输入模拟信号必须转换成数字信号后才能进行数字滤波，当输入信号很小，而且混有干扰信号时，就必须使用模拟输入滤波器。另外，在采样测量中，为了消除混叠现象，往往在信号输入端加抗混叠滤波器，这也是数字滤波器所不能代替的。由此可见，模拟滤波器和数字滤波器在检测和控制中都很重要。下面仅对常用的几种数字滤波方法及相应的用 MCS-51 指令系统编写的程序加以介绍。

1. 低通滤波

当被测信号变化缓慢时，可采用数字低通滤波的方法去除干扰。数字低通滤波器利用软件算法来模拟硬件低通滤波器的功能，实现对信号的低通滤波。图 3-41是典型的模拟低通滤波器。根据基尔霍夫定律，可建立滤波器电路的微分方程式如下：

$$U_i=iR+U_o=RC\frac{\mathrm{d}U_o}{\mathrm{d}t}+U_o=\tau\frac{\mathrm{d}U_o}{\mathrm{d}t}+U_o \tag{3-11}$$

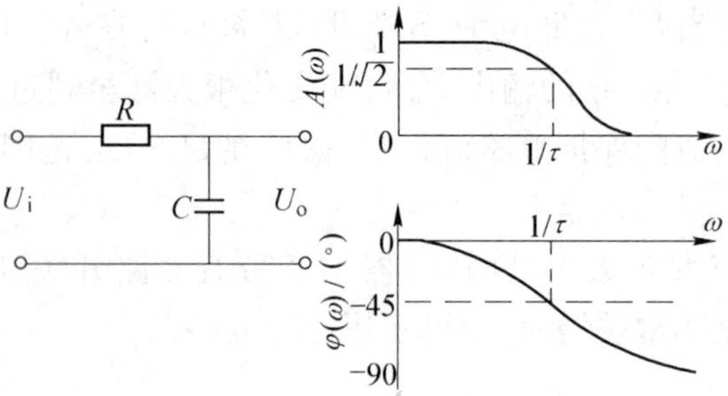

图 3-41 模拟低通滤波器

在式(3-11)所表达的低通滤波器微分方程中,用 X 替代 U_i,Y 替代 U_o,并将微分方程转换成差分方程,得

$$X(n)=\tau\frac{Y(n)-Y(n-1)}{\Delta t}+Y(n)$$

整理后得

$$Y(n)=\frac{\Delta t}{\tau+\Delta t}X(n)+\frac{\tau}{\tau+\Delta t}Y(n-1) \tag{3-12}$$

式中:τ 为滤波器的时间常数;Δt 为采样周期;$X(n)$为本次采样值;$Y(n)$、$Y(n-1)$为本次和上次的滤波器输出值。

取

$$\alpha=\frac{\Delta t}{\tau+\Delta t} \tag{3-13}$$

则式(3-12)可改写成

$$Y(n)=\alpha X(n)+(1-\alpha)Y(n-1) \tag{3-14}$$

式(3-14)中 α 称为滤波平滑系数,通常取 $\alpha\ll1$。滤波器的本次输出值主要取决于其上次输出值,本次采样值对滤波器输出仅有较小的修正作用,因此该滤波器算法相当于一个具有较大惯性的一阶惯性环节,模拟了低通滤波器的功能,其截止频率为

$$f_c=\frac{1}{2\pi\tau}=\frac{\alpha}{2\pi\Delta t(1-\alpha)}\approx\frac{\alpha}{2\pi\Delta t} \tag{3-15}$$

如取 $\alpha=1/32$,$\Delta t=0.5$ s,即每秒采样 2 次,则 $f_c\approx0.01$ Hz,可用于频率相当低的信号的滤波。

图 3-42 是按照式(3-14)所设计的低通数字滤波器的程序流程图,其对应的程序清单如下:

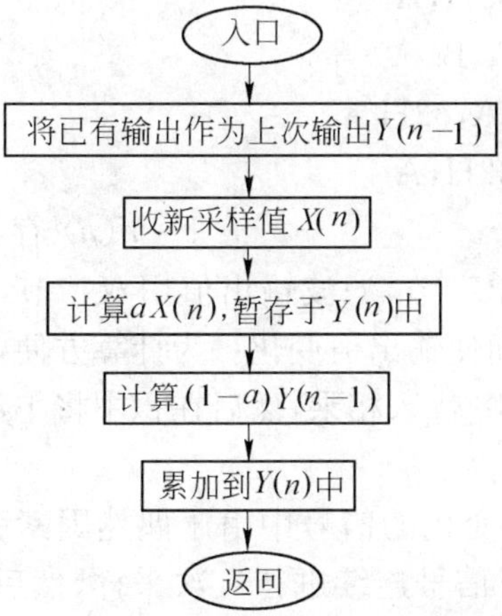

图 3-42 低通数字滤波器程序流程图

```
FILTER: MOV   30H,32H        ; 更新 Y(n-1)
        MOV   31H,33H
        MOV   A,40H          ; 采样值 X(n)在 40H 中
        MOV   B,#8           ; 取 α=8/256
        MUL   A,B            ; 计算 αX(n)
        MOV   32H,B          ; 将 αX(n)临时存入 Y(n)
        MOV   33H,A
        MOV   B,#248         ; 1-α=248/256
        MOV   A,31H
        MUL   A,B            ; 计算(1-α)Y(n-1)的低位
        RLC   A              ; 四舍五入
        MOV   A,B
        ADDC  A,33H          ; 累加到 Y(n)中
        MOV   33H,A
        JNC   FILT1
        INC   32H
FILT1:  MOV   B,#248
        MOV   A,30H
```

```
        MUL   A,B           ; 计算(1-α)Y(n-1)的高位
        ADD   A,33H         ; 累加小数
        MOV   33H,A
        MOV   A,B
        ADDC  A,32H
        MOV   32H,A
        RET                 ; Y(n) 存入 32H、33H 中
```

程序中，采样数据为单字节，滤波输出值用双字节，一个字节整数，一个字节小数，以防止因舍去尾数而使输出值变化。为计算方便，取 $\alpha=8/256$，$1-\alpha=248/256$，运算时分别用 8 和 248 代入相乘，然后在积中将小数点左移 8 位。

2. 中值滤波

中值滤波方法对缓慢变化的信号中由于偶然因素引起的脉冲干扰具有良好的滤除效果。其原理是对信号连续进行 n 次采样，然后对采样值排序，并取序列中位值作为采样有效值，采样次数 n 一般取为大于 3 的奇数。下面的程序是 $n=3$ 的中值滤波程序：

```
FILTER: MOV   A,R2          ; 判 R2<R3 否
        CLR   C
        SUBB  A,R3
        JC    FILT1         ; R2≤R3 时，转 FILT1，保持原顺序
                            不变
        MOV   A,R2          ; R2>R3 时，交换 R2，R3
        XCH   A,R3
        MOV   R2, A
FILT1:  MOV A,R3            ; 判 R3<R4 否
        CLR   C
        SUBB  A,R4
        JC    FILT2         ; R3≤R4 时，转 FILT2，排序结束
        MOV   A,R4          ; R3>R4 时，交换 R3，R4
        XCH   A,R3          ; 判 R3>R2 否
        XCH   A,R4
        CLR   C
        SUBB  A,R2
        JC    FILT2         ; R3>R2 时，排序结束
```

```
        MOV   A,R2              ; R3<R2时,以R2为中值
        MOV   R3, A             ; 中值送R3
FILT2:  RET
```

该程序三次采样值分别存放在R2,R3,R4中,排序结束后,3个寄存器中数值的大小顺序为R2<R3<R4,中位值在R3中。若连续采样次数$n>5$,则排序过程比较复杂。具体计算方法可参考有关书籍。

3. 算术平均滤波

算术平均滤波的原理是和中值滤波相似,只是以其算术平均值作为有效采样值。该平均滤波方法对压力、流量等具有周期脉动特点的信号具有良好的滤波效果。采样次数n越大,滤波效果越好,但灵敏度也越低,一般为便于运算处理,常取$n=2^1,2^2,2^3,\cdots\cdots$下面以一个采样次数$n=2^3=8$的算术平均滤波程序为例说明平均滤波算法。

```
FILTER: CLR   A                 ; 清累加器
        MOV   R2,A
        MOV   R3,A
        MOV   R0,#30H           ; 指向第一个采样值
FILT1:  MOV   A,@R0             ; 取一个采样值
        ADD   A,R3              ; 累加到R2,R3中
        MOV   R3,A
        CLR   A
        ADDC  A,R2
        MOV   R2,A
        INC   R0
        CJNE  R0,#38H,FILT1;    判累加8次否
        SWAP  A                 ; 累加完,求平均值
        RL    A
        XCH   A,R3
        SWAP  A
        ADD   A,#80H            ; 四舍五入
        ANL   A,#1FH
        ADDC  A,R3
        RET                     ; 结果在A中
```

3.4.3 传感器的非线性补偿

实际上,许多传感器的输出信号与被测参数间存在着非线性,它直接影响着机电一体化产品的精度。因此常采用软件方法对传感器的非线性特性进行补偿,从而降低对传感器的要求,提高检测精度。软件补偿法方法灵活,不需要额外的硬件设备,因而应用广泛。软件补偿方法很多,概括起来有计算法和查表法两种,下面介绍工程中常用的代数插值法。

代数插值法以多项式作为插值函数,因而又称为多项式插值法。采用这种方法进行非线性补偿时,首先需根据传感器的标定数据建立插值多项式,具体方法如下。

设传感器的输入信号为 y(被测量),输出信号为 x(x 也就是被计算机采入的数据),则传感器的输入与输出的函数关系为 $y=f(x)$,通过标定可得到对应于 $n+1$ 组离散点:

$$(x_0,y_0),(x_1,y_1),\cdots,(x_n,y_n)$$

未知函数 $f(x)$,且有

$$y_0=f(x_0),y_1=f(x_1),\cdots,y_n=f(x_n)$$

所谓插值法就是设法找一个函数 $\rho_n(x)$ 去逼近函数 $f(x)$,使 $\rho_n(x)$ 在 $x_i(i=0,1,2,\cdots,n)$ 处与 $f(x_i)$ 相等。$\rho_n(x)$ 被称为 $f(x)$ 的插值多项式。

用一个次数不超过 n 次的代数多项式

$$\rho_n(x)=a_nx^n+a_{n-1}x^{n-1}+\cdots+a_1x+a_0 \tag{3-16}$$

去逼近,使在节点处满足

$$\rho_n(x_i)=f(x_i)=y_i \qquad (i=1,2,3,\cdots,n) \tag{3-17}$$

由于多项式 $\rho_n(x)$ 中的未定系数有 $n+1$ 个,由式(3-16)和式(3-17)可得到关于系数 $a_n,a_{n-1},a_{n-2},\cdots,a_1,a_0$ 的线性方程组:

$$\begin{cases} a_nx_0^n+a_{n-1}x_0^{n-1}+\cdots+a_1x_0+a_0=y_0 \\ a_nx_1^n+a_{n-1}x_1^{n-1}+\cdots+a_1x_1+a_0=y_1 \\ \quad\vdots \\ a_nx_n^n+a_{n-1}x_n^{n-1}+\cdots+a_1x_n+a_0=y_n \end{cases} \tag{3-18}$$

可以证明,当 $x_0,x_1,x_2,\cdots,x_n$ 互异时,方程组(3-18)有唯一的一组解。因此,一定存在一个唯一的 $\rho_n(x)$ 满足所要求的插值条件。

这样只要根据已知的 x_i 和 $y_i(i=0,1,2,\cdots,n)$ 去求解方程组(3-18),就可以求出 $a_i(i=0,1,2,\cdots,n)$,从而得到 $\rho_n(x)$。$\rho_n(x)$ 确定后,可根据传感器的输出值 x,用 $\rho_n(x)$ 代替 $f(x)$ 去计算传感器的输入值 y(被测量)的大小,从而实现非线性补偿。

在实际应用中,$\rho_n(x)$ 的阶次 n 需根据要求的逼近精度来确定。一般来讲,n 值越大,逼近精度越高,但计算工作量也越大。

为便于计算,实际中常用的是线性多项式插值方法,即 $n=1$,式(3-16)变为

$$\rho_n(x)=a_1x+a_0 \tag{3-19}$$

采用线性插值法,相当于在传感器的两个相邻标定点 (x_i,y_i) 和 (x_{i+1},y_{i+1}) 之间用直线 $\rho_1(x)$ 相连,在区间 $[x_i,y_{i+1}]$ 内用 $\rho_1(x)$ 代替 $f(x)$ 去计算传感器的输入值 y。若传感器有 $n+1$ 个标定点,则可建立 n 个区间(区间长度可相等,也可不等),各区间上的线性插值多项式为

$$\rho_{1i}(x)=a_{1i}x+a_{0i} \qquad (i=1,2,3,\cdots,n) \tag{3-20}$$

式中:

$$a_{1i}=\frac{f(x_i)-f(x_{i-1})}{x_i-x_{i-1}} \tag{3-21}$$

$$a_{0i}=f(x_{i-1})-a_{1i}x_{i-1} \tag{3-22}$$

采用线性插值法对传感器的非线性进行补偿时,应先根据传感器的标定值按式(3-21)、式(3-22)求出系数 a_{1i},a_{0i},然后将 a_{1i},a_{0i} 做成表格,编在程序里。程序运行时,先判断采样值 x 位于哪个区间,然后取出该区间对应的系数 a_{1i} 和 a_{0i},按式(3-20)即可求得对应于 x 的传感器输入值 y(即被测量)。

3.4.4 零位误差和增益误差的补偿

在检测系统中,由于传感器、测量电路和放大电路等不可避免地存在温度和时间漂移,并引起零位误差和增益误差。这类误差属于系统误差,当误差较大时,常采用软件方法对其进行补偿。

1. 零位误差补偿

采用软件方法对零位误差进行补偿又称数字调零,其原理如图 3-43 所示。模拟多路开关可在微机控制下将任一路被测信号接通,并经测量及放大电路和 A/D 转换器后,将数字信号采入微机。在测量时,先将多路开关接通某一被测信号,然后在将其切换到零信号输入端,由微机先后对被测量和零位信号进行采样。该采

样值分别为 x' 和 a_0，其中 a_0 即为零位误差，编程使微机执行下列运算：

$$x = x' - a_0 \tag{3-23}$$

就可得到经过零位误差补偿后的采样值 x。

这种零位误差补偿方法简单、灵活，可把检测系统的零点漂移一次性地全部补偿掉，既提高了检测精度，又降低了对电子元器件的要求。这种零位误差补偿方法已经在智能化数字电压表、数字欧姆表及其机电一体化产品中得到广泛的应用。

2. 增益误差补偿

增益误差补偿又称校准，采用软件方法可实现全自动校准，其原理与数字调零相似。在系统工作时，可每隔一定时间自动校准一次。校准时，在微机控制下先把多路开关接地（见图 3-43），得到采样值 a_0，然后把多路开关接基准输入 y_R，得到采样值 x_R，并寄存 a_0 和 x_R。在正式测量时，如测得对应输入信号 y_i 的采样值 x_i，则输入信号 y_i 可按下式计算：

$$y_i = \frac{x_i - a_0}{x_R - a_0} y_R \tag{3-24}$$

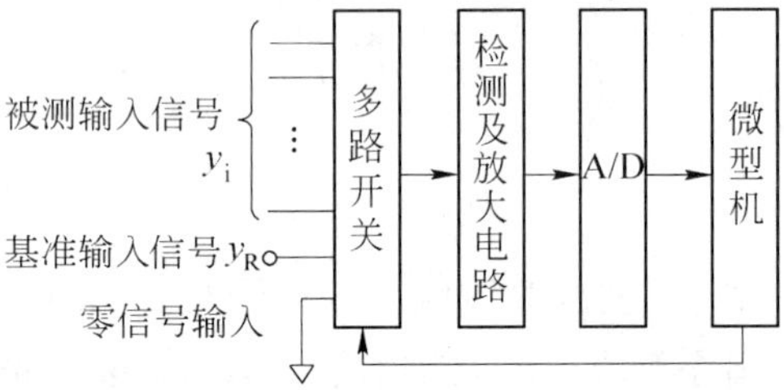

图 3-43 数字调零及全自动校准原理

采用上述方法可使得的输入信号 y_i 与检测系统的漂移和增益变化无关，因而实现了增益误差的补偿。

习题与思考题

1. 检测系统的基本特性有哪些？在设计检测系统时应如何选择灵敏度、精确度等指标？
2. 大位移检测通常使用哪些种类传感器？速度传感器有几种形式？
3. 模拟量检测系统有哪几部分组成，各有什么功用？
4. 说明信号调制和解调的作用。
5. 信号预处理包含哪些内容？
6. 模拟多路开关和采样保持电路的作用是什么？

4 伺服系统

4.1 伺服系统的基本结构型式及特点

4.1.1 伺服系统的基本概念

伺服系统是指以机械位置或角度作为控制对象的自动控制系统，又称随动系统或伺服机构。所谓伺服就是“伺候服侍”的意思，指在控制命令的指挥下，控制执行元件工作，使机械运动部件按照控制命令的要求进行运动，并具有良好的动态性能。

伺服系统是机电一体化产品的一个重要组成部分。伺服系统主要用于机械设备位置和角度的动态控制，广泛应用于工业控制、军事、航空、航天等领域，如数控机床、工业机器人等。

4.1.2 伺服系统的基本要求

伺服系统的驱动与所使用的执行元件有关，常见的执行元件有直流伺服电动机、交流伺服电动机、步进电动机、液压缸、液压马达、气缸、气压阀等。由于执行元件是直接的被控对象，为了能按照控制命令的要求准确、迅速、精确、可靠地实现对控制对象的调整与控制，对伺服系统提出如下要求：

——高可靠性。执行元件直接面对被控对象，一般所处的环境恶劣，其工作的可靠性关系到机电一体化产品及装置的工作性能，它是执行元件的首要指标。

——良好的动态性。执行元件在接受控制命令后要有快速的反应，要在很短的时间内动作。例如：漏电保护开关的执行机构必须在几十毫秒内切断电源。

——动作的准确性。从控制角度来看，机电一体化产品的工作精度除了要有良好的控制校正技术外，还依赖于执行元件动作的准确性。

——高效率。执行元件必须具有高效率。

在伺服系统的执行元件当中，广泛使用的是伺服电动机，其作用是把电信号转换为机械运动。伺服电动机技术性能直接影响着伺服系统的动态特性、运动精度、调速性能等。一般情况下，伺服电动机应满足如下的技术要求。

(1)具有较硬的机械特性和良好的调节特性　机械特性是指在一定的电枢电

压条件下转速和转矩的关系。调节特性是指在一定的转矩条件下转速和电枢电压的关系。理想情况下,两种特性曲线是一直线,如图 4-1 所示。

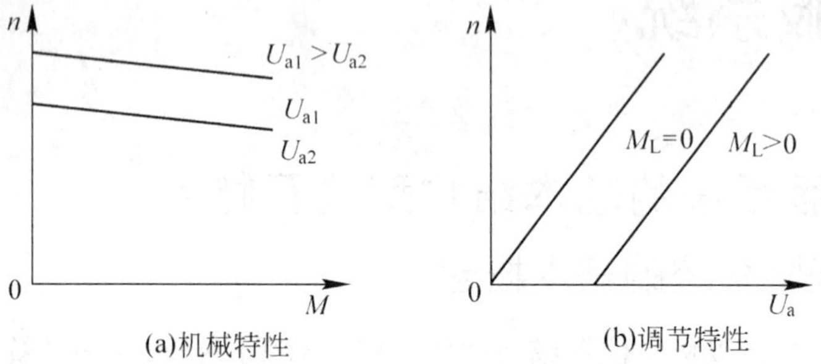

图 4-1 伺服电动机的机械特性和调节特性

(2)具有宽广而平滑的调速范围 伺服系统要完成多种不同的复杂动作,需要伺服电动机在控制指令的作用下,转速能够在较大的范围内调节。性能优异的伺服电动机其转速变化可达到 1∶10 000。

(3)具有快速响应特性 所谓快速响应特性是指伺服电动机从获得控制指令到按指令要求完成动作的时间要短。响应时间越短,说明伺服系统的灵敏性越高。

(4)具有小的空载始动电压 伺服电动机空载时,控制电压从零开始逐渐增加,直到电动机开始连续运转时的电压,称为伺服电动机的空载始动电压。在外加电压低于空载始动电压时,电动机不能转动,这是由于此时电动机所产生的电磁转矩还不够克服电动机空转时所需的空载转矩。可见,空载始动电压越小,电动机启动越快,工作越灵敏。由于空载始动电压的存在,使伺服电动机的调节特性成为不通过原点的直线,如图 4-2 所示。特性曲线与横轴的交点 U_{B0} 即为空载始动电压值。

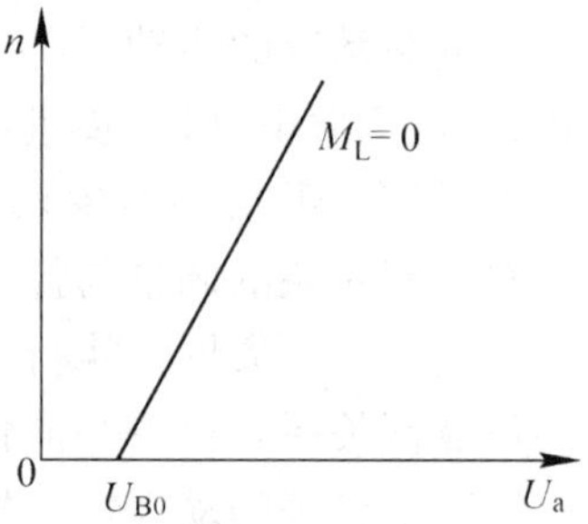

图 4-2 空载始动电压

4.1.3 伺服系统的基本结构型式

伺服系统的结构型式很多,其组成和工作情况也各不相同。伺服系统的一般结构型式采取闭环控制,包含控制器、功率放大器、执行机构和检测装置 4 个部分,如图 4-3 所示。

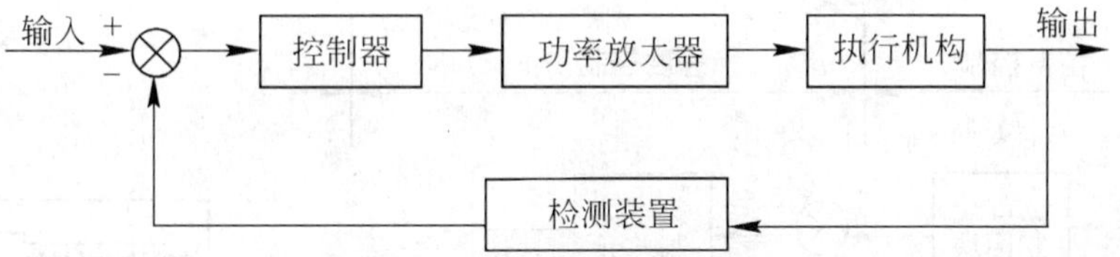

图 4-3 伺服系统的基本组成

(1)控制器 控制器的功能是根据输入信号和反馈信号比较的结果,决定控制的方式。常用的控制有 PID 控制和最优控制等。控制器一般由电子线路或计算机组成。

(2)功率放大器 控制器输出的信号通常都很微弱,需经功率放大器放大后,才能驱动执行机构动作。功率放大器主要由电子器件组成。

(3)执行机构 执行机构直接与被控对象打交道,最终执行控制器的指令,完成某种特定的动作。执行机构要准确、迅速、精确、可靠地实现对被控对象的调整和控制。执行机构主要由各种执行元件和机械传动装置等组成。

(4)检测装置 为了提高工作精度和抗干扰能力,伺服系统一般采用闭环控制。检测装置是系统的反馈环节,通过检测装置的测量,将执行机构的输出信号反馈到伺服系统输入端,实现反馈控制。反馈信号一般为位置反馈信号、速度反馈信号和电流反馈信号,要经多种传感元件进行检测。用来检测位置信号的装置有自整角机、旋转变压器、光电编码器等;用来检测速度信号的装置有测速发电动机、旋转变压器、光电编码器等;用来检测电流信号的装置有取样电阻、霍尔集成电路传感器等。对检测装置的要求是精度高、线性度好、可靠性高、响应快。

图 4-4 是数控机床的伺服系统一般结构图,它是一个位置随动系统,由速度环和位置环构成。速度控制单元由速度调节器、电流调节器及功率驱动电源等组成。位置环由位置控制模块与速度控制单元、位检及反馈等部分构成。

按照系统执行元件的性质不同,伺服系统可分为电气伺服系统、液压伺服系统和气动伺服系统。其中电气伺服系统又可分为直流伺服系统、交流伺服系统和步进伺服系统。按照系统的控制方式,可分为开环伺服系统和闭环伺服系统。开环伺服系统无检测反馈环节,结构简单,调试、维护方便,成本低,但精度低、抗干扰能力差,一般用于精度、速度要求不高的机电一体化系统。闭环伺服系统由于采用了反馈控制原理,它具有精度高、调速范围宽、动态性能好等优点,但系统结构复杂、成本高,用于高精度、高速度的机电一体化系统。

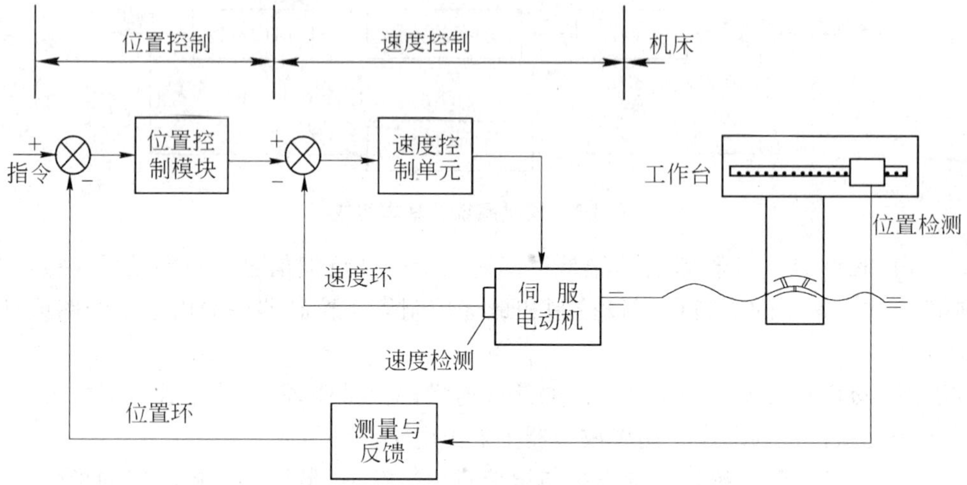

图 4-4 数控机床伺服系统结构图

4.2 伺服系统的执行元件

4.2.1 执行元件的种类及特点

各种机电一体化产品和装置都是为完成某一任务或达到某种特定目标而制造的，但直接参与调节以及完成动作指令的是执行元件，因此，要求执行元件能够按控制器的指令准确、迅速、精确、可靠地实现对被控对象的调整和控制。执行元件的种类繁多，通常按推动执行元件工作的能源形式分为 3 种：电动式、液压式和气动式。它们各有特点，应用的场合也不完全相同。

(1)电动执行元件　电动执行元件以电能作为动力，并把电能转变成位移或转角形式的机械能，以实现对被控对象的调整和控制。电动执行元件主要以电动机为主，具有高精度、高速度、高可靠性、易于控制等特点。常见的有直流伺服电动机、交流伺服电动机、步进电动机等。一般来说，电动机虽然能把电能转换为机械能，但电动机本身缺少控制能力，需要电力变换控制装置的支持。随着电子技术的快速发展，电动执行元件的性能有了显著提高，从而使电动执行元件有了非常广泛的应用。

(2)液压执行元件　液压执行元件是将压缩液体的能量转换为机械能，拖动负载实现直线或回转运动。做功介质可以用水，但大多用液压油。常见的执行元件有液压缸、液压马达等。液压执行元件具有工作平稳、冲击振动小、无级调速范围大、输出力或扭矩大、过载能力强、结构简单以及体积小等优点，应用于机械、冶金等领域。但液压执行元件存在下述缺点:元件需要精心维护管理,噪声大,远距离操作受到限制,由于漏油可能污染环境,性能随油温的变化而变化。

(3)气动执行元件　气动执行元件是把压缩气体的能量转换成机械能,拖动负载完成对被控对象的控制。做功介质可以是空气,也可以用惰性气体。气动执行元件结构简单、工作可靠、维护方便、成本低。但由于是用气体作介质,所以可压缩性大、精度较差、传输速度低。气动执行元件在机电一体化技术中一般与电动调节仪表、电动单元组合仪表相配合,用于电站、化工、轻工和纺织等领域。

4.2.2　直流伺服电动机

直流伺服电动机是用直流电信号控制的伺服电动机,其功能是将输入的电压控制信号快速转变为轴上的角位移或角速度输出。

直流伺服电动机的主要结构及原理与普通直流电动机相比较没有特殊的区别,但为了满足工作需要,在以下几方面直流伺服电动机与普通直流电动机有所不同:

①电枢长度与直径的比要大;

②磁极的一部分或全部使用叠片工艺;

③为进行可逆运行,电刷应准确地位于中性线上,使正、反向特性一致;

④为防止转矩不均匀,电枢应制成斜槽形状;

⑤用电枢控制方式时,为了减少磁场磁通变化的影响,应充分使用在饱和状态;

⑥根据控制方式,也有使用分段励磁绕组的形式。

直流伺服电动机的品种很多,按照磁极方式不同可分为电磁式和永磁式;按结构分为一般电枢式、无槽电枢式、印刷电枢式、绕线盘式和空心杯电枢式等;按控制方式分为磁场控制方式和电枢控制方式。常见的直流伺服电动机为电磁式直流伺服电动机,是他励直流电动机,一般采取电枢控制方式。图 4-5 为电枢控制直流伺服电动机工作原理图。

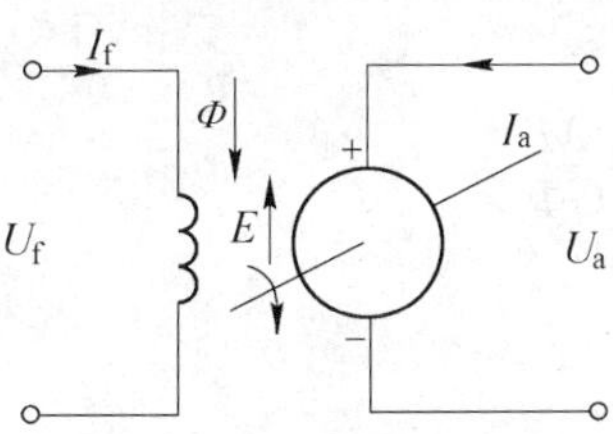

(a)工作原理

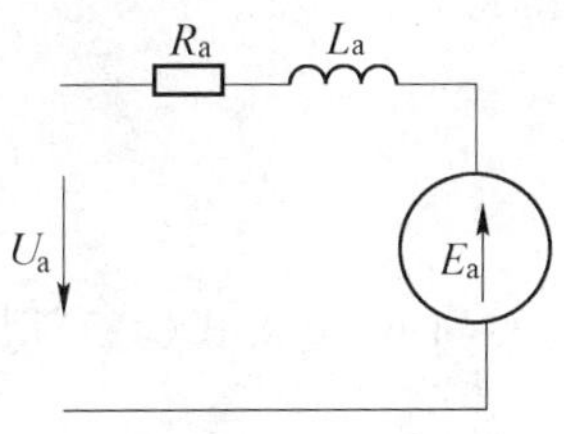

(b)等效电路

图 4-5　直流伺服电动机工作原理

如图 4-5(a)所示，励磁绕组接在电压恒定的直流电源上，即励磁电压 U_f 为常数不变，用以产生恒定的磁通，电枢绕组接在控制电压 U_a 上。当 $U_a \neq 0$ 时，便产生电磁转矩，其大小为

$$M = G\Phi I_a \tag{4-1}$$

式中：G 为直流电动机的转矩系数；Φ 为主磁极每极磁通量，Wb；I_a 为电枢电流，A；M 为转矩，N·m。

电枢导体在磁场中切割磁力线要产生感应电动势，总的电枢电动势 E_a 为

$$E_a = C_e \Phi n \tag{4-2}$$

式中：C_e 为电动势系数；n 为电枢转速，r/min；E_a 为电动势，V。

在直流电动机的电枢电路中[图 4-5(b)]，外加电压 U_a 等于电枢电阻的电压降 $I_a R_a$ 与电枢电动势 E_a 之和，即

$$U_a = E_a + I_a R_a \tag{4-3}$$

故电枢电流 I_a 为：

$$I_a = \frac{U_a - E_a}{R_a} \tag{4-4}$$

当电动机稳定运行时，其电磁转距 M 应与轴上负载反转矩 M_L 相等，因此在 Φ 一定时，电枢电流 I_a 的大小由反转矩决定。如果电枢电路的外加电压 U_a 一定，则电动势 E_a 及与它对应的电枢转速 n 也都由 M_L 决定。

由式(4-2)和式(4-3)得：

$$n = \frac{E_a}{C_e \Phi} = \frac{U_a - I_a R_a}{C_e \Phi} \tag{4-5}$$

由式(4-1)得：

$$I_a = \frac{M}{G\Phi} \tag{4-6}$$

将式(4-4)、式(4-6)代入式(4-5)得：

$$n = \frac{U_a - \frac{M}{G\Phi} R_a}{C_e \Phi} = \frac{U_a}{C_e \Phi} - \frac{M R_a}{C_e G \Phi^2} \tag{4-7}$$

在U_a=常数和I_f=常数(即Φ等于常数)的条件下,式(4-7)可写成:

$$n = n_0 - kM \tag{4-8}$$

式中:$n_0=\dfrac{U_a}{C_e\Phi}$,称为电动机的理想空载转速;$k=\dfrac{R_a}{C_eG\Phi^2}$,是一个很小的常数。由此可见,电动机的机械特性是一条随M的增大而略有下降的直线,属于硬特性,如图4-6所示。在U_a改变时,机械特性将是一组特性曲线。

机械特性说明,随着控制电压增加,机械特性曲线平行地向转速和转矩增加的方向移动,但斜率不变。机械特性是线性的,线性度越高,系统的动态误差越小。

直流伺服电动机的调节特性可从机械特性得到,它反映了电动机在一定转矩下转速n与控制电压U_a的关系,如图4-7所示,它也是一组平行直线。

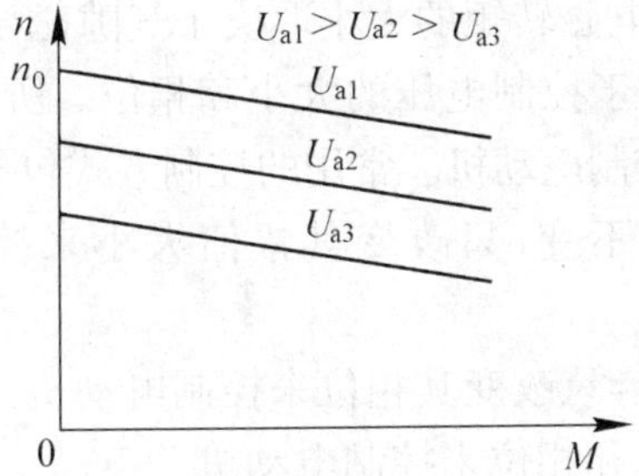

图4-6 直流伺服电动机的机械特性

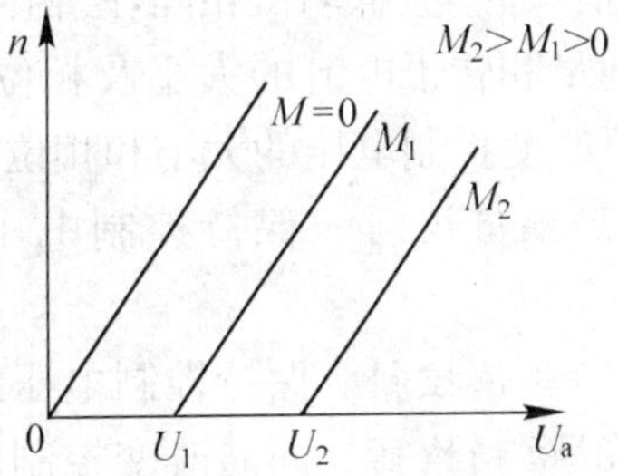

图4-7 直流伺服电流机调节特性

从调节特性我们看到,M一定时,控制电压U_a高时,转速n也高,两者成正比关系。当$n=0$时,不同转矩M需要的控制电压U_a也不同。如$M=M_1$时,$U_a=U_1$,说明当控制电压$U_a>U_1$时,电动机才能转起来,称U_1为始动电压。M不同,始动电压不同,M大的始动电压也大。当电动机理想空载时,只要有控制电压U_a,电动机自然转动。

4.2.3 交流伺服电动机

交流伺服电动机是把加在控制绕组上的交流电信号转换为一定的转速和偏角的电动机。与直流伺服电动机相比,交流伺服电动机具有结构坚固、维护简单、便于安装以及转子惯量可以设计得较小和能够高速运转等优点。

交流伺服电动机主要是笼型感应电动机和永磁式同步电动机,常用的是小型或微型的两相感应电动机。这种电动机的定子上装有两个在空间上彼此相差90°

电角度的绕组，一个叫做主绕组，另一个叫控制绕组。主绕组也叫励磁绕组，始终以恒定的电压进行励磁。控制绕组上接有与主绕组励磁电压频率相同的控制电压，接线原理如图 4-8 所示。电动机的转子通常为笼型，由短路环和铜棒构成。

当在电动机主绕组和控制绕组上加频率相同而相位不同的交流电压时，在主绕组和控制绕组中将产生相位不同的励磁电流和控制电流，从而在电动机气隙中形成一个椭圆形或圆形的旋转磁场。旋转磁场切割转子产生感应电流，感应电流与旋转磁场相作用，使转子转动。

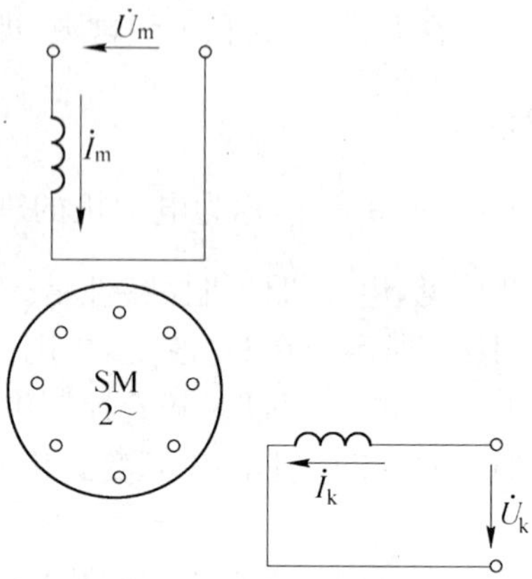

图 4-8 两相感应电动机原理图

和普通感应电动机相同，两相伺服电动机电磁转矩的大小取决于气隙磁场的每极磁通量和转子电流的大小及相位，也即取决于控制电压的大小和相位。所以，可以通过改变控制电压的大小和相位的方法来控制电动机。常用的控制方式包括：

(1)幅值控制　保持控制电压的相位角不变，只改变其幅值大小来控制电动机。

(2)相位控制　保持控制电压的幅值不变，只改变其相位来控制电动机。

(3)幅相控制　同时改变控制电压的幅值和相位来控制电动机。

永磁式同步电动机的特点是电动机定子铁芯上装有三相电枢绕组，接在可控的电源上，用以产生旋转磁场。转子由永磁材料制成，用于产生恒定磁场，无需励磁绕组和励磁电流。当定子接通电源后，电动机异步启动，当转子转速接近同步转速时，在转子磁极产生的同步转矩作用下，进入同步运行。永磁式同步电动机的转速采用改变电源频率的办法来进行控制。

4.2.4 步进电动机

步进电动机是一种将电脉冲信号转换成相应的角位移或线位移的控制电动机。通俗地讲，就是在这种电动机上外加一个脉冲信号，它就运动一步。正因为它的运动形式是步进式的，故称为步进电动机。步进电动机的输入是脉冲信号，从主绕组内的电流来看，既不是通常的正弦电流，也不是恒定的直流，而是脉冲的电流，所以步进电动机有时也称作脉冲马达。

步进电动机根据作用原理和结构不同，可分为永磁式步进电动机、反应式步进电动机和永磁感应式步进电动机。其中应用最多的是反应式步进电动机。图

4-9所示为三相反应式步进电动机结构，定子为3对磁极，磁极对数称作“相”，相对的极属一相，步进电动机可做成3相、4相、5相或6相等。磁极个数是定子相数 m 的2倍即 $2m$。每个磁极上套有该相的控制绕组，在磁极的极靴上制有小齿，转子由软磁材料制成齿状。

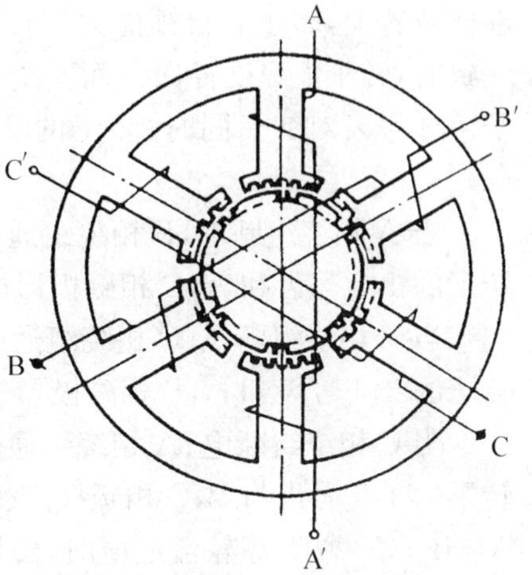

图 4-9　三相反应式步进电动机结构

根据工作要求，定、转子齿距要相同，并满足以下两点：

①在同相的磁极下，定、转子齿应同时对齐或同时错开，以保证产生最大转矩。

②在不同相的磁极下，定、转子齿的相对位置应依次错开 $1/m$ 齿距。当连续改变通电状态时，可以获得连续不断的步进运动。

齿距 θ_z 的计算公式为

$$\theta_z = 2\pi / z_R \tag{4-9}$$

式中：z_R 为转子的齿数。

典型的三相反应式步进电动机的每相磁极在空间互差120°，相邻磁极则相差60°，当转子有40个齿时，转子的齿距为

$$\theta_z = 360° / 40 = 9°$$

步进电动机的工作过程可用图4-10来说明。为分析问题方便，我们考虑定子中的每个磁极都只有1个齿，而转子有4个齿的情况。用直流电源分别对A、B、C三相绕组轮流通电。

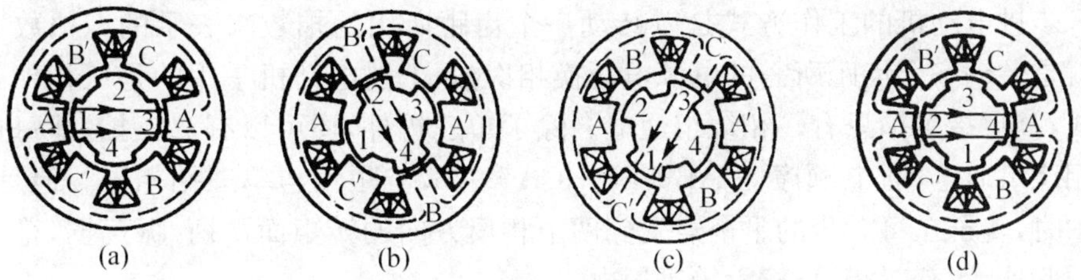

图 4-10　三相反应式步进电动机工作原理示意图

开始时，开关接通A相绕组，则定、转子间的气隙磁场与A相绕组轴线重合，转子受磁场作用便产生了转矩。由于定、转子的相对位置力图取最大磁导位置，

在此位置上，转子有自锁能力，所以当转子旋转到1，3号齿连线与A相绕组轴线一致时，转子上只受径向力而不受切向力，转矩为零，转子停转，即A相磁极和转子1，3号齿对齐。同时，转子的2，4号齿和B、C相磁极形成错齿状态[图4-10(a)]。

当A相绕组断电，B相绕组通电时，使得B相磁极与转子的2，4号齿对齐，而转子的1，3号齿和A，C相磁极形成错齿状态[图4-10(b)]。

当B相绕组断电、C相绕组通电时，使得C相磁极与转子的1，3号齿对齐，而转子的2，4号齿和A，B相磁极形成错齿状态[图4-10(c)]。

当C相绕组断电、A相绕组通电时，使得A相磁极与转子的2，4号齿对齐，而转子的1，3号齿与B，C相磁极产生错齿[图4-10(d)]。显然，当对A，B，C绕组按A—B—C—A顺序轮流通电时，磁场沿A—B—C方向转动了360°，而转子沿A—B—C方向转动了一个齿距位置。对图4-10而言，转子的齿数为4，故齿距为90°，则转子转动了90°。

对每一相绕组通电的操作称为一拍，则A，B，C三相绕组轮流通电需要三拍，从上面分析可知，电动机转子转动一个齿距需要三拍操作。实际上，电动机每一拍都转一个角度，也称前进了一步，这个转过的角度叫做步距角θ_b，有

$$\theta_b=\frac{2\pi}{Nz_R}\text{或 }\theta_b=\frac{360^\circ}{Nz_R} \tag{4-10}$$

式中：z_R为转子齿数；N为转子转过一个齿距的运行拍数。

对于$z_R=40$而采用三拍方式工作的步进电动机而言，其步距角θ_b为

$$\theta_b=\frac{360^\circ}{40\times3}=3^\circ$$

步进电动机的工作方式是以转动一个齿距所用的拍数来表示的。拍数实际上就是转动一个齿距所需的电源电压换相次数，上述电动机采用的是三相单三拍方式，“单”指每拍只有一相绕组通电。除了单三拍外，还可以有双三拍，即每拍有两相绕组通电，通电顺序为AB—BC—CA—AB，步距角与单三拍相同。但是，双三拍时，转子在每一步的平衡点受到两个相反方向的转矩而平衡，振荡弱，稳定性好。此外，还有三相单、双六拍等通电方式。

4.2.5 其他种类执行元件

在伺服系统的执行元件当中，除电气执行元件外，还广泛应用液压式和气动

式执行元件。下面简单介绍液压执行元件中的液压缸和液压马达。

液压缸可实现直线往复运动和往复摆动运动，所以液压缸分为移动液压缸和摆动液压缸两大类。在移动液压缸中，常使用一种双作用液压缸，如图4-11所示。所谓双作用是指从活塞两侧交替地输入压力油，使油缸可以在两个方向上输出能量。图4-11(a)所示为实心双出杆液压缸，其特点是缸体固定，活塞杆与运动件相连接。当压力油进入液压缸两个腔体时，在油压作用下，活塞移动，从而牵动与活塞杆相连的负载移动，改变进入油缸的压力油的流量，就可控制活塞运动速度。图4-11(b)所示为空心双出杆液压缸，其特点是活塞杆固定，而缸体和运动部件相连接，通过油压式缸体运动，从而牵动负载移动。

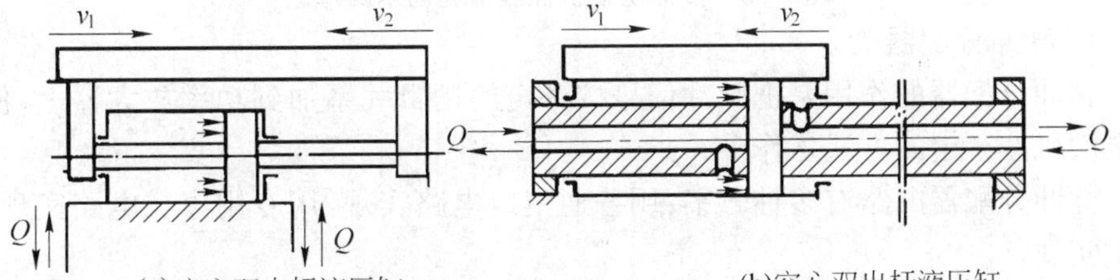

(a) 实心双出杆液压缸　　(b)空心双出杆液压缸

图4-11　双出杆活塞式液压缸

液压马达可实现旋转运动，分为齿轮马达、叶片马达、径向柱塞马达、轴向柱塞马达、螺杆马达等。图4-12所示为齿轮式液压马达。当压力油进入油腔后，对齿产生不平衡的压力，从而产生扭矩使齿轮旋转，拖动负载转动。液压马达的转速仅与输入的流量多少和马达本身的几何尺寸有关，而与压力和扭矩无关，其压力和扭矩取决于拖动的负载。

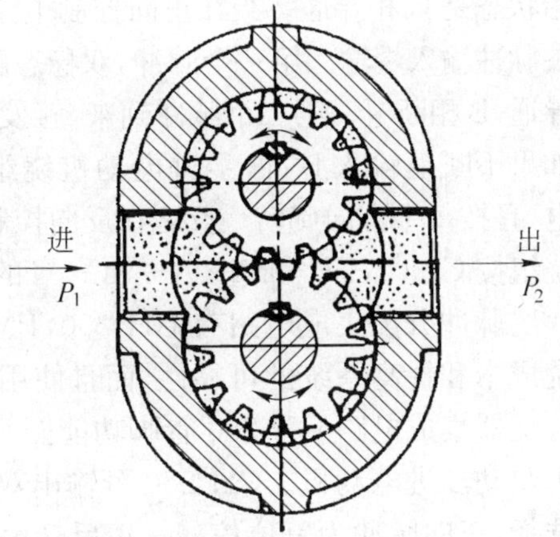

图4-12　齿轮式液压马达原理图

液压马达的优点是体积小，动态性能好，输出转矩和功率大，调速范围宽，能正、反向转动，制动性能好等。缺点是效率低、噪声大，低速运行时转速的稳定性差。

4.3 执行元件的控制与驱动

4.3.1 步进电动机的控制与驱动

步进电动机要正常工作,必须配以相应的控制与驱动电路。控制与驱动电路框图如图 4-13 所示。它包括变频信号源、脉冲分配器、功率放大器等部分。其中变频信号源是一个从几 Hz 到 20～30 kHz 的连续可变信号发生器。

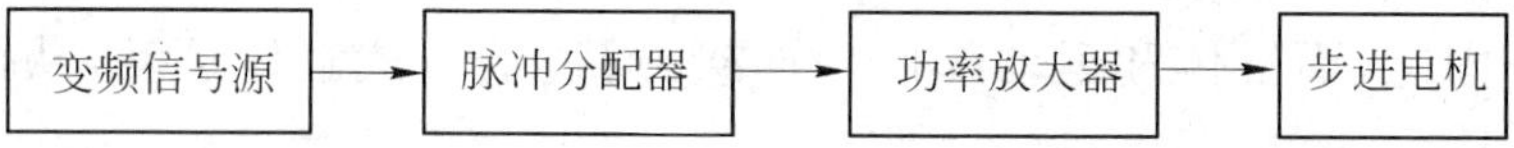

图 4-13 步进电动机控制与驱动电路框图

1. 脉冲分配器

脉冲分配器的作用是把脉冲信号按一定的逻辑关系加到功率放大器上,使步进电动机按一定的方式工作。

脉冲分配器电路有多种方案:用普通集成电路实现,用专用集成电路实现,用微机实现。

由普通集成电路组成的三相六拍脉冲分配器电路如图 4-14 所示。图中 C_1,C_2,C_3 为双稳态触发器(J-K 触发器),其余为与非门。变频信号源的脉冲加到脉冲分配器的脉冲输入端,步进电动机的旋转方向由正向和反向控制电位决定。该电路的初始状态是 C 相导通。当在正向控制电位端加高电平,反向控制电位端加低电平时,在脉冲输入端输入第一个脉冲,双稳态触发器 C_1 翻转。此时,电动机的 A,C 相同时导通,B 相断电。第二个脉冲到来,触发器 C_3 翻转,此时,A 相通电,B,C 两相断开。如果不断地输入脉冲,步进电动机绕组按 C—CA—A—AB—B—BC—C 的顺序通电,且按一个方向旋转。反之在反向控制端加高电平、正向控制端加低电平,电动机绕组按 C—CB—B—BA—A—AC—C 的顺序通电,且反向旋转。

脉冲分配集成电路有 CH 250,PMM 8713 等。采用集成电路有利于降低系统成本和提高系统的可靠性,而且使用维护方便。图 4-15 为三相步进电动机脉冲分配器集成电路 CH 250 管脚功能图。A,B,C 为 3 个输出端,外接功率放大器后再驱动步进电动机。CH 250 可输出双三拍、三相六拍脉冲信号,由复位端 R_3,R_6 选择,正向脉冲为复位信号。正反转由相应的 J_{3R},J_{3L},J_{6R},J_{6L} 端选择,高电平为选中信号。CP,EN 端都可以输入时钟脉冲信号。当 EN 端为高电平时,CP 端输入的时钟脉冲上升沿起作用;当 CP 端为低电平时,从 EN 端输入的时钟脉冲下降沿起作用。

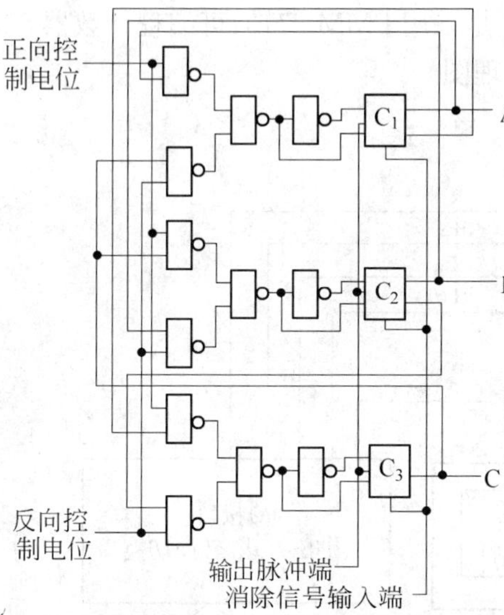

图 4-14 三相六拍脉冲分配器

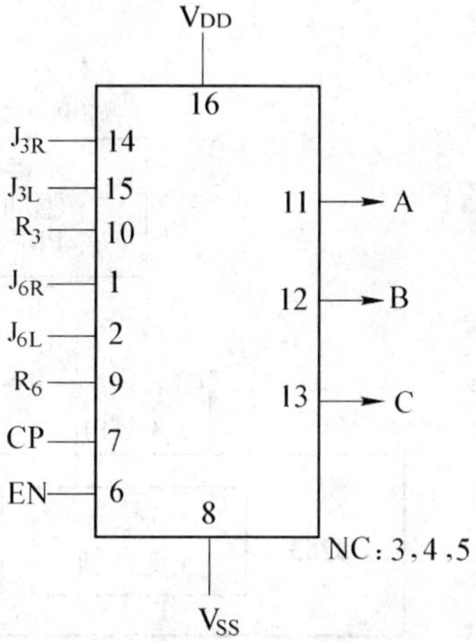

图 4-15 脉冲分配器集成电路 CH 250

图 4-16 是采用脉冲分配器专用集成电路 PMM 8713 的实例，设定在双四拍工作方式。电动机的转速由端子 C_K 的脉冲输入频率决定，正、反转切换是由 U/D 端子取“1”还是取“0”来决定(电动机的正、反转也可以采用脉冲控制的方法通过 C_U 和 C_D 端子来进行。C_U 端输入的脉冲使电动机正转，C_D 端输入的脉冲使电动机反转，此时 C_K 和 U/D 端同时接地)。Φ_C 端是为切换电动机相数用的控制端，三相电动机时 Φ_C =“0”，四相电动机时 Φ_C =“1”。Φ_1～Φ_4 为脉冲输出端，连接驱动电路。E_A，E_B 为励磁方式选择用，1～2 相励磁时，$E_A = E_B$ =“1”；2 相励磁时，$E_A = E_B$ =“0”；1 相励磁时，其中一端为“1”，一端为“0”；$\bar{R}$ 为复位端，$\bar{R}$ =“0”时，Φ_1～Φ_4 均为“1”状态，此时步进电动机锁住不动。

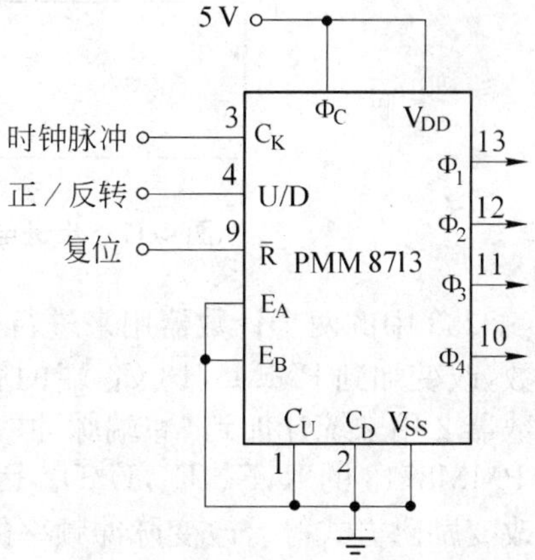

图 4-16 脉冲分配器集成电路 PMM 8713

微机控制步进电动机的方案很多。一类是用软件来实现脉冲分配器功能，由并行口发送励磁信号去控制驱动电路。这类方案实现分配器功能灵活，但微机负担加重。另一类是微机和专用集成芯片组成控制系统，可以减轻微机的负担，组成多功能的步进电动机驱动电路。图 4-17 是采用 PMM 8713、可编程计数器 8253 及并行接口等组成的全数字控制方式的原理图。

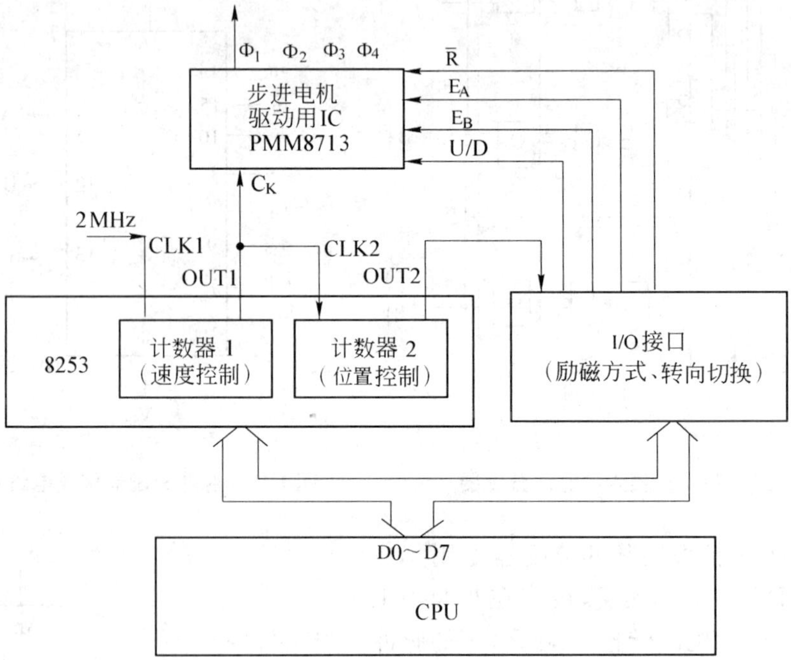

图 4-17　步进电动机微机控制系统原理图

8253 中的两个计数器用来进行速度和位置控制。通过改变计数器 1 的时间常数，改变加到 PMM8713 C_K 端的脉冲频率，具有控制步进电动机速度的作用。计数器 2 用来统计加到 C_K 端脉冲数，作为位置控制计数器，由并行口 4 位输出接到 PMM8713 的 $\overline{R}$，E_A，E_B，U/D。因此，可以随意控制电动机的转向、运行/停止及改变励磁方式等。改变脉冲频率的过程是，当计数器 2 的计数值达到内部寄存器的设置值时，输出的脉冲通过接口向 CPU 申请中断，CPU 一旦响应，就进入中断处理。在中断服务程序中，改写计数器 1 的时间常数，就可以改变 C_K 端的脉冲频率。于是，在这一控制系统中，CPU 每中断一次，步进电动机的脉冲频率就改变一次，以实现电动机的速度控制。计数器 2 所计的脉冲数值可以用来计算步进电动机的旋转角。因此，在此值等于设定位置角的时候，使接至并行接口的 $\overline{R}$ 端逻辑电平变低，就能够控制位置。

2. 功率放大器

功率驱动电路即功率放大电路，简称驱动电路。步进电动机的驱动电路形式很多,下面简述几种。

(1)单电压型驱动电路　如图 4-18 所示。控制信号经过放大加到开关管的基极、控制相绕组的导通与截止。电阻 R 与电动机绕组串联,减小了电路的时间常数,但却在电阻上增加了功率消耗。二极管 VD 和电阻 R_f 构成相电流释放回路,以避免在切断开关晶体管时在绕组两端出现很大的感应电压。这种电路适用于驱动小型步进电动机。

(2)高低压驱动电路　如图 4-19 所示。电路中有两种电源电压,接通或截止相电流时使用高电压,继续励磁期间使用低电压,把电流维持在额定值上。开始激励绕组时,两只晶体管 V_1 和 V_2 导通,此时高压加到相绕组上,电流迅速上升。经过很短时间,V_2 截止,电动机绕组由低压 V_L 供电,当控制信号消失后,V_1 也关断,电动机绕组的能量通过 VD_1—V_H—V_L—VD_2 进行释放。此电路具有功耗小、效率高的优点,而且使步进电动机的启动频率和最高运行频率大为提高。

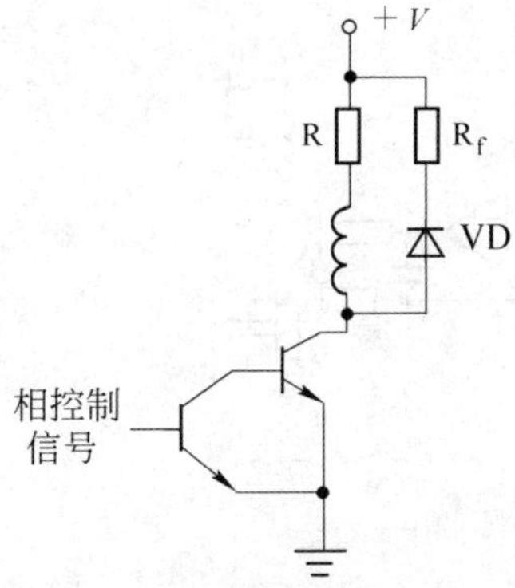

图 4-18　单电压型驱动电路图

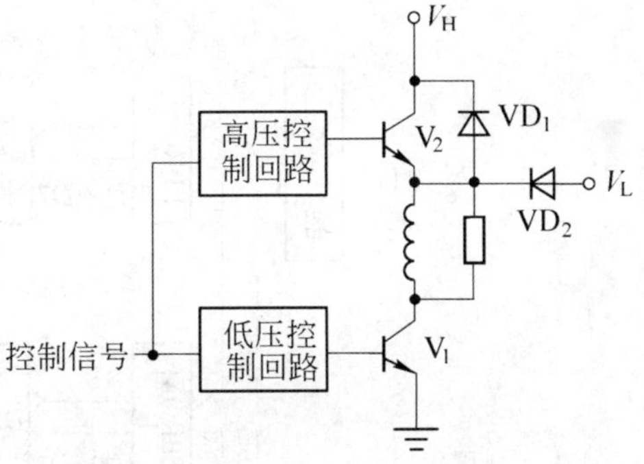

图 4-19　高低压驱动电路

(3)单压斩波电路　如图 4-20 所示。它的特点是通过电流反馈到斩波回路,使控制绕组电流维持在额定值附近。线路串联的检测电阻很小,运行性能好,效率高。

细分驱动是把步进电动机的步距角减小,把原来的一步再细分若干,这样步进电动机的运动近似地变为匀速运动,并能使它在任何位置停步(图 4-21 所示)。采用这种线路可以大大改善步进电动机的低频特性。

为了实现细分驱动目的,步进电动机绕组用阶梯电流波供电,如图 4-21 所示。它是三相六拍四细分的波形图。

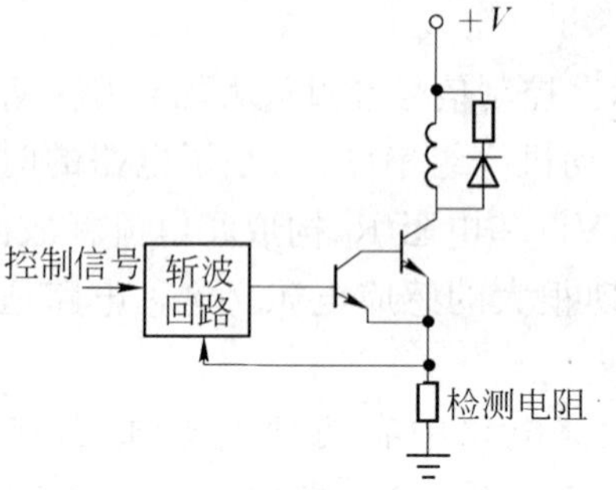

图 4-20 单压斩波电路

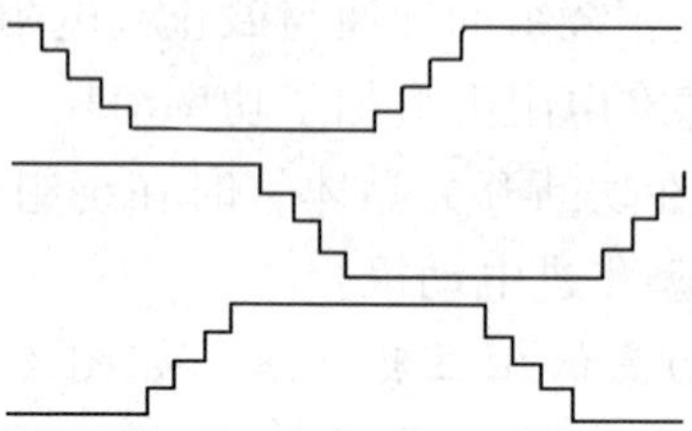

图 4-21 三相六拍四细分的波形图

微机控制细分电路原理如图 4-22 所示。把反映图 4-21 的细分电路波形的数字代码写入 EPROM，工作时，微机或计数电路按照要求对 EPROM 寻址，EPROM 输出的代码经数模转换器转换成相应的模拟电流，驱动步进电动机作微步转动。为保证恒流驱动，A,B,C 各相都引入反馈电流 I_{fb}。

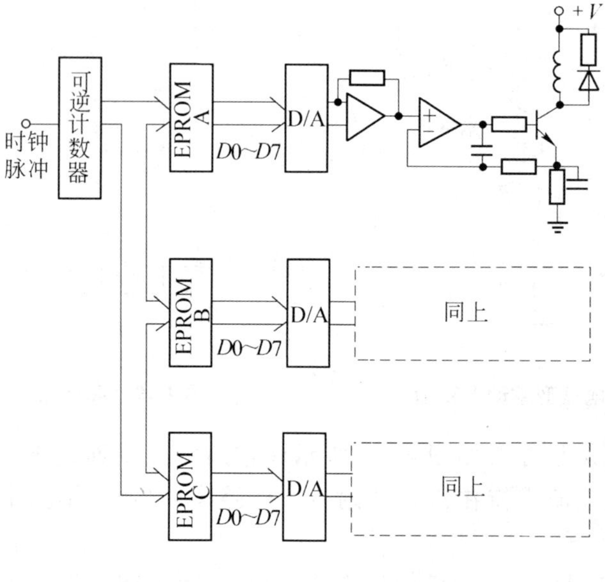

图 4-22 微机控制细分电路原理图

4.3.2 直流伺服电动机的控制与驱动

一个控制驱动系统性能的好坏，不仅取决于电动机本身的特性，而且还取决于驱动电路的性能以及两者之间的相互配合。对驱动电路一般要求频带宽、效率高。目前广泛采用的直流伺服电动机的晶体管驱动电路有线性直流伺服放大器和脉宽调制放大器(PWM)。一般宽频带低功率系统选用线性放大器(小于几百瓦),而脉宽调制放大器常用在较大的系统中,尤其是那些要求在低速和大转矩下连续运行的场合。

1. 线性直流伺服放大器

线性伺服放大器通常由线性放大元件(如运算放大器)和功率输出级组成,它的输出电流比例于控制信号。功率输出级有两种基本形式,图 4-23 为互补式,图 4-24 为线性桥式输出级。

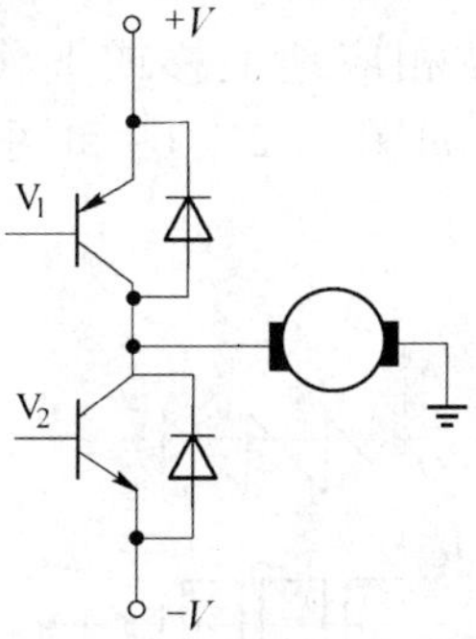

图 4-23 互补式输出级

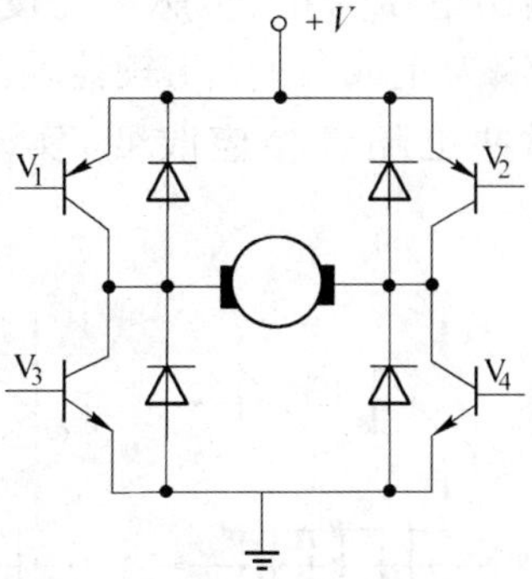

图 4-24 线性桥式输出级

为能向电动机供给两种极性的电压与电流,使电动机正转和反转运行,互补式输出级使用正负两个电源。线性桥式输出级只需要单个电源。当 V_1,V_4 导通时,对电动机正向供电;当 V_2,V_3 导通时对电动机反向供电。为消除电动机快速变化时自感电势和反电势击穿晶体管,在功率晶体管上都跨接了续流二极管。互补电路形式上比较简单,但需要两个电源,而且功率晶体管的额定电压必须大于两个外加电源电压之和。对于桥式电路,功率晶体管的额定电压为电源电压。这类伺服放大器本身的功率消耗较大,适用于功率比较小、电枢具有较高阻抗的情况。

2. 脉宽调制放大器

PWM 放大器的优点是功率管工作在开关状态,管耗小。它的基本原理是:利用大功率晶体管的开关作用,将直流电源电压转换成一定频率(如 2 000 Hz)的方波电压,加在直流电动机的电枢上,通过对方波脉冲宽度的控制,改变电枢的平均电压,从而调节电动机的转速,即“脉宽调制”的原理,其原理框图如图 4-25 所示。

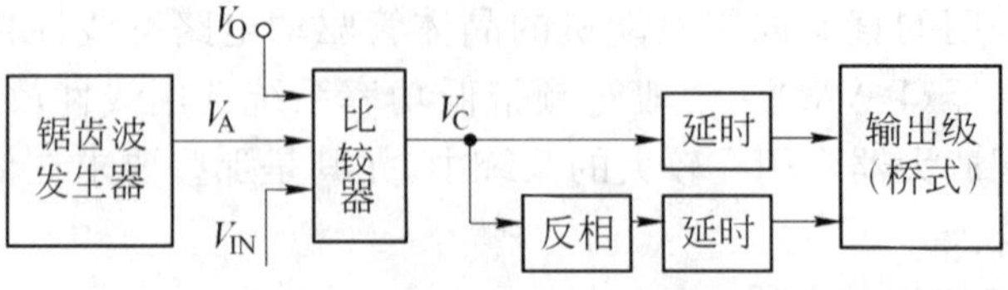

图 4-25 PWM 放大器原理图

锯齿波发生器将输出电压 V_A 和直流控制信号 V_{IN} 进行比较。同时，在比较器的输入端还加入一个调零电压 V_0。当控制电压 V_{IN} 为零时，调节 V_0 使比较器的输出电压为正、负脉冲宽度相等的方波信号，如图 4-26(a)所示。当控制信号 V_{IN} 为正或负时，比较器输入端处的锯齿波相应地上移或下移，比较器的输出脉冲也随着相应改变，实现了脉宽调制，如图 4-26(b)和图 4-26(c)所示。

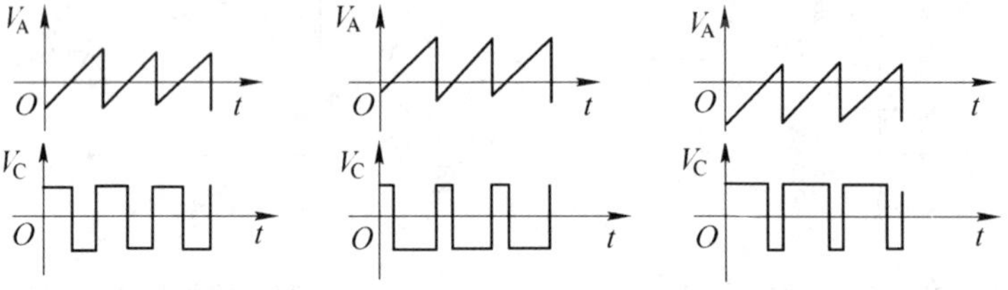

(a)控制电压为零　(b)控制电压为正　(c)控制电压为负

图 4-26 锯齿波脉宽调制器波形图

若输出级为桥式电路，比较器的输出应分成相位相反的两路信号，去控制桥式电路(参见图 4-24)中的 V_1，V_4 和 V_2，V_3 两组晶体管的基极。为防止 V_1，V_4 未断开时 V_2，V_3 就导通，造成桥臂短路，在线路中还加有延时电路。图 4-27 为 PWM 放大器电路原理图。

图 4-27 左下方是由晶体管和单结晶体管 BT31 等组成的锯齿波发生器，其上方由运算放大器 μA741 组成的电路为比较器。晶体管 V_7，V_{11}，V_{10} 组成的电路起反相和延时作用，V_7，V_{11} 基极连接的电容用来调节延时时间，输出级采用桥式电路。为了增加电流放大倍数，采用了复合管的形式，如 V_6，V_5，V_1。目前已有 PWM 专用集成电路，如 SG1731。

3. 设计功放电路时应注意的问题

功放电路是直流伺服电动机应用的关键，在选择和设计时应注意下述两个问题：

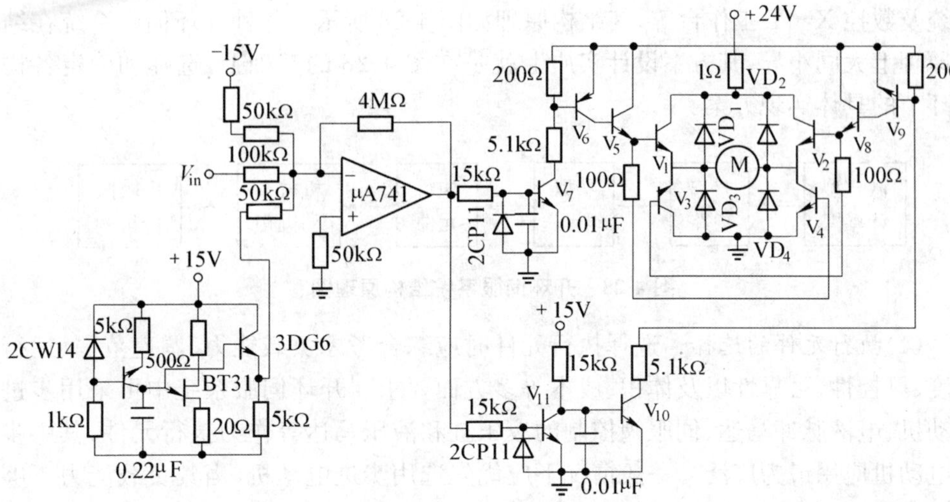

图 4-27 PWM 放大器电路图

(1)切换频率的选择 切换频率对直流伺服电动机的运行性能有很大影响，应综合考虑下述因素加以选择：切换频率应使电动机轴产生微振，以克服静摩擦，改善运行特性，但微振的最大角位移不应大于允许的角位置误差；切换频率应选得足够高，以使电动机电枢感抗足够大，减小电动机内产生的高频功耗和交流分量的影响；切换频率应高于系统中任一部件的谐振频率，以防止共振产生。实际应用中，切换频率常在几百到几万赫兹范围内选取。

(2)大功率晶体管的选择 大功率晶体管工作在开关状态，其允许的开关频率一定要大于切换频率，而且开关特性要好，导通后的压降要小，反向耐压要高，以保证驱动电路和电动机性能的发挥。

4.4 伺服系统设计

4.4.1 系统设计方案

当伺服系统的负载不大、精度要求不高时，可采用开环控制。当系统精度要求较高或负载较大时，开环伺服系统往往满足不了要求，这时应采用闭环或半闭环控制的伺服系统。一般来讲，开环伺服系统的稳定性容易满足要求，设计时应主要考虑满足精度方面的要求，并通过合理的结构参数设计，使系统具有良好的动态响应性能。

1. 开环控制伺服系统的方案设计

在机电一体化产品中，典型的开环控制位置伺服系统是数控机床的伺服进给系统及数控 X－Y 工作台等，其结构原理如图 4-28 所示。各种开环伺服系统在结构原理上大同小异，其方案设计实质上就是在图 4-28 的基础上，选择和确定各构成环节的具体实现方案。

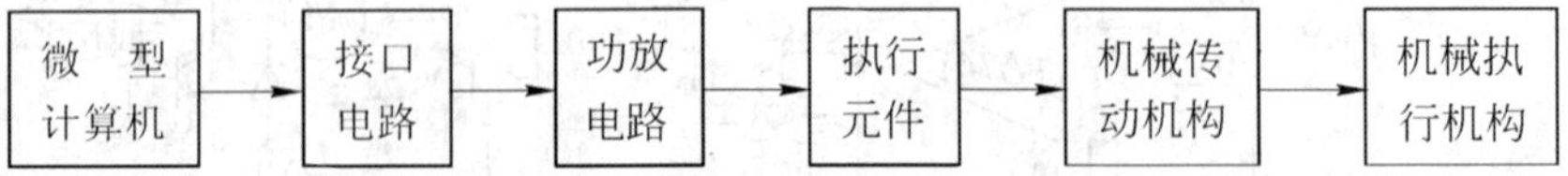

图 4-28 开环伺服系统结构原理图

(1)执行元件的选择 选择执行元件时应综合考虑负载能力、调速范围、运行精度、可控性、可靠性以及体积、成本等多方面要求。开环伺服系统中可采用步进电动机、电液脉冲马达、伺服阀控制的液压缸和液压马达等作为执行元件，其中步进电动机应用最为广泛。一般情况下应优先选用步进电动机，当其负载能力不够时，再考虑选用电液脉冲马达等。

(2)传动机构方案的选择 传动机构实质上是执行元件与执行机构之间的机械接口，用于对运动和力进行变换和传递。在伺服系统中，执行元件以输出旋转运动和转矩为主，而执行机构则多为直线运动。用于将旋转运动转换成直线运动的传动机构主要有齿轮齿条和丝杠螺母等。前者可获得较大的传动比和较高的传动效率，所能传递的力也较大，但高精度的齿轮齿条制造困难，且为消除传动间隙而结构复杂；后者因结构简单、制造容易而应用广泛，尤其是滚动丝杠螺母副，目前已成为伺服系统中的首选传动机构。

在步进电动机与丝杠之间运动的传递可有多种方式。可将步进电动机与丝杠通过联轴器直接连接，其优点是结构简单，可获得较高的速度，但对步进电动机的负载能力要求较高。此外步进电动机还可通过减速器传动丝杠。减速器的作用主要有 3 个，即配凑脉冲当量、转矩放大和惯量匹配。当电动机与丝杠中心距较大时，可采用同步齿形带传动，否则可采用齿轮传动，但应采取措施消除传动间隙。

(3)执行机构方案的选择 执行机构是伺服系统中的被控对象，是实现实际操作的机构，应根据具体操作对象及其特点来选择和设计。一般来讲，执行机构中都包含有导向机构，执行机构方案的选择主要是导向机构的选择。

导向机构即导轨，主要有滑动和滚动两大类，每一类按结构形式和承载原理又可分成多种类型。在伺服系统中应用较多的是塑料贴面滑动导轨和滚动导轨，设计时可根据具体情况合理选用。

值得一提的是市场上新出现的一种称为线性组件的产品，它将滚动丝杠螺母或齿形带传动与滚动导轨集成为一体，统一润滑与防护，系列化设计、专业化生产，体积小、精度高、成本低，易于安装，有的还配套提供执行元件和相应的控制装置，为伺服系统的设计和制造提供了极大的方便。

(4)控制系统方案的选择　控制系统方案的选择包括微型机、步进电动机控制方式、驱动电路等的选择。

常用的微型机有单片机、工业控制微型机等，其中单片机由于在体积、成本、可靠性和控制指令功能等许多方面的优越性，在伺服系统的控制中得到了非常广泛的应用。步进电动机的控制方式和驱动电源等可按本章4.3的介绍来选择。

2. 闭环控制的系统方案设计

从控制原理上讲，闭环控制与半闭环控制是一样的，都要对系统输出进行实时检测和反馈，并根据偏差对系统实施控制。两者的区别仅在于传感器检测信号位置的不同，因而导致设计、制造的难易程度不同以及工作性能的不同，但两者的设计与分析方法基本上一致。闭环和半闭环控制的位置伺服系统的结构原理分别如图4-29和图4-30所示。

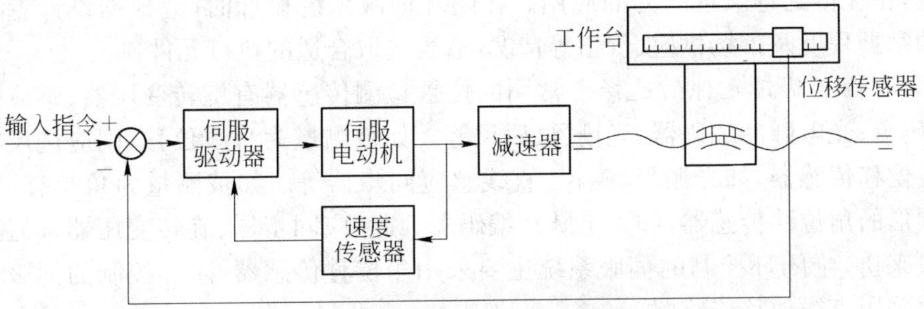

图4-29　闭环伺服系统结构原理图

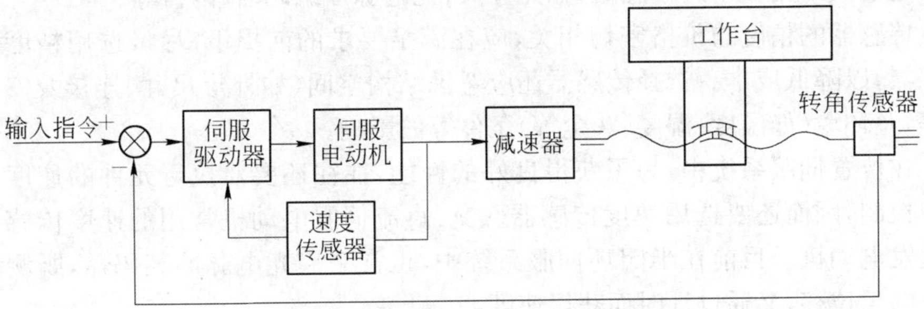

图4-30　半闭环伺服系统结构原理图

设计闭环伺服系统必须首先保证系统的稳定性，然后在此基础上采取各种措施满足精度及快速响应性等方面的要求。

(1)闭环或半闭环控制方案的确定　当系统精度要求很高时，应采用闭环控制方案。它将全部机械传动及执行机构都封闭在反馈控制环内，其误差可以通过控制系统得到补偿，因而可达到很高的精度。但是闭环伺服系统结构复杂，设计难度大、成本高，尤其是机械系统的动态性能难于提高，系统稳定性难于保证。因而除非精度很高时，一般应采用半闭环控制方案。目前大多数数控机床和工业机器人中的伺服系统都采用半闭环控制。

(2)执行元件的选择　在闭环或半闭环控制的伺服系统中，主要采用直流伺服电动机、交流伺服电动机或伺服阀控制的液压伺服马达作为执行元件。液压伺服马达主要用在负载较大的大型伺服系统中，在中、小型伺服系统中，则多数采用直流或交流伺服电动机。由于直流伺服电动机具有优良的静、动态特性，并且易于控制，因而在 20 世纪 90 年代以前，一直是闭环系统中执行元件的主流。近年来，由于交流伺服技术的发展，使交流伺服电动机可以获得与直流伺服电动机相近的优良性能，而且交流伺服电动机无电刷磨损问题，维修方便，随着价格的逐年降低，正在得到越来越广泛的应用。在闭环伺服系统设计时，应根据设计者对技术的掌握程度及市场供应、价格等情况，适当选取合适的执行元件。

(3)检测反馈元件的选择　常用的位置检测传感器有旋转变压器、感应同步器、码盘、光电脉冲编码器、光栅尺、磁尺等。如被测量为直线位移，则应选尺状的直线位移传感器，如光栅尺、磁尺、直线感应同步器等。如被测量为角位移，则应选圆形的角位移传感器，如光电脉冲编码器、圆感应同步器、旋转变压器、码盘等。一般来讲，半闭环控制的伺服系统主要采用角位移传感器，闭环控制的伺服系统主要采用直线位移传感器。

机电一体化产品中的伺服系统多数采用计算机数字控制，因而相应的位置传感器也多数采用数字式传感器，如光栅尺、光电脉冲编码器、码盘等。

传感器的精度与价格密切相关，应在满足要求的前提下，尽量选用精度低的传感器，以降低成本。选择传感器还应考虑结构空间(如外形尺寸、连接及安装方式等)及环境(如温度、湿度、灰尘等)条件等的影响。

在位置伺服系统中，为了获得良好的性能，往往还要对执行元件的速度进行反馈控制，因而还要选用速度传感器。交、直流伺服电动机常用的速度传感器为测速发电动机。目前在半闭环伺服系统中，也常采用光电脉冲编码器，既测量电动机的角位移，又通过计时而获得速度。

(4)机械系统与控制系统方案的确定　在闭环控制的伺服系统中，机械传动与执行机构在结构形式上与开环控制的伺服系统基本一样，即由执行元件通过减速器和滚动丝杠螺母机构，驱动工作台运动。

控制系统方案的确定，主要包括执行元件控制方式的确定和系统伺服控制方式的确定。对于直流伺服电动机，应确定是采用晶体管脉冲调制（PWM）控制，还是采用晶闸管（可控硅）放大器驱动控制；对于交流伺服电动机，应确定是采用矢量控制，还是采用幅值、相位或幅相控制。

伺服系统的控制方式有模拟控制和数字控制，每种控制方式又有多种不同的控制算法。机电一体化产品中多采用计算机数字控制方式。此外还应确定是采用软件伺服控制，还是采用硬件伺服控制，以便据此选择相应的计算机。

4.4.2 机械系统设计计算

系统方案确定之后，应进行机械系统的设计计算，其内容包括执行元件参数及规格的确定，系统结构的具体设计，系统惯量、刚度等参数的计算等。下面结合图 4-31 所示的典型开环伺服系统的机械传动原理，介绍有关的设计计算方法。

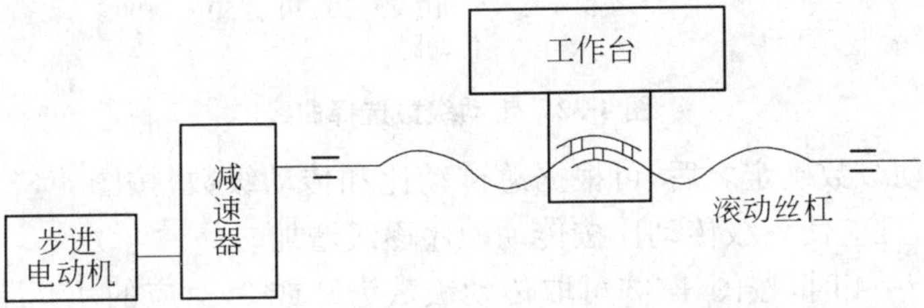

图 4-31 典型开环伺服系统机械传动原理图

1. 确定脉冲当量，初选步进电动机

脉冲当量应根据系统精度要求来确定。对于开环伺服系统，一般取为 0.005～0.01 mm。如取得太大，无法满足系统精度要求；如取得太小，或者机械系统难以实现，或者对其精度和动态性能提出过高要求，使经济性降低。

初选步进电动机主要是根据具体情况选择其类型和步距角。一般来讲，反应式步进电动机步距角小，运行频率高，价格较低，但功耗较大；永磁式步进电动机功耗较小，断电后仍有制动力矩，但步距角较大，启动和运行频率较低；混合式步进电动机兼有上述两种电动机的优点，但价格较高。各种步进电动机的产品样本中都给出通电方式及步距角等主要技术参数以供选用。

2. 计算减速器的传动比

减速器一般采用减速传动，其传动比可按下式计算：

$$i=\frac{\theta_b p}{360\delta_P} \tag{4-11}$$

式中：θ_b 为步进电动机步距角，(°)；p 为丝杠导程，mm；δ_P 为工作台运动的脉冲当量，mm。

如算出的传动比 i 值较小，可采用同步齿形带或一级齿轮传动，否则应采用多级齿轮传动。选择齿轮传动级数时，一方面应使齿轮总转动惯量 J_G 与电动机轴上主动齿轮的转动惯量 J_P 的比值较小，另一方面还要避免因级数过多而使结构复杂，一般可按图 4-32 来选择。

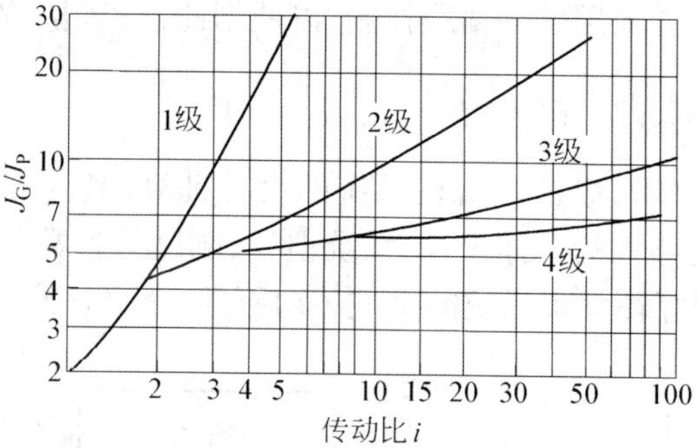

图 4-32 传动级数选择曲线

齿轮传动级数确定之后，可根据总传动比和传动级数，按图 4-33 来合理分配各级传动比，且应使各级传动比按传动顺序逐级增加。

例如当 $i=4$ 时，按图 4-32 可取传动级数为 2 或 3，对应的 J_G/J_P 值分别为 6 和 5.4。显然，取 2 级传动比较合理，因为若取 3 级传动，J_G/J_P 的减小并不显著，却使减速器结构复杂，传动效率和扭转刚度降低，传动间隙增加，得不偿失。按传动级数 2 和总传动比 $i=4$，查图 4-33 得两级传动比分别为 $i_1=1.8$，$i_2=2.2$。

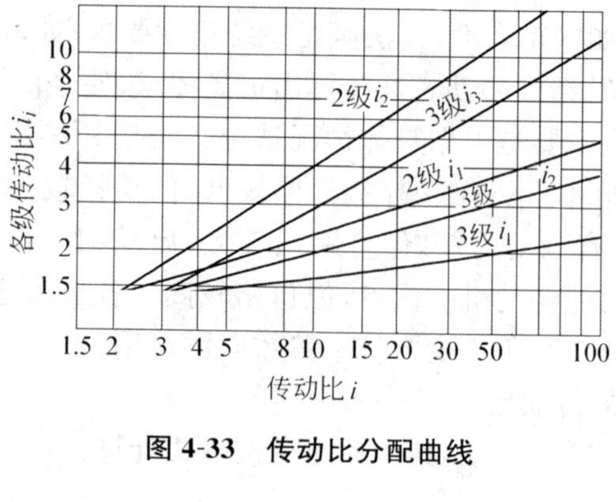

图 4-33 传动比分配曲线

3. 计算系统转动惯量

计算转动惯量的目的是选择步进电动机动力参数及进行系统动态特性分析与设计。

有些传动件(如齿轮、丝杠等)的转动惯量不易精确计算,可将其等效成圆柱体来近似计算。圆柱体转动惯量 $J(\mathrm{kg\cdot m^2})$的计算公式为

$$J=\frac{\pi\rho d^4 l}{32} \tag{4-12}$$

式中:ρ 为材料密度,$\mathrm{kg/m^3}$;d 为传动件的等效直径,m;l 为传动件轴向长度,m。

计算出的各传动件转动惯量应按下式(以一级齿轮减速器传动为例)折算到电动机轴上,以获得总当量负载转动惯量 $J_\mathrm{d}(\mathrm{kg\cdot m^2})$:

$$J_\mathrm{d}=J_{z_1}+(J_{z_2}+J_\mathrm{s})\frac{1}{i^2}+\left(\frac{p}{2\pi i}\right)^2 m \tag{4-13}$$

式中:J_{z_1}、J_{z_2} 为电动机轴上和丝杠轴上齿轮或齿形带轮的转动惯量,$\mathrm{kg\cdot m^2}$;J_S 为丝杠转动惯量,$\mathrm{kg\cdot m^2}$;m 为工作台质量,kg。

4. 验算惯量匹配

电动机轴上的总当量负载转动惯量 J_d 与电动机轴自身转动惯量 J_m 的比值应控制在一定范围内,既不应太大,也不应太小。如果太大,则伺服系统的动态特性主要取决于负载特性,由于工作条件(如工作台位置)的变化而引起的负载质量、刚度、阻尼等的变化,将导致系统动态特性也随之产生较大变化,使伺服系统综合性能变差,或给控制系统设计造成困难。如果该比值太小,说明电动机选择或传动系统设计不太合理,经济性较差。为使系统惯量达到较合理的匹配,一般应将该比值控制在下式所规定的范围内:

$$\frac{1}{4}\leqslant\frac{J_\mathrm{d}}{J_\mathrm{m}}\leqslant 1 \tag{4-14}$$

如果验算发现 $J_\mathrm{d}/J_\mathrm{m}$ 不满足上式要求,应返回修改原设计。通过减速器传动比 i 和丝杠导程 p 的适当搭配,往往可使惯量匹配趋于合理。

5. 确定步进电动机动力参数

(1)电动机负载转矩计算　作用在步进电动机轴上的总负载转矩 T 可按下式计算:

$$T=(J_\mathrm{m}+J_\mathrm{d})\varepsilon+\frac{p(F_\mu+F_\mathrm{w})}{2\pi\eta i}+\frac{pF_0(1-\eta_0^2)}{2\pi\eta i} \tag{4-15}$$

式中：J_m 为电动机轴自身转动惯量，kg·m²；ε 为电动机启动或制动时的角加速度，rad/s²；F_μ 为作用在工作台上的摩擦力，N；F_w 为作用在工作台上的其他外力，N；η 为伺服传动链的总效率；F_0 为滚动丝杠螺母副的预紧力，N；η_0 为滚动丝杠螺母副未预紧时的传动效率，一般取 $\eta_0=0.9$。

(2)电动机最大静转矩确定　根据电动机实际启动情况(空载或有载)，按式(4-15)计算出启动时的负载转矩 T_q，然后按表 4-1 选取启动时所需步进电动机的最大静转矩 T_{s_1}。

表 4-1　T_q 与 T_{s1} 之间的比例关系

电动机相数	3		4		5		6	
运行拍数	3	6	4	8	5	10	6	12
T_q/T_{s_1}	0.5	0.866	0.707	0.707	0.809	0.951	0.866	0.866

根据步进电动机正常运行时的受力情况，按式(4-15)计算出负载转矩 T_1，然后按下式计算正常运行时所需步进电动机的最大静转矩 T_{s_2}：

$$T_{s_2}=\frac{T_1}{0.3\sim0.5} \tag{4-16}$$

按 T_{s_1} 和 T_{s_2} 中的较大者选取步进电动机的最大静转矩 T_s，即

$$T_s \geqslant \max\{T_{s_1}, T_{s_2}\} \tag{4-17}$$

(3)电动机最大启动频率确定　步进电动机在不同的启动负载转矩下所允许的启动频率不同，因而应根据所计算出的启动转矩 T_q，按电动机的启动矩频特性曲线来确定最大启动频率，并要求实际使用的启动频率低于这一允许的最大启动频率。

(4)电动机最大运行频率确定　步进电动机在运行时的输出转矩随运行频率增加而下降，因而应根据所计算出的负载转矩 T_1，按电动机运行矩频特性曲线来确定最大运行频率，并要求实际使用的运行频率低于这一允许的最大运行频率。

4.4.3　机械系统动态特性分析

为了保证系统具有较好的快速响应性，较小的跟踪误差，且不会在变化的输入信号激励下产生共振，应对其动态特性加以分析。

在机械系统内，丝杠螺母机构的刚度是影响系统动态特性的最薄弱环节，其

拉压刚度(又称纵向刚度)和扭转刚度分别是引起机械系统纵向振动和扭转振动的主要因素。当分析系统的纵向振动时,可忽略电动机和减速器的影响,则由丝杠和工作台所构成的纵振系统可简化成如图 4-34 所示的动力学模型,其动力平衡方程可表达如下:

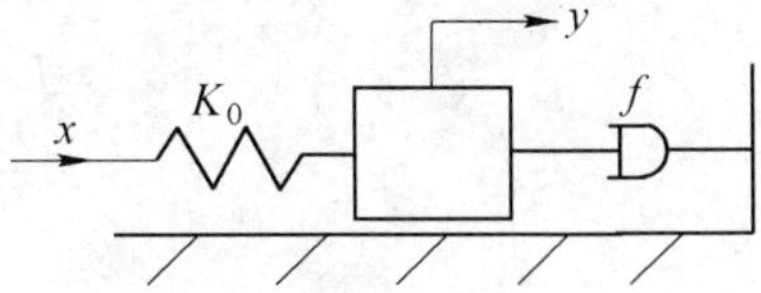

图 4-34 丝杠—工作台纵振系统的简化动力学模型

$$m\frac{d^2y}{dt^2}+f\frac{dy}{dt}+K_0(y-x)=0 \tag{4-18}$$

式中:m 为丝杠和工作台的等效集中质量,$m=m_1+\frac{1}{3}m_2$,m_1 和 m_2 分别是工作台和丝杠的质量;f 为工作台导轨的黏性阻尼系数;K_0 为丝杠螺母机构的综合拉压刚度;y 为工作台的实际位移;x 为电动机转角折算到工作台上的等效位移,即指令位移。

对式(4-18)进行拉氏变换并整理,得二阶系统传递函数的标准形式为

$$G(s)=\frac{Y(s)}{X(s)}=\frac{\omega_n^2}{s^2+2\zeta\omega_n s+\omega_n^2} \tag{4-19}$$

其中:

$$\omega_n=\sqrt{\frac{K_0}{m}}$$

$$\zeta=\frac{f}{2\sqrt{mK_0}}$$

式中:ω_n 为纵振系统的无阻尼固有频率;ζ 为系统纵向振动阻尼比。

显然,这是一个二阶振荡系统。根据自动控制理论,当系统允许有一定超调时,可取系统阻尼比 $\zeta=0.4\sim0.8$,使系统在输入信号变化或有外界扰动输入时,其输出响应可较快地达到稳定值;当系统不允许有任何超调时,可取 $\zeta=1$,使系统输出响应不出现振荡;加大系统无阻尼固有频率,可加快系统的响应速度,有利于避开输入信号频率范围,防止共振产生。

当分析系统扭转振动时,还应考虑步进电动机及减速器的影响。反映在丝杠上的转动系统动力学方程式为

$$J_s\frac{d^2\theta}{dt^2}+f_s\frac{d\theta}{dt}+K_s\left(\theta-\frac{1}{i}\theta_1\right)=0 \tag{4-20}$$

其中:

$$J_s=J_1 i^2+J_2+m\left(\frac{p}{2\pi}\right)^2$$

$$f_s=\left(\frac{p}{2\pi}\right)^2 f$$

$$K_s=\frac{1}{\frac{1}{K_1 i^2}+\frac{1}{K_T}}$$

式中：J_s 为折算到丝杠轴上的系统总当量转动惯量；J_1、J_2 为电动机轴及其上齿轮和丝杠轴及其上齿轮的转动惯量；i 为减速器传动比；m 为工作台质量；p 为丝杠导程；f_s 为丝杠转动的当量黏性阻尼系数；f 为工作台导轨的黏性阻尼系数；θ 为丝杠转角；θ_1 为电动机输出转角，即指令转角；K_s 为机械系统折算到丝杠轴上的总当量扭转刚度；K_1、K_T 为电动机轴和丝杠轴的扭转刚度。

设工作台直线位移为 y，由于 $\theta=2\pi y/p$，代入式(4-20)并整理得

$$J_s\frac{d^2 y}{d t^2}+f_s\frac{d y}{d t}+K_s y=\frac{pK_s}{2\pi i}\theta_1 \tag{4-21}$$

对上式进行拉氏变换并整理，得系统传递函数为

$$G(s)=\frac{Y(s)}{X(s)}=\left(\frac{p}{2\pi i}\right)\frac{\omega_n^2}{s^2+2\zeta\omega_n s+\omega_n^2} \tag{4-22}$$

其中：

$$\omega_n=\sqrt{\frac{K_s}{J_s}}$$

$$\zeta=\frac{f_s}{2\sqrt{J_s K_s}}$$

式中：ω_n 为机械系统扭转振动的无阻尼固有频率；ζ 为机械系统扭转振动阻尼比。

由上述分析可见，影响系统动态特性的主要因素是系统的惯性、刚度和阻尼。一般来讲，在设计机械系统时，应注意增大刚度，减小惯性，以提高固有频率。

较大的系统阻尼不利于定位精度的提高，并使系统的快速响应降低。但较大的阻尼可提高系统的稳定性，减小过渡过程中的超调量，并降低振动响应的幅值。目前许多伺服系统中采用了滚动导轨。实践证明，滚动导轨可减小摩擦系数，提高定位精度和低速运动平稳性，但其阻尼较小，常使系统的稳定性减小。所以在采用滚动导轨结构时，应注意采取其他措施来增加阻尼。

4.4.4 系统误差分析

1. 开环控制的伺服系统误差分析

在开环控制的伺服系统中，由于没有检测及反馈装置，为了保证工作精度要求，必须使其机械系统在任何时刻、任何情况下都能严格跟随步进电动机的运动而运动。然而实际上，机械系统的输入与输出之间总会存在误差，除了零部件的制造及安装所引起的误差外，还有由于机械系统的动力参数（如刚度、惯量、摩擦、间隙等）所引起的误差。在系统设计时，必须将这些误差控制在允许范围内。

(1)*死区误差* 所谓死区误差是指机械系统启动或反向时，系统的输入运动与输出运动之间的差值。产生死区误差的主要原因包括传动机构中的间隙、导轨运动副间的摩擦力以及电气系统和执行元件的启动死区。

由传动间隙所引起的工作台等效死区误差 δ_c(mm)可按下式计算。

$$\delta_c = \frac{p}{2\pi}\sum_{i=1}^{n}\frac{\delta_i}{i_i} \tag{4-23}$$

式中：p 为丝杠导程，mm；δ_i 为第 i 个传动副的间隙量，rad；i_i 为第 i 个传动副至丝杠的传动比。

由摩擦力引起的死区误差实质上是传动机构为克服静摩擦力而产生的弹性变形，包括拉压弹性变形和扭转弹性变形。扭转弹性变形相对拉压弹性变形来说数值较小，常被忽略。于是弹性变形所引起的摩擦死区误差 δ_μ(mm)为

$$\delta_\mu = \frac{F_\mu}{K_0}\times 10^3 \tag{4-24}$$

式中：F_μ 为导轨静摩擦力，N；K_0 为丝杠螺母机构的综合拉压刚度，N/m。

由电气系统和执行元件的启动死区所引起的死区误差与上述两项相比很小，常被忽略。如果再采取消除间隙措施，则系统死区误差主要取决于摩擦死区误差。假设静摩擦力主要由工作台重力引起，则工作台反向时的最大反向死区误差 Δ(mm)可按下式计算。

$$\Delta = 2\delta_\mu = \frac{2F_\mu}{K_0}\times 10^3 = \frac{2mgf_0}{K_0}\times 10^3 = \frac{2gf_0}{\omega_n^2}\times 10^3 \tag{4-25}$$

式中：m 为工作台质量，kg；g 为重力加速度，$g=9.8\ \mathrm{m/s^2}$；f_0 为导轨静摩擦系数；ω_n 为丝杠—工作台系统的纵振固有频率，rad/s。

为减小系统死区误差，除应消除传动间隙外，还应采取措施减小摩擦，提高传

动系统的刚度和固有频率。对于开环伺服系统为保证单脉冲进给要求，应将死区误差控制在一个脉冲当量以内。

(2)由系统刚度变化引起的定位误差 影响系统定位误差的因素很多，这里仅讨论由丝杠螺母机构综合拉压刚度的变化所引起的定位误差。

空载条件下，由这系统刚度变化所引起的整个行程范围内的最大定位误差 δ_{Kmax}(mm)可用下式计算：

$$\delta_{Kmax}=F_{\mu}\left(\frac{1}{K_{0min}}-\frac{1}{K_{0max}}\right)\times 10^3 \quad (4\text{-}26)$$

式中：F_{μ} 为由工作台重力引起的静摩擦力，N；K_{0min}，K_{0max} 为在工作台行程范围内丝杠的最小和最大综合拉压刚度，N/m。

对于开环控制的伺服系统，δ_{Kmax} 一般应控制在系统允许定位误差的 1/5～1/3 范围内。

2. 闭环控制的伺服系统误差分析

在设计闭环伺服系统时，除要保证系统具有良好的动态性能外，还应保证系统具有足够的稳态精度。系统在稳定状态下，其输出位移与输入指令信号之间的稳态误差 δ 可由下式表达：

$$\delta=\delta_1+\delta_2 \quad (4\text{-}27)$$

式中：δ_1 为与系统的构成环节及输入信号形式有关的误差，称为跟踪误差；δ_2 为由负载扰动所引起的稳态误差。

(1)跟踪误差 位置控制的伺服系统都包含有一个积分环节，用于将速度转换成位移输出。这样系统在跟踪阶跃输入时的跟踪误差 $\delta_1=0$ mm；在跟踪等速斜坡输入时，其跟踪误差为：

$$\delta_1=\frac{v}{K} \quad (4\text{-}28)$$

式中：v 为输入的速度指令，mm/s；K 为系统的开环增益，s^{-1}。

可见，系统的跟踪误差与开环增益 K 成反比，K 值越大，跟踪误差 δ_1 越小。为减小跟踪误差 δ_1，可适当增大开环增益 K。

实际上，系统的跟踪误差与系统制动过程中所走过的位移相等，因而跟踪误差只影响运动轨迹精度，而不影响定位精度。在设计两轴或两轴以上联动的伺服系统时，应将各轴的开环增益设计和调整得大小一致，以减小因各轴跟踪误差不同而引起的轨迹形状误差。

(2)负载扰动所引起的误差　由负载扰动所引起的稳态误差 δ_2(mm)可用下式计算：

$$\delta_2=K_3\frac{T_g}{K_R} \tag{4-29}$$

式中：K_3 为机械系统的转换系数，mm/rad，$K_3=p/(2\pi i)$，p 为丝杠导程，mm，i 为减速器传动比；T_g 为折算到电动机轴上的干扰转矩，N·m；K_R 为系统伺服刚度或称力增益，N·m/rad，它定义为干扰转矩 T_g 与由 T_g 引起的电动机输出角位移的误差之比。

由式(4-29)可见，负载扰动所引起的稳态误差与系统伺服刚度成反比，伺服刚度越大，误差越小。伺服刚度与系统开环增益成正比，开环增益越大，伺服刚度越大。因而，适当增大系统的开环增益，也有利于减小由负载扰动所引起的稳态误差。

4.4.5 机械系统设计计算举例

例题　有一开环控制数控车床的伺服进给传动链如图 4-31 所示，已完成步进电动机和滚珠丝杠的设计和选型，试进一步进行机械系统的设计和校验。

已知：(1)步进电动机的最大静转矩 $T_s=15$ N·m，步距角 $\theta_b=1.5°$，电动机轴转动惯量 $J_m=1.8\times10^{-3}$ kg·m²，采用五相双五拍通电控制方式；

(2)滚珠丝杠直径 $d=45$ mm，导程 $p=6$ mm，丝杠长度 $l=2\ 440$ mm，丝杠最小拉压刚度 $K_{0min}=1.24\times10^8$ N/m，丝杠最大拉压刚度 $K_{0max}=2.06\times10^8$ N/m，工作台及刀架质量 $m=300$ kg，导轨摩擦系数 $\mu=0.2$，伺服进给传动链的总效率 $\eta=0.8$，丝杠螺母未预紧效率取 $\eta_0=0.9$，工作时要承受的最大轴向载荷 $F_{max}=4\ 900$ N。

设计要求：系统脉冲当量 $\delta_p=0.005$ mm，空载启动时间为 25 ms，最大进给速度 $v_{max}=1.2$ m/min，定位精度±0.01 mm。

解　对该机械系统进一步设计和校验如下：

1. 进行减速器的设计

减速器采用减速传动，根据式(4-11)计算减速器的传动比为

$$i=\frac{\theta_b p}{360\delta_p}=\frac{1.5\times6\times10^{-3}}{360\times0.005\times10^{-3}}=5$$

当 $i=5$ 时，按图 4-32 可取传动级数为 2 或 3，对应的 J_G/J_P 值分别为 6.5 和 5.7。显然，取 2 级传动比较合理。因为若取 3 级传动，J_G/J_P 的减小并不显著，却使减速器结构复杂，传动效率和扭转刚度降低，传动间隙增加，得不偿失。按传动

级数 2 和总传动比 $i=5$，查图 4-33 得两级传动比分别为 $i_1=2$，$i_2=2.5$。

选各传动齿轮齿数分别为 $z_1=20$，$z_2=40$，$z_3=20$，$z_4=50$，模数 $m=2$ mm，齿宽 $b=20$ mm。

所以各传动齿轮的分度圆直径分别为 $d_1=40$ mm，$d_2=80$ mm，$d_3=40$ mm，$d_4=100$ mm。

2. 计算转动惯量

根据式(4-12)转动惯量计算公式计算出 4 个齿轮和丝杠的转动惯量，其中齿轮等效直径取为分度圆直径，丝杠的等效圆柱体直径取经验值 d=43 mm，则有

$$J_{z_1}=J_{z_3}=\frac{\pi\rho d_1^4 l}{32}=\frac{\pi\times7.8\times10^3\times(0.04)^4\times0.02}{32}\approx3.9\times10^{-5}(\mathrm{kg\cdot m^2})$$

$$J_{z_2}=\frac{\pi\rho d_2^4 l}{32}=\frac{\pi\times7.8\times10^3\times(0.08)^4\times0.02}{32}\approx6.3\times10^{-4}(\mathrm{kg\cdot m^2})$$

$$J_{z_4}=\frac{\pi\rho d_4^4 l}{32}=\frac{\pi\times7.8\times10^3\times(0.1)^4\times0.02}{32}\approx1.53\times10^{-3}(\mathrm{kg\cdot m^2})$$

$$J_s=\frac{\pi\rho d^4 l}{32}=\frac{\pi\times7.8\times10^3\times(0.043)^4\times2.44}{32}\approx6.39\times10^{-3}(\mathrm{kg\cdot m^2})$$

将计算出的各传动件转动惯量应按式(4-13)折算到电动机轴上，获得总当量负载转动惯量 J_d，即

$$\begin{aligned}J_d&=J_{z_1}+(J_{z_2}+J_{z_3})\frac{1}{i_1^2}+(J_{z_4}+J_s)\frac{1}{i^2}+\left(\frac{p}{2\pi i}\right)^2 m\\&=3.9\times10^{-5}+\frac{6.3\times10^{-4}+3.9\times10^{-5}}{2^2}+\frac{1.53\times10^{-3}+6.39\times10^{-3}}{5^2}+\left(\frac{0.006}{2\times\pi\times5}\right)^2\times300\\&=5.3\times10^{-4}(\mathrm{kg\cdot m^2})\end{aligned}$$

式中：J_{z_1}，J_{z_2}，J_{z_3}，J_{z_4} 为电动机轴上和丝杠轴上齿轮的转动惯量，kg·m²；J_s 为丝杠转动惯量，kg·m²；m 为工作台质量，kg。

3. 验算惯量匹配

电动机轴上的总当量负载转动惯量 J_d 与电动机轴自身转动惯量 J_m 的比值应控制在一定范围内，既不应太大，也不应太小。如果太大，使伺服系统综合性能变差，或给控制系统设计造成困难；如果该比值太小，经济性较差。为使系统惯量达到较合理的匹配，一般该比值应在式(4-14)所规定的范围内。

根据计算出的总当量负载转动惯量 J_d 和已知的电动机轴自身转动惯量 J_m，两者比值为

$$\frac{J_d}{J_m}=\frac{5.3\times10^{-4}}{1.8\times10^{-3}}=0.3$$

满足式(4-14)要求,说明转动惯量匹配比较合理。

4. 步进电动机负载能力校验

步进电动机轴上的总转动惯量为

$$J=J_d+J_m=5.3\times10^{-4}+1.8\times10^{-3}=2.33\times10^{-3}(\text{kg}\cdot\text{m}^2)$$

作用在步进电动机轴上的总负载转矩 T 按式(4-15)计算,即

$$T=T_J+T_\mu+T_w+T_0=(J_m+J_d)\cdot\varepsilon+\frac{pF_\mu}{2\pi\eta i}+\frac{pF_w}{2\pi\eta i}+\frac{pF_0(1-\eta_0^2)}{2\pi\eta i}$$

①当空载启动时,电动机轴上的总转矩 T_q 无外负载转矩 T_w,包括惯性转矩 T_J、当量摩擦转矩 T_μ 和滚动丝杠螺母副预紧转矩 T_0 等3部分,即:

$$T_q=T_J+T_\mu+T_0$$

其中:电动机轴上的惯性转矩为

$$\begin{aligned}T_J&=(T_m+T_d)\varepsilon=2.33\times10^{-3}\times\frac{2\pi i}{p}\times\frac{V_{max}}{\Delta t}\\&=2.33\times10^{-3}\times\frac{2\pi\times5}{0.006}\times\frac{1.2}{25\times10^{-3}}\times\frac{1}{60}\approx9.8(\text{N}\cdot\text{m})\end{aligned}$$

电动机轴上的当量摩擦转矩为

$$\begin{aligned}T_\mu&=\frac{p}{2\pi\eta i}\cdot F_\mu=\frac{p}{2\pi\eta i}\cdot mg\mu\\&=\frac{0.006}{2\pi\times0.8\times5}\times300\times9.8\times0.2\approx0.14(\text{N}\cdot\text{m})\end{aligned}$$

设滚珠丝杠螺母副的预紧力为最大轴向载荷的1/3,则因预紧力而引起的、折算到电动机轴上的附加摩擦转矩为

$$\begin{aligned}T_0&=\frac{p}{2\pi\eta i}\cdot F_0\cdot(1-\eta_0^2)=\frac{p}{2\pi\eta i}\cdot\frac{F_{wmax}}{3}\cdot(1-\eta_0^2)\\&=\frac{0.006}{2\pi\times0.8\times5}\times\frac{4\,900}{3}\times(1-0.9^2)\approx0.074(\text{N}\cdot\text{m})\end{aligned}$$

故 $T_q=T_J+T_\mu+T_0=9.8+0.14+0.074\approx10.01(\text{N}\cdot\text{m})$。

设空载启动时所需步进电动机最大静转矩为 T_{s_1},根据已知条件查表4-1可得五相五拍的步进电动机 $T_q/T_{s_1}=0.809$,则 T_{s_1} 为

$$T_{s_1}=T_q/0.809=10.01/0.809=12.37(\text{N}\cdot\text{m})$$

②当正常运行时，步进电动机轴上的总转矩 T_1 中无惯性转矩 T_J，包括外负载转矩 T_w、当量摩擦转矩 T_μ 和滚动丝杠螺母副预紧转矩 T_0 等3部分，即：

$$T_1 = T_w + T_\mu + T_0$$

其中：工作台上的最大轴向载荷折算到电动机轴上的负载转矩为

$$T_w = \frac{p}{2\pi\eta i} \cdot F_{wmax} = \frac{0.006}{2\pi \times 0.8 \times 5} \times 4\ 900 = 1.17(\mathrm{N \cdot m})$$

T_μ 及 T_0 与空载启动时的值相同。故

$$T_1 = 1.17 + 0.14 + 0.074 \approx 1.38(\mathrm{N \cdot m})$$

设正常运行时所需步进电动机的最大静转矩为 T_{s_2}，按式(4-16)可以计算 T_{s_2} 为

$$T_{s_2} = T_1/(0.3 \sim 0.5) = 1.38/(0.3 \sim 0.5) = 2.76 \sim 4.6(\mathrm{N \cdot m})$$

按式(4-17)即 T_{s_1} 与 T_{s_2} 中较大者选取步进电动机的最大静转矩 T_s，故

$$T_s = 12.37(\mathrm{N \cdot m})$$

由于已知 $T_s = 15(\mathrm{N \cdot m})$，故步进电动机可正常启动和运行。

5. 死区误差计算

设齿轮传动和丝杠螺母机构分别采取了消隙和预紧措施，则按公式(4-25)可求得由摩擦力引起的最大反向死区误差为

$$\Delta_{max} = \frac{2mg\mu}{k_{0min}} \times 10^3 = \frac{2 \times 300 \times 9.8 \times 0.2 \times 10^3}{1.24 \times 10^8} = 0.01(\mathrm{mm})$$

Δ_{max} 约为两个脉冲当量，说明该系统较难满足步进进给(单脉冲进给)的要求。

6. 由系统刚度变化引起的定位误差计算

系统刚度变化所引起的整个行程范围内的最大定位误差(mm)可由丝杠螺母机构综合拉压刚度的变化所引起的定位误差来求得，即

$$\begin{aligned}\delta_{Kmax} &= F_\mu \left(\frac{1}{K_{0min}} - \frac{1}{K_{0max}}\right) \times 10^3 \\ &= 300 \times 9.8 \times 0.2 \times \left(\frac{1}{1.24 \times 10^8} - \frac{1}{2.06 \times 10^8}\right) \times 10^3 \approx 0.002(\mathrm{mm})\end{aligned}$$

由于系统要求的定位精度为 ± 0.01 mm，即系统允许的定位误差为 $\delta = 0.02$ mm，则 $\delta_{Kmax} = 0.002\ \mathrm{mm} < \frac{1}{5}\delta = 0.004$ mm，故系统刚度满足定位精度

要求。

习题与思考题

1. 直流伺服电动机电枢控制的始动电压是什么？与负载转矩大小有什么关系？

2. 怎样从直流伺服电动机机械特性曲线得到调节特性曲线？

3. 在步进电动机中，什么叫三相单三拍运行和三相双三拍运行？它们各有何特点？

4. 开环和闭环伺服系统设计方案各有哪几个步骤组成？有什么区别和联系？

5 控制系统

5.1 概述

5.1.1 控制系统的基本构成

控制系统是机电一体化产品的中枢具有实现信息处理、控制信号输出、控制和协调机电一体化产品功能，它在机电一体化系统中的作用如图 5-1 所示。被控对象可以是一种过程，也可以是具体的机电设备。通过控制系统的控制，执行机构的驱动，被控对象按照预定的规律或目的运行，运行效果通过传感器反馈回控制系统，连同传感器收集的其他有关信号供控制系统利用并不断修正其控制指令。应用于不同被控对象的控制系统在原理和结构上往往具有很大差异，因而所构成的控制系统的基本构成往往也千差万别，如简单的全自动洗衣机的控制系统与复杂的计算机集成制造系统的控制系统以及机器人的控制系统是完全不同的。但一般来讲，其基本组成是相同的，主要由中央处理单元、存储器、I/O 子系统、人机接口和系统支持功能等组成，以高可靠性、实时性、低功耗为其显著特征。

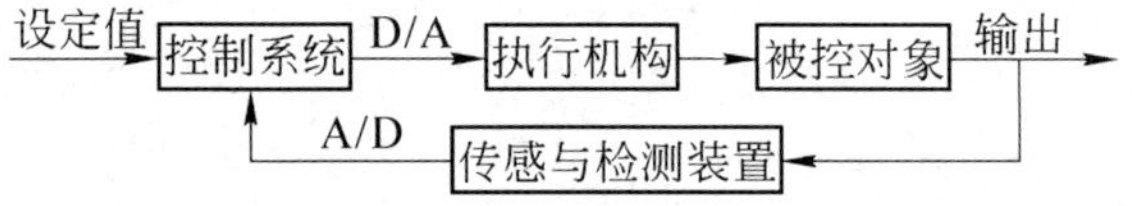

图 5-1 控制系统在机电一体化系统中的作用

5.1.2 控制系统的分类及特点

机电控制系统根据控制参数的种类、控制过程可以分成很多种，每一种分类方法都代表一定的特点。以下为一些常见的分类方法。

按输出量对控制作用的影响，可将控制系统分为顺序控制系统和反馈控制系统。顺序控制系统依据时间、逻辑、条件等顺序决定被控对象的运行步骤，是开环控制系统；反馈控制系统依据被控对象的运行状态决定被控对象的变化趋势，是闭环控制系统，具有抑制系统内部和外部各种干扰对系统输出影响的能力。

按系统输出量的形式，可将控制系统分为位置、速度、加速度、力和力矩控制系统。

按系统输出信号的变化规律，可将控制系统分为定值控制系统、过程控制系统和随动系统。定值控制系统的特点是在外界干扰作用下使系统输出仍基本保持为常量，如恒温调节系统等。过程控制系统的特点是在外界条件作用下系统的输出按预定程序变化，如机床的数控系统等。随动系统的特点是系统的输出以一定的精度复现系统的输入信号，能相应于输入在较大范围内按任意规律变化，如自动采摘系统。

按系统中所处理信号的形式，可将控制系统分为连续控制系统和离散控制系统。在连续控制系统中，信号是以连续的模拟信号形式被处理和传递的，控制器采用硬件模拟电路实现。在离散控制系统中，主要采用计算机对数字信号进行处理，控制器是以软件算法为主的数字控制器。

按控制系统输出功率，可分为仪表伺服控制系统和功率伺服控制系统。仪表伺服控制系统的功率在 200 W 以下，功率伺服控制系统功率范围在几十到几百千瓦。

按被控对象自身的特性，还可将控制系统分成线性系统与非线性系统、确定系统与随机系统、集中参数系统与分布参数系统、时变系统与时不变系统等。

5.1.3 控制系统的一般设计方法

在传统的控制系统设计中，被控对象不作为设计内容，设计任务只是采用控制器来调节已经给定的被控对象的状态。而在机电一体化控制系统设计中，控制系统和被控对象同在设计范畴之内，两者有机地结合，使设计具有更广的选择余地和更大的灵活性，设计出的系统性能更好。控制系统设计的基本方法是把系统中的所有环节都抽象成数学模型进行分析和研究，不论各环节具有何种量纲，在模型中都以相同的形式表达，用相同的方法分析，因而各环节的特性可按系统整体要求进行匹配和统筹设计。

控制系统设计可参考下述一般步骤进行：

(1)列写设计大纲　设计大纲是设计过程的指导性文件，应在充分调查研究的基础上列写，其内容应包括：①明确被控对象的特点及要求；②限定控制系统的工作条件及环境，确定安全保护措施及等级；③明确控制方案的特殊要求；④确定技术经济指标；⑤规定试验项目；⑥规定验收方式、验收项目及指标。

(2)建立被控对象的数学模型　把被控对象的控制特性用数学表达式加以描述，作为控制方案选择及控制器设计的依据。这是控制系统设计的重要一步，将在下一节详细讨论。

(3)控制方案选择　在上述工作基础上，进一步确定系统的控制方式，选择观测点、被测量及传感器，选择控制点和执行元件，确定控制算法及控制器结构，选择主控计算机。

(4)分析控制系统性能　方案确定之后，不应急于进行具体设计，而应先根据系统的初步结构及参数，进行系统性能分析，其主要内容有：①依据组成方式，建立整个控制系统的数学模型；②分析系统稳定性；③计算典型试验信号作用下系统的动态过渡过程；④根据上述分析结果，针对不满足要求的项目修改系统方案。应尽量采用计算机对系统进行仿真分析，以提高分析速度和精度，优化选择方案及参数。

上述几个步骤一般称为基本设计，主要确定控制系统方案。为实现一个真实的控制系统，还要进行下面的工程设计。

(5)进行控制系统的详细设计　主要内容包括系统中的控制装置、被控对象、执行机构、检测与反馈装置等机械和电气系统的硬、软件设计以及各种接口的选择和设计。详细设计过程中，除了要保证系统的主要功能和性能外，还要对系统的安全性、可靠性及耐环境性等给以足够的重视。

(6)拟定现场调试大纲　调试大纲是现场调试的指导性技术文件，应在设计阶段就拟定出来，主要内容应包括调试方法、调试设备、调试环境等。

(7)整理并编写技术文件　主要技术文件应包括设计图样、机械零件和电子元器件明细表、系统操作程序及说明书、维修及故障诊断说明书以及使用说明书等，这些文件有些需整理存档，有些要与系统一起提供给用户。

经过上述7个步骤，便完成了一次设计循环。在系统制造出来之后，通过实际测试和运行，还会不断发现问题，还应不断地对原设计进行修改和完善。从这个意义上讲，控制系统设计是一个不断循环完善的过程。

5.2 控制对象数学模型的建立

5.2.1 建立数学模型的方法和步骤

被控对象数学模型的建立是控制系统设计中首先要解决的问题，是设计控制算法及控制系统结构的基础。用数学方法解决实际问题，要求从实际错综复杂的关系中找出其内在规律，然后用数字、图表、符号和公式把它表示出来，再经过数学与计算机的处理，得出供人们进行分析、决策、预报或者控制的定量结果。这种把实际问题进行简化归结为数学问题并求解的过程就是建立数学模型，简称为建模。

按照实际问题本身和解决问题的方法，数学模型有多种分类。

按变量性质分为离散模型和连续模型、确定性模型和不确定性模型、时变模型和时不变模型；按时间关系分为静态模型和动态模型；按精确程度分为集中参数模型和分布参数模型；按研究方法分为初等模型、微分方程模型、运筹模型、优化模型和线性代数模型等；按人们对研究对象的内部结构和性能了解程度分为白箱模型、灰箱模型和黑箱模型。

机电一体化所涉及的领域很广，被控对象的性质差异也极大。由于人们所掌握的数学手段有限，目前还不能建立一般的数学表达式和解算方法来描述和求解这些对象，因此不可能用一个统一的模式来说明如何建模，在此仅简单地介绍建模的一般步骤。

（1）*模型准备*　要求建模者深刻了解实际问题的背景，明确建模的目的，进行全面深入细致的调查研究，尽量掌握建模对象的各种信息，找出实际问题的内在规律。被控对象数学模型的类型应根据其用途、要求及所用控制器的形式等来选择。一般来讲，用于控制的模型应选择动态模型，而用于系统优化和性能分析的模型则应选择静态模型。绝大多数实际对象都是分布参数的、含有随机性因素的、非线性的时变系统，但目前研究得较为透彻并易于处理的模型是集中参数的、确定性的、线性的时不变系统。因此，在满足控制精度要求的前提下，可用集中参数模型来近似地描述分布参数系统，用线性时不变模型来近似地描述非线性时变系统等，以便采用成熟的理论和方法进行系统分析和设计。选择数学模型时，还应考虑所用控制器的形式。当采用数字计算机作为控制器时，应选择离散时间模型，或在建立了连续模型后通过适当方法将其转化成离散模型。

（2）*模型假设*　现实问题涉及面广，一般不可能面面俱到，必须根据调查得到的信息，将实际问题简化、理想化。这就要求抓住主要因素，抛弃次要因素，提出恰当的假设。在提出假设时，如考虑因素过多，模型过于复杂就无法求解，反之如考虑因素过少，模型十分粗糙，就会与实际情况不符。一个较理想的数学模型往往要多次修改假设才能得到。

（3）*确定建模方法*　建立数学模型的方法主要有分析法和实验法两种。分析法是将复杂的对象按其结构分解成若干独立的单元或组合，每一单元或组合又进一步分解成组件或环节，根据每一环节所遵循的物理、化学规律或被控对象的特点，用数学分析方法分别写出各自的运动规律方程式，然后将这些方程式按系统的结构原理和相互作用关系联立起来，从而得到以方程式或方程组表达的整个被控对象的数学模型。这种数学模型又被称为机理模型。

图 5-2 所示机械系统，是一个单轮汽车支撑系统的简化模型。图中：m_1 为汽

车质量；f 为振动阻尼器系数；K_1 为弹簧刚度；m_2 为轮子质量；K_2 为轮胎弹性刚度；$x_1(t)$和 $x_2(t)$分别为 m_1 和 m_2 的独立位移。通过对系统进行受力分析，可以建立汽车的力平衡方程(运动方程)如下：

$$m_1 \frac{d^2 x_1}{dt^2} = -f\left(\frac{dx_1}{dt} - \frac{dx_2}{dt}\right) - K_1(x_1 - x_2) \tag{5-1}$$

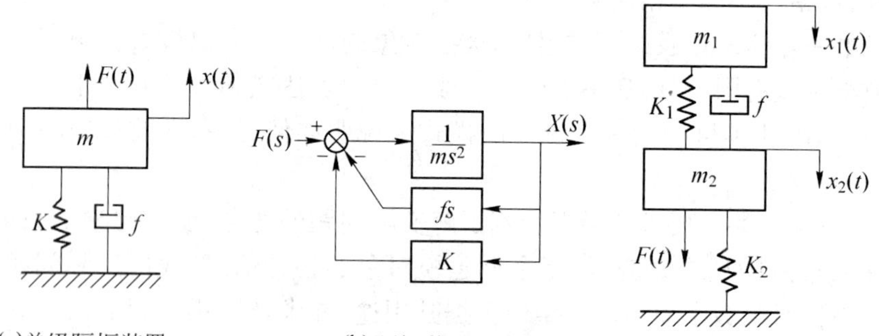

(a)单级隔振装置　(b)隔振装置方框图　(c)支撑系统

图 5-2　汽车支撑系统

轮子的力平衡方程式：

$$m_2 \frac{d^2 x_2}{dt^2} = F(t) - f\left(\frac{dx_2}{dt} - \frac{dx_1}{dt}\right) - K_1(x_2 - x_1) - K_2 x_2 \tag{5-2}$$

对式(5-1)和式(5-2)进行拉氏变换，可得：

$$m_1 s^2 X_1(s) = -fs[X_1(s) - X_2(s)] - K_1[X_1(s) - X_2(s)] \tag{5-3}$$

和$$m_2 s^2 X_2(s) = F(s) - fs[X_2(s) - X_1(s)] - K_1[X_2(s) - X_1(s)] - K_2 X_2(s) \tag{5-4}$$

式中：s 是拉氏运算符号，亦称为复变数。

根据式(5-3)和式(5-4)可画出系统方框图，如图 5-3(a)所示。通过简化，为图 5-3(b)和图 5-3(c)。根据图 5-3(c)可以求出以作用力 $F(s)$为输入，分别以 $X_1(s)$和 $X_2(s)$为输出位移的传递函数如下：

$$\begin{aligned}\frac{X_1(s)}{F(s)} &= \frac{G_1(s)G_2(s)}{1 + m_1 s^2 G_1(s)G_2(s)} \\ &= \frac{fs + K}{(m_2 s^2 + K_2)(m_1 s^2 + fs + K) + m_1 s^2(fs + K_1)} \\ &= \frac{fs + K_1}{m_1 m_2 s^4 + (m_1 + m_2)fs^3 + (m_1 K_1 + m_1 K_2 + m_2 K_1)s^2 + fK_2 s + K_1 K_2}\end{aligned} \tag{5-5}$$

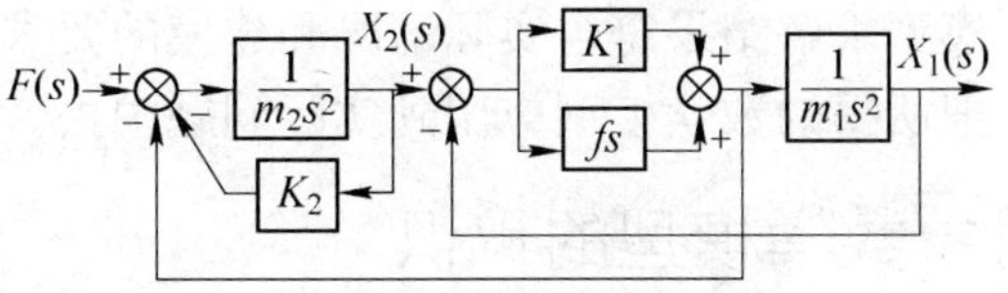

(a)系统方框图

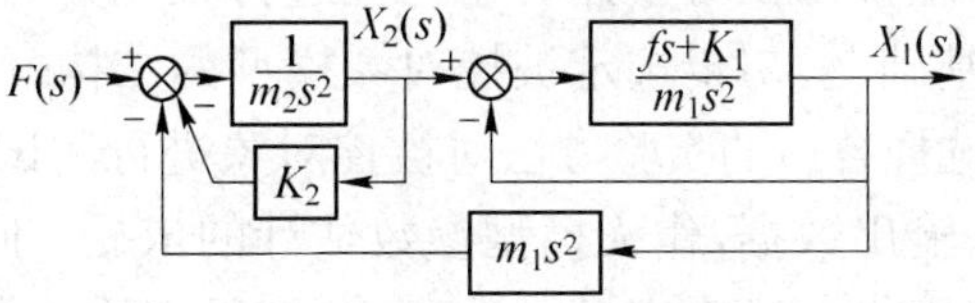

(b)方框图化简过程

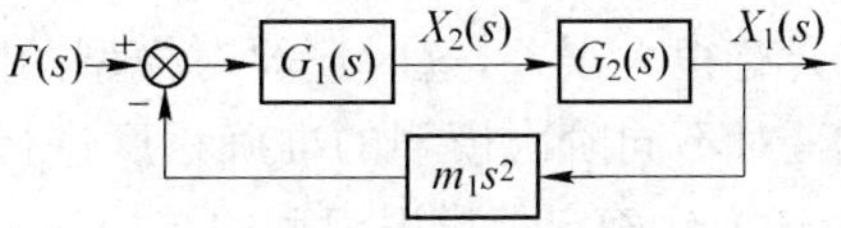

(c)化简后的方框图

图 5-3　汽车支撑系统方框图

$$\frac{X_2(s)}{F(s)}=\frac{G_1(s)}{1+G_1(s)G_2(s)m_1s^2}$$

$$=\frac{m_1s^2+fs+K_1}{m_1m_2s^4+(m_1+m_2)fs^3+(m_1K_1+m_1K_2+m_2K_1)s^2+fK_2s+K_1K_2} \tag{5-6}$$

式(5-5)和式(5-6)完全描述了该机械系统的动力特性，只要给定汽车的质量、轮子的质量、阻尼及弹簧参数、车胎的弹性，便可决定车辆行驶的运动特性。

机理模型可反映被控对象的本质，有较大范围的适应性。在建立数学模型时，如要借助分析法得到机理模型，即使是部分环节也要尽量考虑。分析法的不足之处是有时得到的模型过于复杂，难以解算，对于机理尚不清楚的对象无法使用。

实验法是在实测系统输入和输出对应数据的基础上，分析其内在规律，建立一个与所测系统等效的数学模型，这种模型又称辨识模型。建立辨识模型的关键是测试方法及试验信号的选择。常用的方法有时域法、频率法和统计法 3 种，将在后面详细介绍。

(4)模型求解　求解各种类型的方程、画图、列表、证明定理、进行逻辑运算、计算机调试和制作软件包等，并根据模型的特点和模型求解的结果分析各种变量之间的依赖关系、稳定性质，做出预测、最优决策与控制，然后将分析的结果与客观的实际情况比较，检验模型的合理性和适用范围。如果不合理，则修改原来的假设重新建模，直到模型求解结果符合实际情况和建模的要求为止。

(5)模型应用　把所得的数学模型应用到实际问题中去。

5.2.2　被控对象数学模型的辨识

建立辨识模型时，应首先在对被控对象特性进行较充分的分析、与同类对象类比及总结实际经验的基础上，初步选定被控对象模型的结构，包括模型的阶次及输入、输出变量等，然后选择合适的实验方法对被控对象进行测试。在测试过程中，记录下全部有关的输入、输出数据，作为模型参数估计的依据。此后按照所确定的参数估计的最优准则，用优化方法确定模型的参数，使得实验数据与辨识模型能依据所选定的准则最好地拟合。数学模型的阶次对系统特性影响很大，如果初选模型的阶次不合理，上述拟合将会有很大误差，这时还要对模型的阶次进行辨识。阶次辨识一般从低阶向高阶搜索，对不同阶次模型的准确程度进行比较和评价，最终确定比较合理的阶次。利用上述方法确定了辨识模型的结构和参数后，还应采用另一种试验信号再进行一次实验测试，以验证或修正模型的结构和参数。

1. 时域法

时域法主要采用阶跃信号或矩形脉冲信号作为试验信号，将其施加在对象的输入端对对象进行激励，同时在输出端测量对象对激励的响应，然后再根据响应曲线来确定对象的传递函数。该方法设备简单，测试方便，离线、在线都可进行，但测试精度较差。时域法测试实验原理如图 5-4 所示。

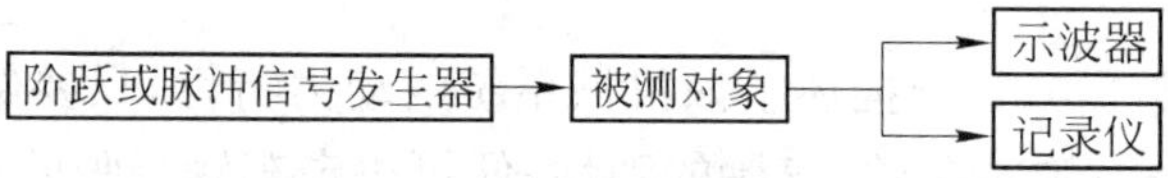

图 5-4　时域法测试实验原理框图

在两种典型试验信号中，矩形脉冲信号可以分解为两个极性相反、幅值相同但有一定时间差的阶跃信号，如图 5-5 所示。因此，在线性系统条件下，被控对象

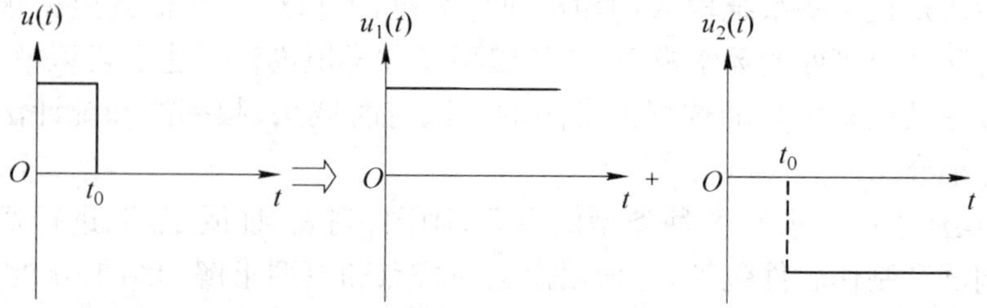

图 5-5　矩形脉冲信号的分解

的脉冲响应可以看作是两个阶跃信号响应的叠加,故常将系统的脉冲响应转换为阶跃响应来处理,并根据阶跃响应曲线来求取对象的传递函数。

(1)多阶惯性对象模型的辨识 多阶惯性对象的传递函数具有如下形式

$$G(s) = \frac{K}{(\tau s + 1)^n} \tag{5-7}$$

式中:τ、n 和 K 分别是被控对象的时间常数、阶次和增益。在阶跃信号作用下,其输出响应可表达为

$$y(t) = K\left[1 - e^{-\frac{t}{\tau}}\sum_{m=0}^{n-1}\frac{\left(\frac{t}{\tau}\right)^m}{m!}\right] \tag{5-8}$$

当 $n=1\sim4$ 时,对应的阶跃响应曲线如图 5-6 所示。可见,多阶惯性对象的阶跃响应存在一稳态值 $y(\infty)$,在曲线过渡段一般呈"S"状,有一拐点。拐点的时间坐标值 t_Q 可由式(5-8)求得

$$t_Q = (n-1)\tau \tag{5-9}$$

对于一阶惯性对象,其响应曲线在 $t=0$ 时斜率最大,然后随时间逐渐减小至稳态时的零,因而曲线上不存在拐点,这可从图 5-6 看出。

由式(5-8)可求得拐点处的输出响应值 $y(t_Q)$ 和输出响应的稳态值 $y(\infty)$。$y(t_Q)$ 与 $y(\infty)$ 之比被称为阶跃响应曲线的相对拐点值,对于阶次为 $n=2\sim5$ 的惯性对象,其相对拐点值列于表 5-1。

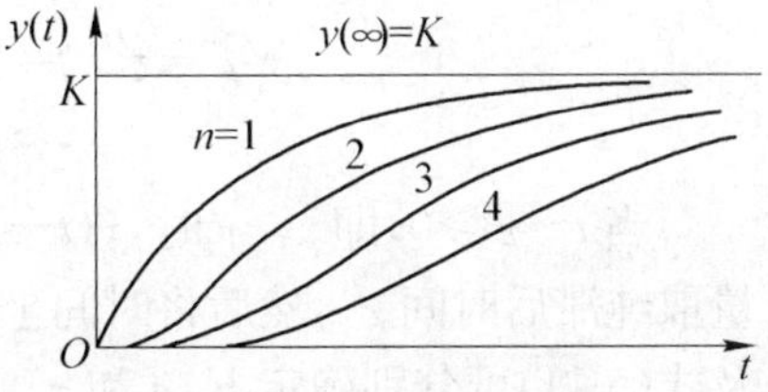

图 5-6 一至四阶惯性对象阶跃响应曲线

表 5-1 惯性对象阶跃响应的相对拐点值

n	2	3	4	5
$y(t_Q)/y(\infty)$	0.262	0.313	0.332	0.362

基于上述分析和实测的阶跃响应曲线,便可确定出式(5-7)所表达的多阶惯性对象传递函数中各参数的值。

①增益 K。有

$$K = \frac{y(\infty) - y(0)}{\Delta u} \tag{5-10}$$

式中：$y(0)$为对象阶跃响应的初始值；Δu 为输入阶跃信号的幅值。

②阶次 n。从响应曲线上测得 $y(t_Q)$与 $y(\infty)$，计算 $y(t_Q)/y(\infty)$，按表 5-1 即可确定阶次 n。当响应曲线上无拐点时，则对象阶次 $n=1$。

③时间常数 τ。当 $n\geqslant 2$ 时，有

$$\tau = \frac{t_Q}{n-1} \tag{5-11}$$

对于一阶惯性对象，在响应曲线上测取 $y(t_1)=0.632y(\infty)$的点，则有

$$\tau = t_1 \tag{5-12}$$

(2)具有纯滞后的惯性对象模型的辨识　具有纯滞后的惯性对象的传递函数具有如下形式：

$$G(s) = \frac{K\mathrm{e}^{-\tau' s}}{(\tau s+1)^n} \tag{5-13}$$

式中：τ' 为纯滞后时间。对应的阶跃响应为

$$y(t-\tau') = K\left[1-\mathrm{e}^{-\frac{t-\tau'}{\tau}}\sum_{m=0}^{n-1}\frac{\left(\frac{t-\tau'}{\tau}\right)^m}{m!}\right] \tag{5-14}$$

当 $t-\tau'\geqslant 0$，即 $t\geqslant\tau'$时，$y(t-\tau')$与 $y(t)$的曲线形状相同，因此可直接从曲线上量取纯滞后时间 τ'，然后将时间坐标移动 τ'，即用 $t_Q-\tau'$ 代替 t_Q，用式(5-10)、表 5-1 及式(5-11)可分别确定 K,n 和 τ。

图 5-7 是具有纯滞后的一阶惯性对象的阶跃响应曲线。过曲线拐点 A 作切线，在时间轴上得一交点 B，则

$$\tau' = t_B \tag{5-15}$$

将时间轴的零点平移到点 B，从曲线上量取 $y(t_C)=0.632\ y(\infty)$的点 C，则

$$\tau = t_C-\tau' \tag{5-16}$$

实际上，τ 也是过拐点 A 的切线与 $y(\infty)$线的交点 D 在时间轴上的投影，如图 5-7 所示。比较图 5-6 和图 5-7 可见，具有纯滞后的一阶惯性对象的阶跃响应曲线与 $n\geqslant 2$ 的多阶惯性对象的阶跃响应曲线很相似，因此在一定条件下，如阶跃响应曲线的起始变化速度不是很慢，可将二阶或三阶惯性对象用具有纯滞后的一阶惯性对象来近似。

(3)含积分环节的惯性对象模型的辨识　具有纯滞后的一阶惯性积分环节的

传递函数具有如下形式：

$$G(s)=\frac{e^{\tau' s}}{\tau_A s(\tau s+1)} \tag{5-17}$$

式中：τ_A 和 τ 分别为积分环节和惯性环节时间常数；τ' 为纯滞后时间。对应的阶跃响应曲线如图 5-8 所示。在通过测试实验获得阶跃响应曲线之后，可按下述方法确定各参数。

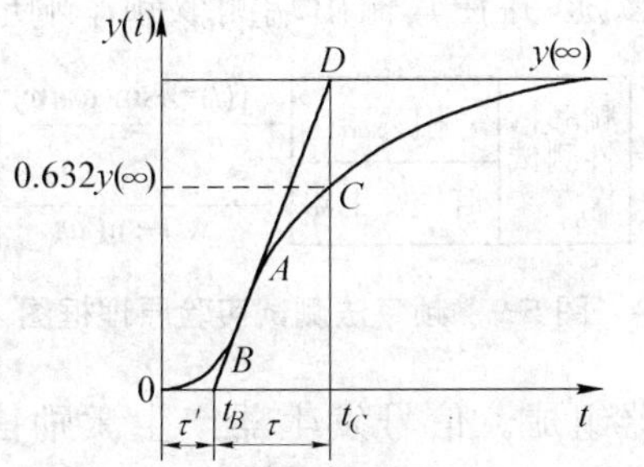

图 5-7　具有纯滞后的一阶惯性对象的阶跃响应曲线

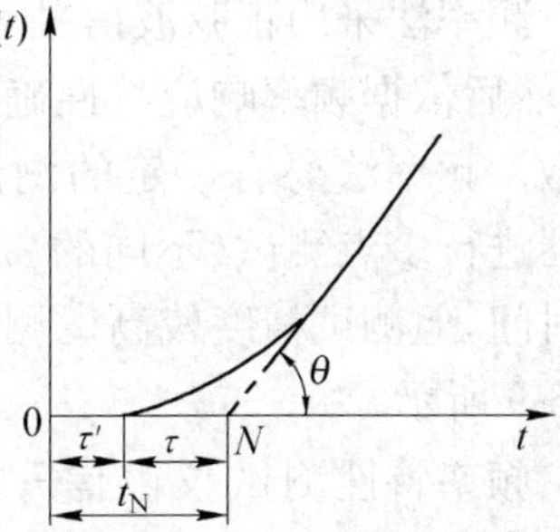

图 5-8　纯滞后一阶惯性积分环节的阶跃响应曲线

①积分环节时间常数 τ_A。作响应曲线稳定上升部分的切线，交时间轴于点 N，量出切线与时间轴的夹角 θ，则

$$\tau_A=\frac{\Delta u}{\tan\theta} \tag{5-18}$$

式中：Δu 为试验信号的阶跃值。

②滞后时间 τ'。可在响应曲线上直接量出，如图 5-8 所示。

③惯性环节时间常数 τ。有

$$\tau=t_N-\tau' \tag{5-19}$$

式中：t_N 为点 N 所对应的时间。

(4)实验过程中应注意的问题　为使测试结果尽量准确，以保证数字模型的辨识精度，实验过程中应注意下述问题。

①在施加阶跃信号之前，被控对象的工况必须稳定；在实验过程中，应避免有其他扰动产生而影响测试结果。

②试验信号幅度的大小必须适当，过小会使信噪比太小，过大会使非线性因素的影响增大。

③实验应进行到对象的输出接近于稳定值之后。

④实验应在主要运行工况下进行，并在每一工况下重复几次，至少应得到两条基本相同的响应曲线，以消除偶然干扰因素的影响。

⑤脉冲试验信号的宽度不仅要考虑对象的滞后和惯性，还要考虑被控参数有足够的变化幅度。

⑥脉冲试验信号结束后，必须完全回复到起始值，否则会引起很大误差。

2. 频率法

频率法采用正弦波信号对被控对象进行激励，并在其输出端测取频率响应特性，然后依据频率响应特性确定对象的传递函数。频率法要有一定的测试设备或专用仪器进行多点测试（不同的 ω）和离线测试，费时间，但测试精度较高。测试实验原理如图 5-9 所示。

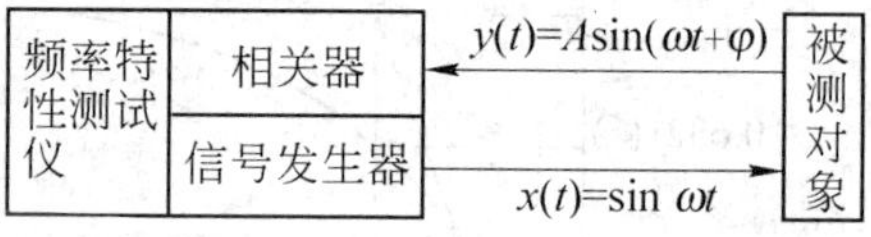

图 5-9 频率法测试实验原理框图

频率特性测试仪由信号发生器和相关器组成。信号发生器产生激励信号 $x(t)=\sin\omega t$，被测对象在该信号作用下的输出响应为 $y(t)=A\sin(\omega t+\varphi)$，其中 A 和 φ 都是 ω 的函数。相关器对 $y(t)$ 进行检测，并将其与来自信号发生器的信号 $\sin\omega t$ 和 $\cos\omega t$ 分别相乘、积分再求平均，得

$$u(\omega)=\frac{1}{\pi}\int_0^{2\pi}A\sin(\omega t+\varphi)\sin\omega t\,\mathrm{d}t=A\cos\varphi$$

$$\upsilon(\omega)=\frac{1}{\pi}\int_0^{2\pi}A\sin(\omega t+\varphi)\cos\omega t\,\mathrm{d}t=A\sin\varphi$$

式中：$u(\omega)$、$\upsilon(\omega)$ 分别为对象的实频和虚频特性。对象的幅频和相频特性分别为

$$A(\omega)=\sqrt{u^2(\omega)+\upsilon^2(\omega)} \tag{5-20}$$

$$\varphi(\omega)=\arctan\frac{\upsilon(\omega)}{u(\omega)} \tag{5-21}$$

频率特性测试仪在对信号进行上述分析处理后，可直接输出对应于各激振频率 ω 的 $A(\omega)$、$\varphi(\omega)$ 或 $u(\omega)$、$\upsilon(\omega)$，还可以输出相应的对数数据。

依据所记录的频率响应特性数据，可在对数坐标纸上绘出对象的对数幅频和相频特性，即 Bode 图，然后按下述方法确定对象模型的结构和参数。

①用水平线或 20 dB×10^{-1}（分贝/10 倍频程）整数倍斜率的直线段来包络对数幅频特性曲线，按所构成的折线的折点数量及转折方向，参考表 5-2 来确定模型的基本结构及参数。

表 5-2 由 Bode 图求数学模型

<table>
<tr><th>对数幅频特性</th><th>传递函数近似表达式</th><th>特征参数</th></tr>
<tr><td>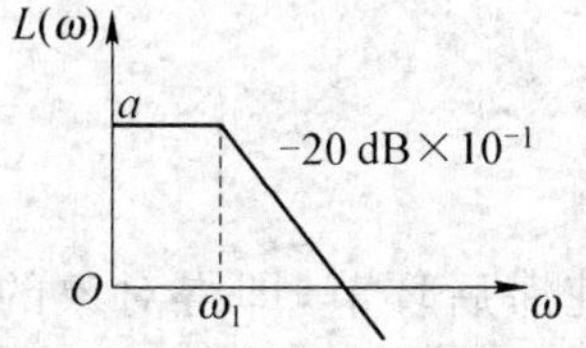</td><td>$G(s)=\frac{K}{\tau s+1}$</td><td>$\lg K=\frac{a}{20}$
$\tau=\frac{1}{\omega_1}$</td></tr>
<tr><td>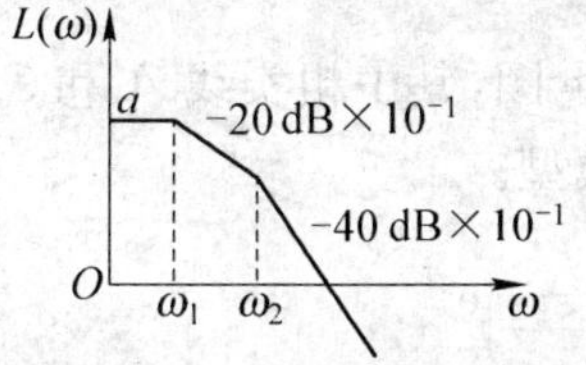</td><td>$G(s)=\frac{K}{(\tau_1 s+1)(\tau_2 s+1)}$</td><td>$\lg K=\frac{a}{20}$
$\tau_1=\frac{1}{\omega_1}$
$\tau_2=\frac{1}{\omega_2}$</td></tr>
<tr><td>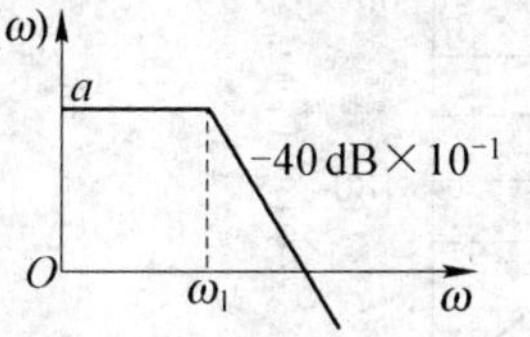</td><td>$G(s)=\frac{K}{(\tau s+1)^2}$</td><td>$\lg K=\frac{a}{20}$
$\tau=\frac{1}{w_1}$</td></tr>
<tr><td>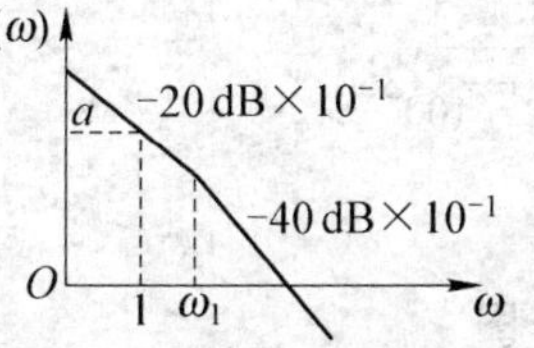</td><td>$G(s)=\frac{K}{s(\tau s+1)}$</td><td>$\lg K=\frac{a}{20}$
$\tau=\frac{1}{\omega_1}$</td></tr>
<tr><td>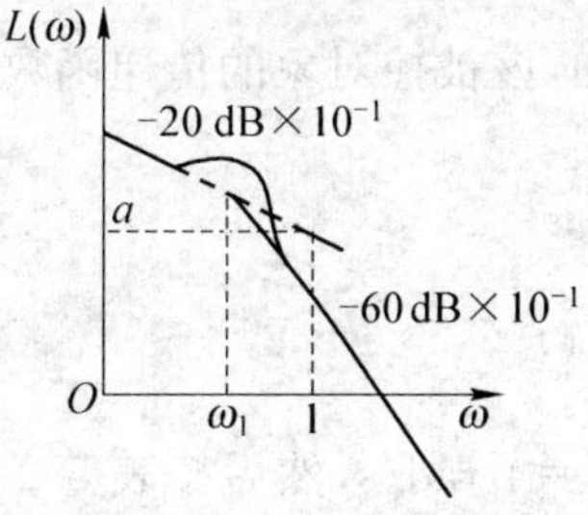</td><td>$G(s)=\frac{K}{s(1+2\zeta\tau s+\tau^2 s^2)}$</td><td>$\lg K=\frac{a}{20}$
$\tau=\frac{1}{\omega_1}$
阻尼比 ξ 由转角频率 w_1 处的曲线峰值大小确定</td></tr>
<tr><td>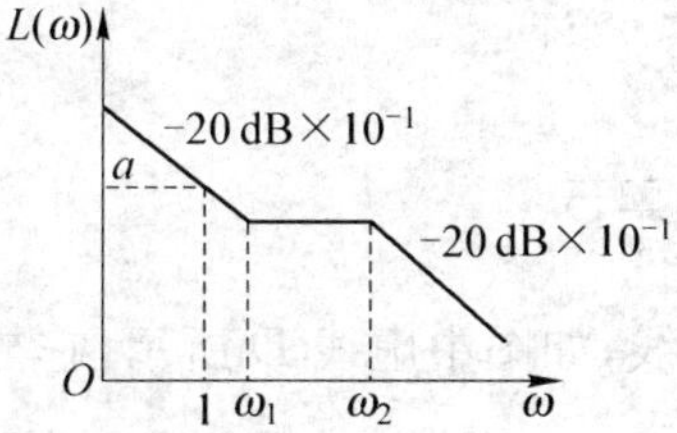</td><td>$G(s)=\frac{K(1+\tau s)}{s(1+\tau_2 s)}$</td><td>$\lg K=\frac{a}{20}$
$\tau_1=\frac{1}{\omega_1}$
$\tau_2=\frac{1}{\omega_2}$</td></tr>
</table>

②按所确定的模型基本结构及参数绘制对数相频特性，并与实测的对数相频特性相比较，若差别较大，说明对象中存在纯滞后因素，纯滞后时间可利用对应于某一较高频率 ω_k 的相位差 $\Delta\varphi_k$ 按下式求得：

$$\tau' = \frac{\pi\Delta\varphi_k}{180\omega_k} \tag{5-22}$$

③将按表 5-2 所确定的传递函数再串上一个纯滞后环节，即得对象的数学模型。

例题 图 5-10 是实验测得的某被控对象的 Bode 图，其中粗实线 A 和 C 分别为对数幅频和相频特性曲线，试确定该对象的数学模型。

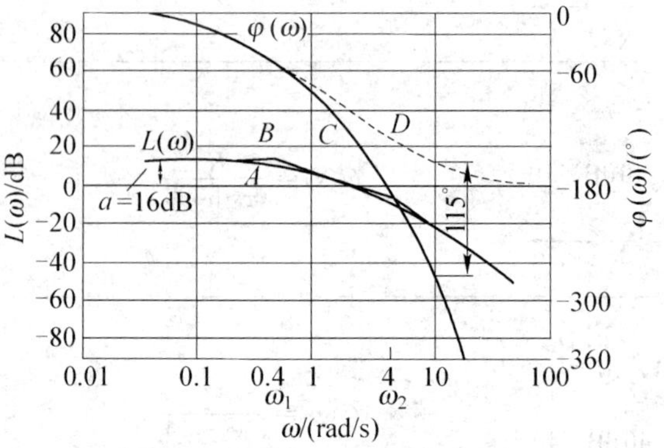

图 5-10 某被控对象的 Bode 图

解 作曲线 A 的近似渐近折线 B，对照表 5-2 知，该被控对象的传递函数形式为

$$G(s) = \frac{K}{(\tau_1 s + 1)(\tau_2 s + 1)}$$

由图 5-10 可量得：$a=16$ dB，$\omega_1=0.4$ rad/s，$\omega_2=4$ rad/s，然后按表 5-2 可求得：$K=6$，$\tau_1=2.5$ s，$\tau_2=0.25$ s。则：

$$G(s)=\frac{6}{(2.5s+1)(0.25s+1)}$$

按 $G(s)$ 求出相频特性并画出对数相频特性曲线，如图中虚线 D 所示，它与实测曲线 C 相差较大，说明对象中存在纯滞后环节。

选 $\omega_k=10$ rad/s，量得 $\Delta\varphi_k=115°$，代入式(5-22)得 $\tau'=0.2$ s，因而最后得被控对象的传递函数为

$$G(s)=\frac{6e^{-0.2s}}{(2.5s+1)(0.25s+1)}$$

3. 统计法

统计法采用随机信号 $x(t)$对被控对象进行激励，并在其输出端测取输出响应 $y(t)$，然后根据 $x(t)$与 $y(t)$的相关性求出互相关函数 $R_{xy}(\tau)$及对象的脉冲响应函数 $g(t)$，最后再由 $g(t)$求得对象的传递函数。统计法要有专用仪器，数据处理较复杂，可在线测试，测试精度高。

统计法所采用的随机信号 $x(t)$主要有白噪声信号和伪随机信号两种。白噪声信号是一种谱密度函数为恒值、周期为无限长的随机信号，而伪随机信号则是一种自相关函数与白噪声的自相关函数相同但具有有限周期 T 的信号。采用白噪声信号进行实验需要较长时间，目前多采用伪随机信号作为试验信号，其优点是实验时间短，信息处理简单，测试误差小。

伪随机信号有多种形式，最简单而且常用的是二位式序列，它具有如下性质。

①信号只取两种状态，即$\pm a$ (a 为常数)，且只在有限个时刻 $k\Delta t$ 由一种状态转换到另一种状态(k 为一整数，Δt 是一个固定的时间间隔)，信号周期 $T=N\Delta t$ (N 为整数)，且 $N>k$。

②每个周期内信号取$+a$ 状态和$-a$ 状态的时间间隔 Δt 的数目之差不超过 1。

③若干个$+a$ 状态(或$-a$ 状态)连在一起组成一个游程，其中$+a$ (或$-a$)状态的个数称为游程长度(即持续时间)。一个周期中，长度为 n 的游程($n\Delta t$)占总数 N 的 $1/2^n$，在同样长度的所有游程中，$+a$ 与$-a$ 状态各占半数左右。

④信号的自相关函数为一尖脉冲序列，适当选取 Δt，可使其与理想的脉冲形状接近。

图 5-11 是伪随机二位序列发生器的原理图，其中 4 个 D 触发器组成四级移位寄存器，当其初始状态为 1111 时，在时钟脉冲信号(CLK)的作用下，各级输出的脉冲序列列于表 5-3，对应的信号波形及其自相关函数波形示于图 5-12。可见，该二位式伪随机信号的周期长度为 $N=2^4-1=15$，它是四级移位寄存器所能获得的所有二位式序列中周期最长的一种，因而又被称为最大长度序列或 M 序列。

表 5-3 移位寄存器输出脉冲序列

级数	个数																
	1	2	3	4	5	6	7	8	9	10	11	12	13	14	15	16	…
末 级	1	1	1	1	0	0	0	1	0	0	1	1	0	1	0	1	…
第三级	1	1	1	0	0	0	1	0	0	1	1	0	1	0	1	1	…
第二级	1	1	0	0	0	1	0	0	1	1	0	1	0	1	1	1	…
第一级	1	0	0	0	1	0	0	1	1	0	1	0	1	1	1	1	…
反馈级	0	0	0	1	0	0	1	1	0	1	0	1	1	1	1	0	…

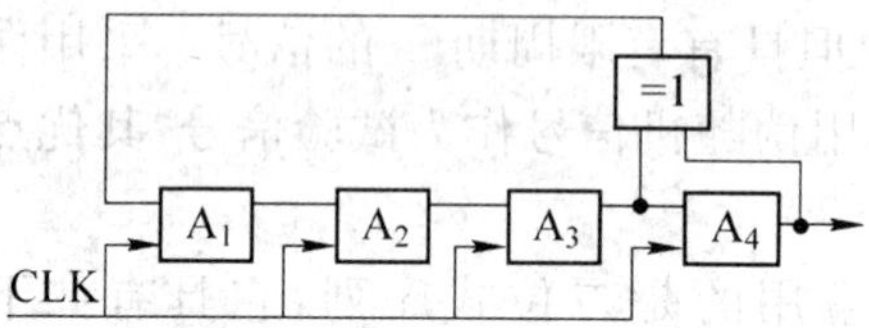

图 5-11 伪随机二位序列发生器原理

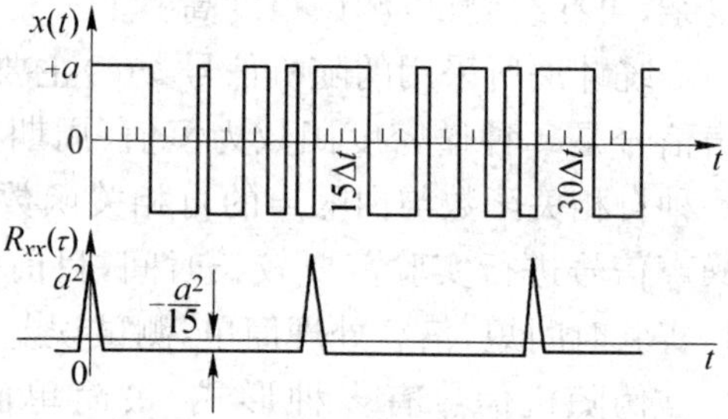

图 5-12 伪随机信号序列及其自相关函数

以 M 序列作为试验信号，并取其周期 T 大于对象的脉冲响应持续时间，则有

$$R_{xy}(\tau) = \frac{1}{T}\int_0^T x(t-\tau)y(t)\mathrm{d}t = Kg(\tau) \tag{5-23}$$

式中：$x(t)$为输入的 M 序列；$y(t)$为对象的输出响应；$g(\tau)$为对象的脉冲响应；K为比例系数。

由于 M 序列是一等间隔离散序列，故对输出响应的采样一般也按同样间隔进行。设实验得到的输入、输出序列为 x_i、y_i（$i=1,2,3,\cdots,N$），则互相关函数表达式(5-23)可改写成

$$R_{xy}(\tau) = \frac{1}{N}\sum_{i=1}^{N} x_{i-\tau}y_i \tag{5-24}$$

式中：τ 取 0，Δt，$2\Delta t$，…，$(N-1)\Delta t$。

如果 M 序列的幅值取为 $a=1$，则利用式(5-24)计算 $R_{xy}(\tau)$非常简便，可避免其中的乘法运算，即当 $x_{i-\tau}=1$ 时，$x_{i-\tau}y_i=y_i$；当 $x_{i-\tau}=-1$ 时，$x_{i-\tau}y_i=-y_i$。

在 $R_{xy}(\tau)$求出之后同时也得到对象的脉冲响应函数 $g(t)$，将 $g(t)$转换成阶跃

响应函数并绘出曲线，可进一步求出对象的传递函数。此外，也可直接由 $g(t)$ 求得对象的 z 传递函数。

采用 M 序列伪随机信号辨识对象数学模型时，应注意以下几个实际问题：对被控对象的特性预先要进行估计，最好先进行一次阶跃试验，以了解其过渡过程时间、截止频率、非线性程度等；M 序列的周期必须大于对象的脉冲响应过渡过程时间；M 序列的一个基本电平时间 Δt 必须大于对象截止频率对应的周期 T_c，一般取 $\Delta t=(2\sim5)T_c$；基本电平幅值的大小应保证对象输出端有可靠的响应，又不致引起大的非线性；为保证辨识模型的精度，应连续进行几个周期的实验，并取其中数值较接近的几个周期测量值进行均化处理。

上面所介绍的 3 种模型辨识的实验方法各有优缺点，实际工作中应根据具体情况选用。

5.3 计算机控制基础

目前在机电一体化产品中，多数是以微型计算机（简称微型机）为核心构成控制装置，它在系统中占有相当重要的地位，往往代表着系统的先进性和智能特征。普通微型机往往在实验室、办公室或在家庭中使用，而机电一体化系统中的微型机则必须为工业控制机或按工业环境要求设计的微型机，对其要求是可靠性高、抗干扰能力强、环境适应能力好。

根据机电一体化系统的大小和层次结构的多少，可以采用不同类型的微型机。对于小系统，一般监视控制量为开关量，数据处理量不大，大多采用可编程控制器或采用单片机就能满足功能要求。对于数据处理量大的机电一体化系统，往往采用基于各类总线结构的工业控制微型机（简称工控机）。对于多层次复杂的机电一体化系统，则要采用分级分布式控制系统，在这种控制系统中，根据计算机所执行的功能，可分别采用单片机、可编程控制器、工控机来完成不同的处理功能。

因此，要进行机电一体化产品的设计与开发，就必须了解和掌握计算机控制技术及其控制系统的设计方法。

5.3.1 计算机控制系统的组成和特点

1. 计算机控制系统的组成

计算机控制系统是由硬件和软件两大部分组成。硬件由计算机主机、接口电路、输入输出通道及外部设备等组成，如图 5-13 所示。

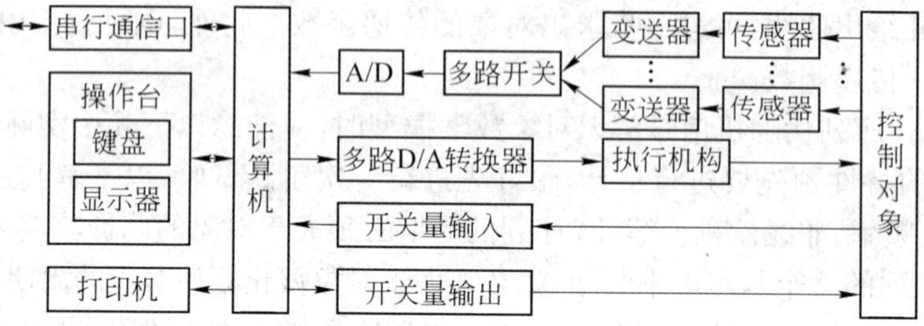

图 5-13 计算机控制系统的组成

计算机是整个控制系统的核心。它接收从操作台来的命令，对系统的各参数进行巡回检测，执行数据处理、计算和逻辑判断、报警处理等，并根据计算的结果通过接口发出输出命令。

接口与输入/输出通道是计算机与被控对象进行信息交换的桥梁。计算机输入数据或向外发命令都是通过接口与输入输出通道进行的。由于计算机只能接收数字量，而被控对象的参数既有数字量又有模拟量，因此需要把模拟量转换成数字量。这样输入输出通道可分为数字量通道和模拟量通道。

计算机控制系统中最基本的外部设备是操作台，它是人机对话的联系纽带。通过它可发出各种操作命令，显示系统的工作状态和数据，并可输入各种数据。一般操作台包括开关（如电源开关、功能选择开关等）、功能键（如启动键、显示键、打印键等）、显示器（用于显示系统工作状态和各种被控参数）和数据键（用于输入数据或修改系统的参数）。计算机控制系统还常配有串行通信口、打印机、CRT 显示终端等其他外部设备。

计算机控制系统需要使用各种传感器把各种被测参数转变为电量信号送到计算机中。同时，也需要各种执行机构按计算机的输出命令去控制对象。常用的执行机构有电动、液压和气动等各种控制形式。

软件主要是指支持系统运行并对系统进行管理和控制的程序系统。对于计算机控制系统来讲，软件可分为两大类：实时软件和开发软件。实时软件是指在进行实际控制时使用的软件；开发软件是指在开发、测试控制系统时使用的软件。

实时软件可分为系统软件和应用软件两大类：系统软件是通用的软件，一般是由计算机设计者提供，专门用来使用和管理计算机。对计算机控制系统来讲，最主要的系统软件为实时多任务操作系统，另外还可能使用数据库、中文系统、文件管理系统等。应用软件是面向用户本身的程序，如控制系统中各种 A/D 与D/A

转换程序、数据采样滤波程序、计算程序及各种控制算法程序等。

开发软件包括各种语言处理程序(如汇编程序、编译程序)、服务程序(如装配程序、编辑程序)、调试和仿真程序等。它一般仅在开发计算机控制系统时使用,调试完成后,在实际运行时一般不使用开发软件。

2. 计算机控制系统的特点

计算机控制系统的特点主要体现在以下几个方面:

①具有完善的输入输出通道。它包括模拟量输入输出通道和数字量或开关量输入输出通道等,这是微型机有效发挥其控制功能的重要保证。

②具有实时控制功能。换句话说,就是具有完善的中断系统、实时时钟及高速数据通道,以保证对被控对象状态及参数的变化以及一些紧急情况具有迅速响应的能力,并能够实时地在微型机与被控对象之间进行信息交换。

③可靠性高。对环境适应性强,以保证在生产现场应用的要求。

④具有丰富、完善、能正确反映被控对象运动规律并对其进行有效控制的软件系统。

5.3.2 单片微机控制器

5.3.2.1 单片机概述

所谓单片机,就是把中央处理器 CPU(central processing unit)、随机存取存储器 RAM(random access memory)、只读存储器 ROM(read only memory)、定时器/计数器、多功能 I/O(input/output)接口电路、通讯控制器,甚至图形控制器、高级语言、操作系统等主要计算机部件,集成在一块大规模集成电路芯片上的微型计算机。

1. 单片机系统特点

由于高度集成化,单片机具有体积小、功能强、可靠性高、功耗小、价格低廉、易于掌握、应用灵活等多种优点。单片机目前已越来越广泛地应用于机电一体化领域。单片机系统具有以下特点:

(1)结构形态的随意性　根据测控对象和产品构成的要求,单片机可设计成单板、多板、主机板式,计算机系统与接口的松耦合或紧耦合,人—机界面的连体式或远距离收发方式等。

(2)空间位置的随意性　根据对象的环境特点,可设计成嵌入式与对象合成一体,或是主机式独立于对象之外。在多机系统中,可将各机靠近对象设置。

(3)形态规模的随意性　在单片机应用系统中,可根据对象的功能要求,适当地扩展程序存储器、数据存储器容量和I/O容量，还可根据不同要求配置各种外部设备。

(4)最佳的经济性　由于单片机应用系统的硬件规模随对象要求而设置，因而有最节省的硬件和软件开销。

2. 单片机的软硬件系统

虽然单片机只是一个芯片，但从组成和功能上看，它已具有了微机系统的含义。严格地说，单片机是微型机的一个分类。从原理和硬件结构上看，单片机与微型机之间不但没有很大的差别，而且早期微型机的许多技术与特点都被单片机继承下来。

单片机由于硬件支持和需要所限，其软件系统比较简单。首先，单片机的系统管理不需要像微型机那样有复杂的操作系统，而只使用简单的操作系统程序，通常称之为监控程序。因此，监控程序就成为单片机中最重要的系统软件。其次，大多数单片机不使用高级语言，通常使用的是汇编语言或C语言，但单片机设有自己专用的编译程序，用户的应用程序是在其他微型计算机上通过交叉汇编方法得到的二进制目标码。因此在单片机系统中只有监控程序和二进制目标码的应用程序。

3. MCS－51单片机系列

目前在各种领域中应用的单片机有4位、8位、16位和32位之分。尽管各类单片机很多，但使用最为广泛的是MCS-51系列单片机。基于这一事实，这里主要讲述MCS-51系列单片机。

MCS-51系列单片机共有十几种芯片，如表5-4所示。表中列出了MCS-51系列单片机的芯片型号以及它们的性能指标。

表5-4　MCS-51系列单片机分类表

子系列	片内ROM形式			片内ROM容量	片内RAM容量	寻址范围	I/O特性			中断源
	无	ROM	EPROM				计数器	并行口	串行口	
51子系列	8031	8051	8751	4 kB	128 B	2×64 kB	2×16	4×8	1	5
	80C31	80C51	87C51	4 kB	128 B	2×64 kB	2×16	4×8	1	5
52子系列	8032	8052	8752	8 kB	256 B	2×64 kB	3×16	4×8	1	6
	80C32	80C52	84C52	8 kB	256 B	2×64 kB	3×16	4×8	1	6

MCS-51 系列又分成 51 和 52 两个子系列,其中 51 子系列是基本型,而 52 子系列是增强型。52 子系列功能增强具体体现在如下几个方面:片内 ROM 从 4 kB 增加到 8 kB;片内 RAM 从 128 字节增加到 256 字节;定时器/计数器从 2 个增加到 3 个;中断源从 5 个增加到 6 个。

MCS-51 单片机片内程序存储器有 3 种配置形式,即掩膜 ROM、EPROM 和没有。这 3 种配置形式对应着 3 种不同的芯片,它们各有特点,也各有其适用场合,在使用时应根据需要进行选择。

此外,在选择单片机型号时必须考虑环境适应问题,其中主要是指抗干扰特性和温度特性。由于单片机的应用是面向现场的,因此它应具有很强的抗干扰能力。至于单片机的温度特性,与其他集成电路芯片一样,按所能适应的环境温度范围划分为 3 个等级,即:民用级 0～+70℃;工业级-40～+85℃;军用级-65～+125℃。

5.3.2.2 MCS-51 单片机结构及工作原理

1. MCS-51 单片机的基本组成

MCS-51 虽然是一个单片机芯片,但它包括作为计算机应该具有的基本部件,因此实际上它已是一个简单的微型计算机系统了。MCS-51 单片机的基本组成见图 5-14。

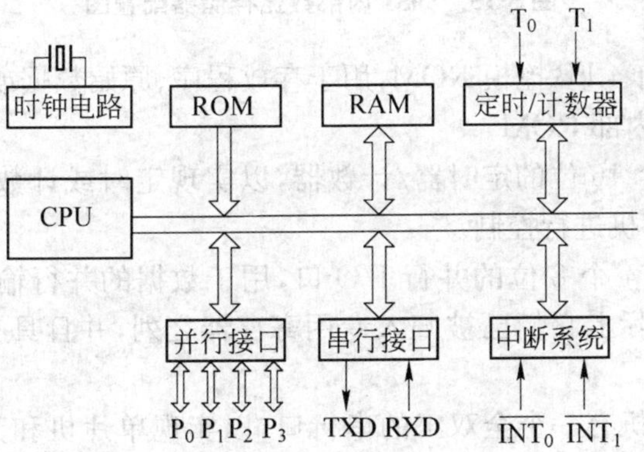

图 5-14 MCS-51 单片机结构框图

CPU 是单片机的核心,完成运算和控制功能。MCS-51 的 CPU 能处理 8 位二进制数或代码。

8051 的内部 RAM 共有 256 个单元,通常把这 256 个单元按其功能划分为两部分:高 128 单元和低 128 单元,如图 5-15 所示。高 128 单元是供给专用寄存器使用的,这些寄存器的功能已作专门规定,因此称之为专用寄存器区,也称之为特殊功能寄存器(SFR)。低 128 单元是单片机的真正 RAM 存储器,按其用途划分为 3 个区域:寄存器区,共有 4 组寄存器,占 32 个单元;位寻址区,占 16 个单元,共 128 位;用户 RAM 区,占 80 个单元。

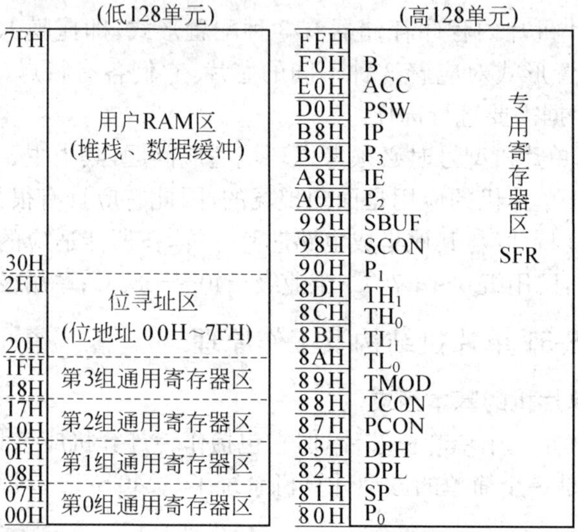

图 5-15 8051 内部数据存储器配置图

8051 内部共有 4 kB 掩模 ROM,用于存放程序、原始数据或表格,因此称之为程序存储器,简称内部 ROM。

8051 共有 2 个 16 位的定时器/计数器,以实现定时或计数功能,并以其定时或计数结果对计算机进行控制。

MCS-51 共有 4 个 8 位的并行 I/O 口,用于数据的并行输入输出,分别计作 P_0,P_1,P_2,P_3。实际上它们已被归入专用寄存器之列,并且具有字节寻址和位寻址功能。

MCS-51 单片机有一个全双工的串行口,以实现单片机和其他设备之间的串行数据传送。该串行口功能较强,即可作为全双工异步通信收发器使用,也可作为同步移位器使用。

MCS-51 单片机的中断功能较强,以满足控制应用的需要。8051 共有 5 个中断源,即外断 2 个,定时/计数中断 2 个,串行中断 1 个。全部中断分为高级和低级共 2 个优先级别。

MCS-51 单片机芯片的内部设有时钟电路,用于产生单片机工作所需要的时钟信号。但需在芯片的引脚 $XTAL_1$ 和 $XTAL_2$ 之间外接石英晶体振荡器和微调电容(C_1、C_2),从而构成一个稳定的自激振荡器,如图 5-16 所示。

一般微调电容取 30 pF 左右,晶体的振荡频率范围是 1.2M～12 MHz。晶体振荡频率高,则系统的时钟频率也高,单片机运行速度也快。但反过来运行速度快对存储器的速度要求就高,对印刷电路板的工艺要求也高(线间寄生电容小)。MCS-51 在通常应用情况下,使用振荡频率为 6 MHz 的石英晶体,而 12 MHz主要是在高速串行通信的情况下才使用。

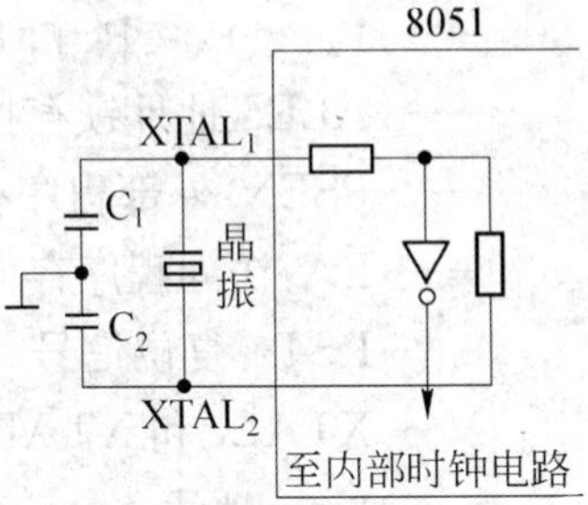

图 5-16 时钟振荡电路

2. MCS-51 的引脚

MCS-51 是标准的 40 引脚双列直插式集成电路芯片,引脚排列见图 5-17。

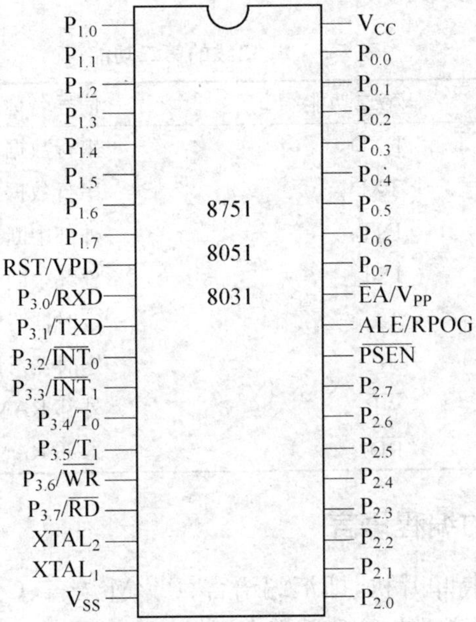

图 5-17 MCS-51 单片机的信号引脚图

信号引脚的定义及功能如下:

——$P_{0.0}$～$P_{0.7}$:P_0 口 8 位双向口线;

——$P_{1.0}$～$P_{1.7}$:P_1 口 8 位双向口线;

——$P_{2.0}$～$P_{2.7}$:P_2 口 8 位双向口线;

——$P_{3.0}$～$P_{3.7}$：P_3 口 8 位双向口线；

——ALE：地址锁存控制信号；

——$\overline{PSEN}$：外部程序存储器读选通信号；

——$\overline{EA}$：访问程序存储器控制信号；

——RST：复位信号；

——$XTAL_1$ 和 $XTAL_2$：外接晶体引线端；

——V_{SS}：地线；

——V_{CC}：+5 V 电源。

MCS-51 系列把芯片引脚数目限定为 40 条，但单片机为实现其功能所需要的信号数目却远远超过此数，因此就必须把一些信号引脚赋以双重功能，即信号引脚的第二功能。其中 P_3 的 8 条口线都定义有第二功能，并且应用得最多。P_3 口线的第二功能详见表 5-5。

表 5-5　P_3 口线的第二功能

口线	第二功能	信号名称
$P_{3.0}$	RXD	串行数据接收
$P_{3.1}$	TXD	串行数据发送
$P_{3.2}$	INT_0	外部中断 0 申请
$P_{3.3}$	INT_1	外部中断 1 申请
$P_{3.4}$	T_0	定时器/计数器 0 计数输入
$P_{3.5}$	T_1	定时器/计数器 1 计数输入
$P_{3.6}$	$\overline{WR}$	外部 RAM 写选通
$P_{3.7}$	$\overline{RD}$	外部 RAM 读选通

5.3.2.3　单片机的编程语言

现有 4 种语言支持单片机，即汇编语言、PL/M 语言、C 语言和 BASIC 语言。4 种语言比较起来，汇编语言和 C 语言应用得较多。

20 世纪 90 年代末，美国 Archimedes 和 Franklin Software 公司为 8051 系列单片机开发出了专用的 C 语言编译器简称 C51 语言。与汇编语言相比，C51 语言功能更强一些，而且效率高。目前的单片机应用系统中主要利用 C51 语言进行软件开发。C51 语言主要具有下列特点：

①对单片机的指令系统不要求了解，仅要求对 8051 的存储器结构有初步了解；

②寄存器分配、不同存储器的寻址及数据类型可由编译器管理；

③程序有规范的结构,可分为不同的函数,这种方式可使程序结构化;

④有将可变的选择与特殊操作组合在一起的能力,改善了程序的可读性;

⑤关键字及运算函数可用近似人的思维过程方式使用;

⑥编程及程序调试时间显著缩短,从而缩短开发周期、提高工作效率;

⑦提供的库包含许多子程序,具有较强的数据处理能力;

⑧用模块化编程技术,程序具有很好的可移植性。

关于 C51 语言的详细说明这里不作介绍,请参见有关书籍。

5.3.2.4 单片机的系统扩展

为适应扩展的需要,单片机在外部引脚都设有三总线,以提供扩展所需的地址总线、数据总线和控制总线。不同系列的单片机,所提供的总线方式不尽相同。对于 MCS-51 系列单片机,其外部总线的提供方式为:

——地址总线:由 P_0 与 P_2 口提供 16 根地址线,故外部扩展最大寻址范围为 64 kB。由于外部程序存储器 ROM 和数据存储器 RAM 所用控制线及指令不同,因此允许 ROM 与 RAM 地址重复。P_2 口提供高 8 位地址,具有输出锁存能力,P_0 口提供低 8 位地址。

——数据总线:为 P_0 口,此口为纯双向三态控制。由于 P_0 口还要提供地址数据,故系统工作时,P_0 口要分时使用。作地址输出时,外接电路中应有地址锁存器。

——控制总线:对于不同的扩展要求,提供有专用的控制信号线,如地址锁存信号 ALE、片外取指令信号 $\overline{PSEN}$(对 ROM 或 EPROM)、$\overline{WR}$和$\overline{RD}$(对 RAM)等信号。

1. 程序存储器 ROM 的扩展

——对片内无存储器的单片机,可根据系统应用程序、表格、常数的数量,扩展一定容量的程序存储器(一般都用 EPROM 芯片)。

(1)程序存储器扩展的引线

——地址线:P_0 口(低 8 位),P_2 口(高 8 位)。

——数据线:P_0 口。

——控制线:ALE 为 P_0 口的地址锁存信号。$\overline{PSEN}$为片外程序存储器取指令信号,$\overline{EA}$为片内外程序存储器选择信号。

(2)片外扩展 4 kB 程序存储器　根据 MCS-51 系列单片机地址线、数据线的提供方式,在 P_0 口送出低 8 位地址后由 ALE 信号的下降沿进行锁存。寻址 4 kB,需用 12 根地址线,高 4 位地址线由 $P_{2.0}$~$P_{2.3}$ 提供。图 5-18 为 8031 单片机扩展 4 kB EPROM 的电路(4kB EPROM 采用 2732 芯片)。

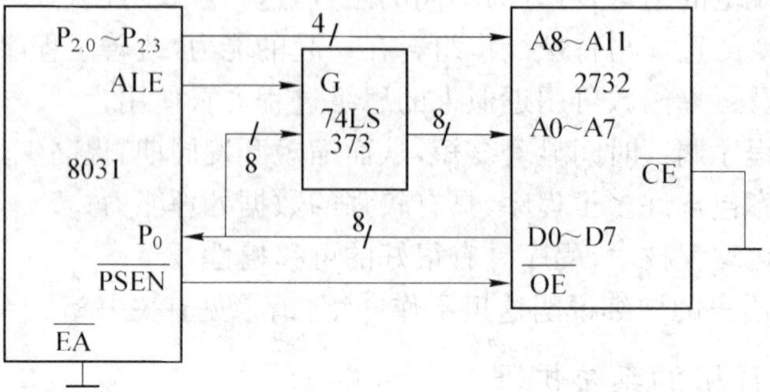

图 5-18　8031 单片机扩展 4kB EPROM 电路

锁存器采用 74LS 373 时，锁存端（又叫使能端）直接与 ALE 相连即可。若采用 74LS 273 时，ALE 输出需加反相器，因为 74LS 273 是在上升沿锁存。2732 芯片则允许输出端 $\overline{OE}$由 $\overline{PSEN}$控制而不用 $\overline{RD}$信号取指令。由于单片机使用片外程序存储器，故$\overline{EA}$接地。扩展的地址范围为 000H～0FFFH。

2. 数据存储器 RAM 的扩展

单片机内部有一定容量的 RAM，对于 MCS-51 系列单片机，其片内 RAM 为 128 个单元，片内 RAM 不能满足要求时可扩展相应的片外 RAM。

(1)数据存储器 RAM 扩展的引线

——地址线：与程序存储器扩展相同。

——数据线：与程序存储器扩展相同。

——控制线：ALE 为 P_0 口的锁存信号；$\overline{RD}$/$\overline{WR}$为片外 RAM 的读/写控制信号。

(2)片外扩展 2kB RAM 的典型电路　图 5-19 为 8031 单片机外扩展 2kB RAM 的典型电路。图中 RAM 扩展芯片为 2 kB 容量的 6116 芯片，数据线、地址线、片选线的连接方法与 ROM 扩展电路完全相同，而片外 RAM 的读写控制则由单片机的 $\overline{RD}$和 $\overline{WR}$信号线控制。系统使用片内 RAM 还是片外 RAM 由指令选择。

3. I/O 端口的扩展

单片机应用系统中往往要使用大量的 I/O 口线，由于管脚数量限制，单纯为用户使用的 I/O 口线并不多。例如单纯为用户使用的 I/O 口线在 MCS-51 系列单片机中，只有 P_3 口 8 根与控制线复用，故在实际应用系统中常常需要扩展 I/O 口。与存储器扩展相比，I/O 口的扩展方法及电路设计较灵活。

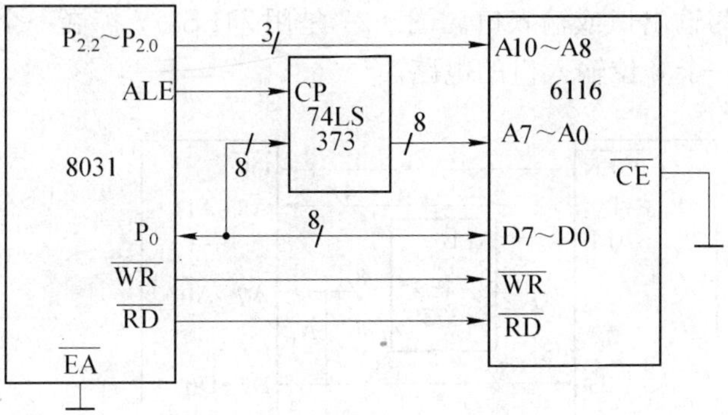

图 5-19 8 031 单片机片外扩展 2kB RAM 电路

MCS-51 系列单片机常用的 I/O 口扩展方法有以下 3 种。

(1)利用通用芯片扩展 MCS-51 系列单片机使用 8255、8155 和 8243 等进行 I/O 扩展十分方便。图 5-20 是在扩展 4 kB EPROM 电路基础上再扩展一片 8255 电路。图中 8255 的片选端接 $P_{2.7}$,故 PA,PB,PC 的口地址分别为 7FFFCH，7FFFDH，7FFFEH。所用的低 8 位地址由 P_0 口提供,经锁存器锁存。

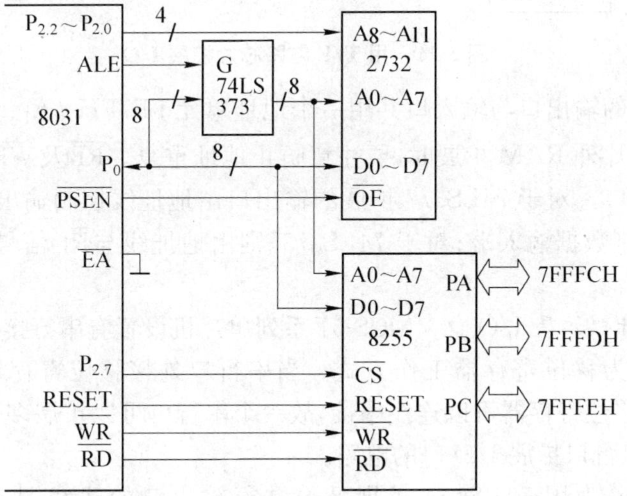

图 5-20 用 8255 芯片扩展 I/O 口

8255 为可编程的通用并行接口,有 3 个 8 位 I/O 口,即 PA,PB 和 PC。可编程为基本输入输出方式、选通输入输出方式和双向传送方式。

(2)用 TTL 电路芯片扩展 I/O 口 通常采用该种方法扩展单向 I/O 口,选用不同的芯片作为输出口或输入口。图 5-21 是用 74LS377 扩展一个 8 位输出口，用 74LS373 扩展一个 8 位输入口的电路。

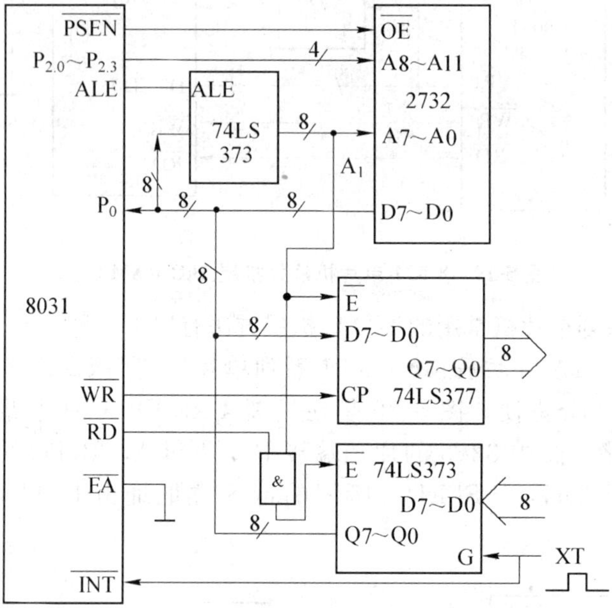

图 5-21 用 TFL 电路芯片扩展 I/O

图中扩展的输出口与输入口共用一个地址单元 FF7FH（A_7 = 0 即可选中）。当系统中还有片外 RAM 扩展时，要注意防止地址重复。$\overline{RD}$及$\overline{WR}$信号分别控制输入口及输出口。对于 74LS377 扩展的输出口由地址线控制输出锁存允许端$\overline{E}$，由$\overline{WR}$信号控制数据输入端；对于 74LS373，则由地址线与$\overline{RD}$信号来控制输入口的数据输入。

(3)用串行口扩展 I/O 口　MCS-51 系列单片机设置有串行接口，串行接口在工作方式 0 时为移位寄存器工作方式。当串行口外接移位寄存器时，可以扩展 I/O口。由于移位寄存器可以连线串接，故一个串行口可以扩展多个 8 位 I/O 口。图 5-22 为用串行口扩展 I/O 口的电路。

图 5-22(a)为用 74LS164 扩展 8 位并行输出口的连线图，74LS164 为带有清零端的串行输入并行输出的移位寄存器。图 5-22(b)为用 74LS165 扩展 8 位并行输入口的连线图。74LS165 为并行输入串行输出的移位寄存器。图 5-22(c)为用串行口扩展多个输出口的电路图，图中采用多个 74LS164 芯片串接的方法。

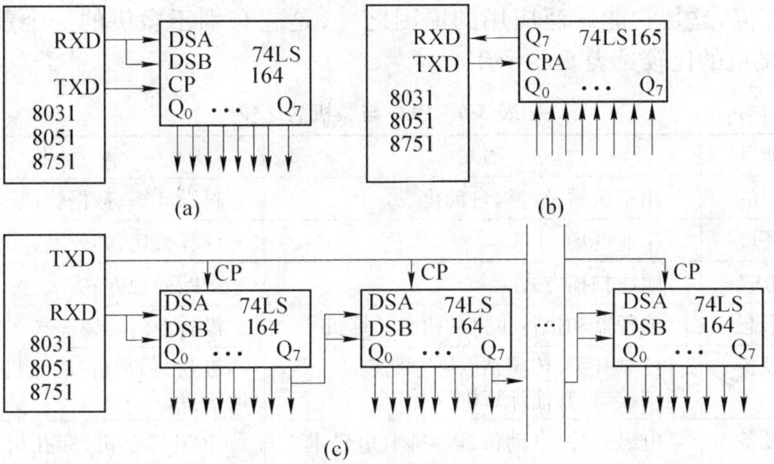

图 5-22 MCS-51 系列单片机用串行口扩展 I/O

当不使用串行口时，MCS-51 系列单片机可以用最少的引线扩展最多的 I/O 接口，此法在 MCS-51 系列单片机系列中经常使用。

5.3.3 可编程控制器

5.3.3.1 可编程控制器简介

可编程控制器(programmable logic controller，PLC)是一个以微处理器为核心的数字运算操作的电子系统装置，专为在工业现场应用而设计，它采用可编程序的存储器，用以在其内部存储执行逻辑运算、顺序控制、定时/计数和算术运算等操作指令，并通过数字式或模拟式的输入、输出接口，控制各种类型的机械或生产过程。

PLC 是微机技术与传统的继电接触控制技术相结合的产物，它克服了继电接触控制系统中机械触点的接线复杂、可靠性低、功耗高、通用性和灵活性差的缺点，充分利用了微处理器的优点，又照顾到现场电气操作维修人员的技能与习惯，特别是 PLC 的程序编制，不需要专门的计算机编程语言知识，而是采用了一套以继电器梯形图为基础的简单指令形式，使用户程序编制形象、直观、方便易学，调试与查错也都很方便。用户在购到所需的 PLC 后，只需按说明书的提示，做少量的接线和简易的用户程序的编制工作，就可灵活方便地将 PLC 应用于生产实践。因此 PLC 已成为发展机电一体化系统和工厂自动化的基础部件之一。

可编程序控制器及其有关设备的设计原则是它应该易于与工业控制系统联成一个整体和具有扩充功能。PLC 产品能直接在工业环境中应用，不需要专门的空调和恒温，这是它能广泛应用的原因之一，是它有别于微机的一个重要特征。PLC 与微机的比较见表 5-6 所示。

表 5-6 PLC 与微机的比较

比较项目	PLC	微 机
工作目的	用于机械及过程自动化	科学计算、数据管理、工业控制
工作环境	工业现场	计算机房、办公室、实验室
工作方式	顺序扫描方式	中断处理方式
表现形态	编程器和执行主机共两套计算机	没有专门的编程器
输入设备	控制开关、传感器、接点状态编程器、通信接口、其他计算机等	键盘、磁带机、磁盘机、卡片机、通信接口
输出设备	电磁开关、电动机、电磁阀、电磁继电器、报警显示器灯、加热器等也可接 CRT 打字机	CRT 打字机、穿孔机、磁带机、磁盘机
特殊措施	抗干扰措施，各种动态检测，停电保护，监控功能，更换 I/O 模块不会影响主机工作，易维护的结构等	掉电保护等一般措施
使用的软件	一般多用梯形图符号语言、操作系统等	汇编、BASIC、FORTRAN、PASCAL、C 语言等通用语言
对操作人员的要求	一般不用学习专门语言，不需要有软、硬件方面的知识	软件工作者，计算机工作者，或有计算机基础的工程技术人员
其他	机种多，I/O 模块种类多、各种配件齐全，很容易构成系统；设计人员不用再去考虑软件问题，因此工程上应用快、收益高；系统稳定可靠，MTBF 时间长	

由于 PLC 的体积小、功能强、速度快、可靠性高，又具有较大的灵活性和可扩展性，很快应用于机械制造、冶金、化工、交通、电子、纺织、印刷、食品、建筑等工业领域。传统的顺序控制器，如继电器控制逻辑、二极管矩阵逻辑以及硬件接线的数字逻辑等，正在被具有存储功能的可编程序控制器代替。

常规硬件逻辑电路的控制，要使用大量的硬件控制电路，这在更改方案时，工作量相当大，有时甚至相当于重新设计一台新装置。PLC 的主要特点是它具有在线修改功能，它借助于软件来实现重复的控制。软件本身具有可修改性，所以 PLC 机灵活的可编程性就使它具有广泛的工业通用性。同时由于简化了硬件电路，也提高了 PLC 系统的可靠性。PLC 机能处理工业现场的强电信号如交流 220 V、直流 24 V，并可直接驱动功率部件（一般负载电流为

2 A)，可长期在严酷的工业环境中工作。编程采用传统的继电器符号语言，不必使用专门的高级语言。

PLC是在按钮开关、限位开关和其他传感器等发出的监控输入信号作用下进行工作。根据信号控制器就会做出反应，通过用户编辑的内部逻辑便产生输出信号，而这些输出信号可直接控制外部的控制系统负载，如电动机、接触器、指示灯、电磁阀、电热器等。

PLC的控制系统省去了传统的继电器控制系统接线和拆线的麻烦。用PLC的编程逻辑提供了能随要求而改变的“接线网络”，这样生产线的自动化过程就能随意改变。这种性能使PLC具有较高的经济效益。

5.3.3.2 PLC的基本结构及工作原理

1. PLC的结构及各部分的作用

目前PLC生产厂家很多，产品结构也各不相同，但其基本组成如图5-23所示。

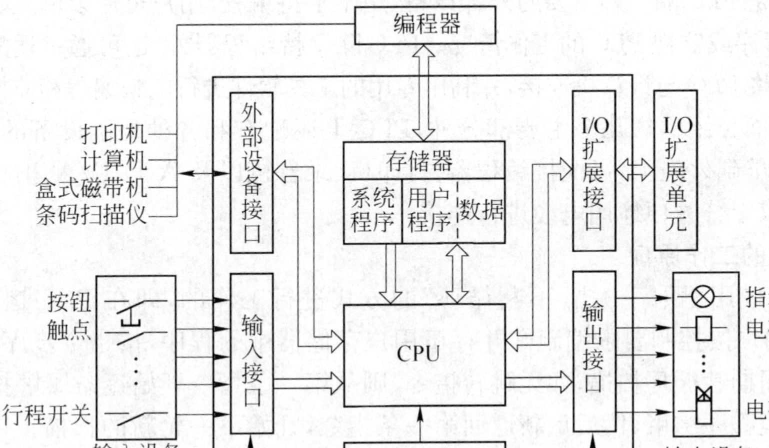

图5-23 PLC结构示意图

由图5-23可以看出，PLC采用了典型的计算机结构，主要包括CPU、存储器、输入/输出接口、电源、编程器扩展接口和外部设备接口等几个主要部分。其内部采用总线结构，进行数据和指令的传输。

CPU是整个PLC的核心，它用以运行用户程序、监控输入/输出接口状态、做出逻辑判断和进行数据处理。即读取输入变量、完成用户指令规定的各种操作，将结果送到输出端，并响应外部设备（如编程器、打印机等）的请求等。

PLC内部存储器有两类：一类是系统程序存储器（ROM），主要存放系统管理和监控程序及对用户程序作编译处理的程序，系统程序已由厂家固定，用户不能更改；另一类是用户程序及数据存储器（RAM），主要用来存放各种暂存的数据中间结果及用户正在调试、使用的程序。

I/O接口是PLC与输入/输出设备连接的接口，它起着PLC和外围设备之间传递信息的作用。输入接口接受输入设备（如按钮、传感器、触点、行程开关等）的控制信号；输出接口是将经主机处理后的结果通过功放电路去驱动输出设备（如接触器、电磁阀、指示灯等）。I/O接口一般采用光电耦合电路，以减少电磁干扰，从而提高可靠性。I/O点数即输入/输出端子数是PLC的一项主要技术指标，通常小型机有几十个点，中型机有几百个点，大型机将超过千点。

电源是指为CPU、存储器、I/O接口等内部电子电路工作所配置的直流开关稳压电源，通常也为输入设备提供直流电源。

编程器是PLC的一种主要的外部设备，用于手持编程，用户可用以输入、检查、修改、调试程序或监视PLC的工作情况。PLC除手持编程器外，还可通过适配器和专用电缆线将PLC与计算机连接，并利用专用的工具软件进行电脑编程和监控。

除了上面介绍的这几个主要部分外，PLC上还配有和各种外围设备的接口，均用插座引出到外壳上，可配接编程器、打印机、录音机以及A/D、D/A、串行通信模块等，可以十分方便地用电缆进行连接。

2. PLC的工作原理

PLC是采用“顺序扫描，不断循环”的方式进行工作的，即在PLC运行时，CPU根据用户按控制要求编制好并存于用户存储器中的程序，按指令步序号（或地址号）作周期性循环扫描，如无跳转指令，则从第一条指令开始逐条顺序执行用户程序，直至程序结束，然后重新返回第一条指令，开始下一轮新的扫描。在每次扫描过程中，还要完成对输入信号的采样和对输出状态的刷新等工作。PLC的一个扫描周期必经输入采样、程序执行和输出刷新3个阶段。

PLC在输入采样阶段，首先以扫描方式按顺序将所有暂存在输入锁存器中的输入端子的通断状态或输入数据读入，并将其写入各对应的输入状态寄存器中，即刷新输入，随即关闭输入端口，进入程序执行阶段。

在程序执行阶段，PLC按用户程序指令存放的先后顺序扫描执行每条指令，经相应的运算和处理后，其结果再写入输出状态寄存器中，输出状态寄存器中所有的内容随着程序的执行而改变。

输出刷新阶段，当所有指令执行完毕，输出状态寄存器的通断状态在输出刷新阶段送至输出锁存器中，并通过一定的方式（继电器、晶体管或晶闸管）输出，驱动相应输出设备工作。

由此可见，采用循环扫描的工作方式，是 PLC 区别于微机和其他控制设备的最大特点。

5.3.3.3 PLC 的技术性能

PLC 产品类型很多，不同类型的产品技术性能各不相同，且各有特色。这里只介绍 PLC 的基本技术性能，主要体现在以下 6 个方面。

(1)输入/输出点数(即 I/O 点数) 指 PLC 外部输入、输出端子数。这是最重要的一项技术指标。

(2)扫描速度 一般以执行 1 000 步指令所需时间来衡量，故单位为 ms/千步，有时也以执行一步指令的时间计算，如 μs/步。

(3)内存容量 一般以 PLC 所能存放用户程序的多少衡量。在 PLC 中程序指令是按“步”存放的(一条指令往往不止一“步”)，一“步”占用一个地址单元，一个地址单元一般占两个字节。如一个内存容量为 1 000 步的 PLC，其内存为 2 kB。

(4)指令条数 这是衡量 PLC 软件功能强弱的主要指标。PLC 具有的指令种类越多，说明其软件功能越强。

(5)内部寄存器 PLC 内部有许多寄存器用以存放变量状态、中间结果、数据等。还有许多辅助寄存器可供用户使用，这些辅助寄存器常可以给用户提供许多特殊功能，以简化整个系统设计。因此寄存器的配置情况常是衡量 PLC 硬件功能的一个指标。

(6)高功能模块 PLC 除了主控模块外还可以配接各种高功能模块。主控模块实现基本控制功能，高功能模块则可实现某种特殊的专门功能。高功能模块的多少及功能强弱是衡量 PLC 产品水平高低的一个重要标志。目前已开发出的常用高功能模块包括 A/D 模块、D/A 模块、高速计数模块、速度控制模块、位置控制模块、轴定位模块、温度控制模块、远程通信模块、高级语言编辑以及各种物理量转换模块等。

5.3.3.4 PLC 的分类

PLC 的品种繁多，各产品的结构形式、输入/输出方式、I/O 点数、CPU 的种类、存储器的种类、容量以及功能范围都不相同，因此很难详细地划分它们的类别。通常只能根据结构形式、I/O 点数以及功能范围 3 个大方面来大致分类。

(1)按结构形式分类　按结构形式不同,可分为整体式和模块式两类。

①整体式 PLC。把 CPU、存储器及 I/O 等基本单元装在少数几块印制电路板上,并连同电源一起装在一个机体内,形成一个整体,通常把它称为主机。这种结构的优点是结构简单、节省材料、体积小;缺点是主机的 I/O 点数固定、使用不灵活、维修比较麻烦。

②模块式 PLC。模块式 PLC 有的又称为积木式 PLC,它把 CPU(包括存储器)和输入、输出单元做成独立的模块,即 CPU 模块、输入模块、输出模块,然后组装在一个电源框架(机架)内。这种结钩的优点是 I/O 模块及 I/O 点数可根据用户需要方便灵活地组合,对现场的应变能力强,同时还便于维修;缺点是结构较复杂,插件较多,增加了造价。

(2)按 I/O 点数分类　按 I/O 点数不同,可分为小型、中型、大型 3 大类。

①小型 PLC。I/O 点数为 256 点以下(包括 256 点)。

②中型 PLC。I/O 点数为 256 点以上、2 048 点以下。

③大型 PLC。I/O 点数为 2 048 点以上(包括 2 048 点)。

(3)按功能分类　按功能范围不同,可分为低档、中档、高档机 3 类。

①低档机具有逻辑运算、计时、计数、移位以及自诊断、监控等基本功能,还可能增设少量模拟量输入/输出(即 A/D、D/A 转换)、算术运算、数据传送、远程 I/O、通信等功能。

②中档机除具有低档机的功能外,还具有较强的模拟量输入/输出、算术运算、数据传送和比较、数制转换、远程 I/O、子程序、通讯联网等功能,还可能增设中断控制、PID 回路控制等功能。

③高档机除具有中档机的功能外,还增设有带符号算术运算(32 位双精度加、减、乘、除和比较)、矩阵运算、位逻辑运算(位置位、位清除、右移、左移)、平方根运算以及其他特殊功能函数的运算、表格传送及表格功能等。高档机具有更强的通信联网功能,可用于大规模的过程控制,构成全 PLC 的分布式控制系统或整个工厂的自动化网络。

5.3.3.5 可编程序控制器的选择

合理选择可编程控制器,对于提高 PLC 控制系统的技术经济指标起着重要作用。PLC 的选择应包括机型的选择、容量的选择、I/O 模块的选择、电源模块的选择等几个方面。

1. 机型的选择

选择机型的基本原则应是在功能满足要求的前提下,保证可靠、维护使用方便以及最佳性能价格比。具体应考虑以下几个方面。

(1)结构合理　对于工艺过程比较固定、环境条件较好(维修量较小)的场合,选用整体式结构 PLC。其他情况则选用模块式结构 PLC。

(2)功能相当　对于开关量控制的工程项目,对其速度无须考虑,一般的低档机就能满足要求。

对于以开关量为主,带少量模拟量控制的工程项目,可选用带 A/D、D/A 转换,加减运算,数据传送功能的低档机。

对于控制比较复杂,控制功能要求更高的工程项目,例如要求实现 PID 运算、闭环控制、通信联网等,可视控制规模及复杂的程度,选用中档或高档机。其中高档机主要用于大规模过程控制、全 PLC 的分布式控制系统以及整个工厂的自动化等。

(3)机型统一　应尽量做到机型统一。因为同一机型的 PLC,其模块可互为多用,便于备品备件的采购和管理;其功能及编程方法统一,有利于技术力量的培训、技术水平的提高和功能的开发;其外部设备通用,资源可共享,配以上位计算机后,可把控制各独立系统的多台 PLC 联成一个多级分布式控制系统,相互通信、集中管理。

(4)是否在线编程　PLC 的特点之一是使用灵活。当被控设备改变时,只需要用编程器重新修改程序,就能满足新的控制要求。

PLC 的编程分为离线编程和在线编程两种。离线编程的 PLC,其特点是主机和编程器共用一个 CPU,在编程器上有一个"编程/运行"选择开关或按键,选择编程状态时,CPU 将失去对现场的控制,只为编程服务,这就是所谓的"离线"编程。程序编好后,选择运行状态,CPU 则去执行程序而对现场进行控制,这时,CPU 对编程指令将不做出响应。此类 PLC,由于编程器和主机共用一个 CPU,因此节省了大量的硬件和软件,编程器的价格也比较便宜。中、小型 PLC 多采用离线编程。

在线编程的 PLC,其特点是主机和编程器各有一个 CPU,编程器 CPU 可以随时处理由键盘输入的各种编程指令。主机的 CPU 则是完成对现场的控制,并在一个扫描周期的末尾和编程器通讯。编程器把编好或改好的程序发送给主机,在下一个扫描周期,主机将按照新送入的程序控制现场,这就是所谓"在线"编程。此类 PLC 由于增加了硬件和软件,所以价格贵,但应用领域较宽。大型 PLC 多采用在线编程。

是否需要在线编程,应根据被控设备工艺要求的不同来选择。对于产品定型的设备和工艺不常变动的设备,应选用离线编程的 PLC;反之,可考虑选用在线编程的 PLC。

2. 容量的选择

PLC 的容量选择指用户存储器的存储容量(字数)和 I/O 点数两方面的含义。

通常,一条逻辑指令占存储器 1 个字节。计时、计数、移位以及算术运算、数据传送等指令占存储器 2 个字节。各种指令占存储器的字节数可查阅 PLC 产品使用手册。

PLC 容量的选择除满足控制要求外,还应留有适当的裕量以作备用。在选择存储容量时,一般可按实际需要的 25%考虑裕量。

I/O 点数也应留有适当裕量。但是,目前 PLC 的 I/O 点价格高。如果备用的 I/O 点的数量太多,就会使成本增加。因此,通常 I/O 点数可按实际需要的 10%～15%考虑裕量。

3. I/O 模块的选择

I/O 部分的价格占 PLC 价格的一半以上。不同的 I/O 模块,其电路和性能不同,它直接影响着 PLC 的应用范围和价格,应根据实际情况合理选择。

(1)输入模块的选择　输入模块的作用是接收现场的输入信号,并将输入的高电平信号转换为 PLC 内部的低电平信号。

输入模块的种类,按电压分类有直流 5 V、12 V、24 V、48 V 和 60 V,交流 115 V 和 220 V。按电路形式不同分为汇点输入式和分隔输入式两种。

选择输入模块时应注意:

——电压选择。电压的选择应根据现场设备与模块之间的距离来考虑。一般 5 V、12 V 和 24 V 属低电平,其传输距离不宜太远,如 5 V 模块最远不得超过 10 m。距离较远的设备应选用较高电压的模块。

——同时接通的点数。高密度的输入模块,如 32 点、64 点,同时接通点数取决于输入电压和环境温度。一般来说,同时接通的点数不要超过输入点数的 60%。

——门槛电平。为了提高控制系统的可靠性,必须考虑门槛电平的大小。门槛电平越高,抗干扰能力越强,传输距离也就越远。

(2)输出模块的选择　输出模块的作用是将 PLC 的输出信号传递给外部负载,并将 PLC 内部的低电平信号转换为外部所需电平的输出信号。

输出模块按输出方式不同分为继电器输出、晶体管输出及双向晶闸管输出 3 种。此外,输出电压和输出电流也各有不同。

选择输出模块时应注意:

——输出方式的选择。继电器输出的价格便宜,适用电压范围较宽,导通压降小,但它属有触点元件,其动作速度较慢,寿命较短,因此适用于不频繁通断的负载。当驱动感性负载时，其最大通断频率不得超过 1 Hz。

对于频繁通断的低功率因数的电感负载，应采用无触点开关元件，即选用晶体管输出（直流输出）或双向晶闸管输出（交流输出）。

——输出电流。输出模块的输出电流必须大于负载电流的额定值。用户应根据实际负载电流的大小选择模块的输出电流。

——同时接通的点数。输出模块同时接通点数的电流累计值必须小于公共端所允许通过的电流值。例如一个 220 V、2 A 的 8 点输出模块，每个点当然可以通过 2 A 的电流，但输出公共端允许通过的电流不可能是 2 A×8=16 A，通常要比这个值小得多。因此在选择输出模块时还应考虑同时接通的点数。一般来说，同时接通的点数不要超过输出点数的 60%。

4. 电源模块的选择

电源模块的选择很简单，只需考虑输出电流。电源模块的额定输出电流必须大于 CPU 模块、I/O 模块、专用模块等消耗电流的总和。

5.3.3.6 PLC 的编程语言

PLC 的主要使用对象不是计算机专业人员，而是广大工程技术人员或操作维护人员。因此 PLC 不采用计算机编程语言，而常采用面向控制过程、面向对象的“自然语言编程”。这些编程语言有梯形图语言、指令表（助记符）语言、流程图语言、布尔代数语言。

1. 梯形图语言

梯形图在形式上类似于继电器控制电路，如图 5-24 所示。它是用各种图形符号连接而成的，这些符号分别为常开接点、常闭接点、并联连接、继电器线圈等。每一接点和线圈均对应一个编号。不同机型的 PLC，其编号方法不一。梯形图直观易懂，为电气人员所熟悉，因此是应用最多的一种编程语言。

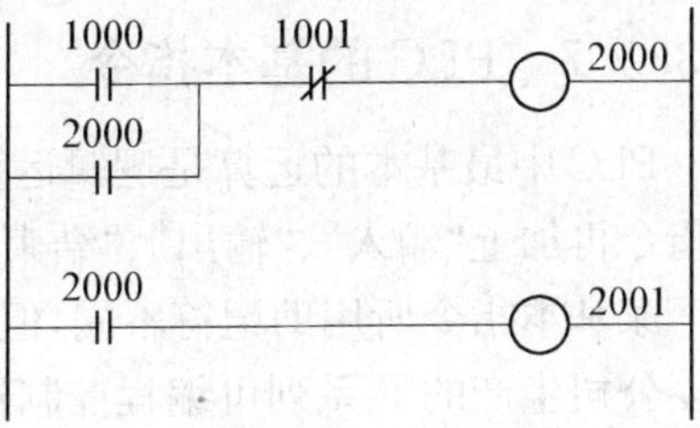

图 5-24 梯形图

2. 指令表（助记符）语言

指令表语言类似微机汇编语言的形式，它是用指令的助记符来编程的。但 PLC 的指令语言要比微机的汇编语言通俗易懂，因此助记符语言也是应用广泛的一种编程语言。

不同型号的 PLC，指令表使用的助记符也不尽相同，以 F 系列 PLC 为例，对应于图 5-24 的指令表为：

LD	1000
OR	2000
ANI	1001
OUT	2000
LD	2000
OUT	2001

可见，指令表是由若干条语句组成的程序，每个操作步骤由一条或几条语句来执行。每条语句指示给 CPU 一条指令，规定 CPU 如何操作。

3. 流程图语言

流程图类似于“与”、“或”、“非”等逻辑电路图。对应于图 5-24 的系统流程图如图 5-25 所示。流程图也比较直观易懂，有一定数字电路知识的工程人员很容易掌握。

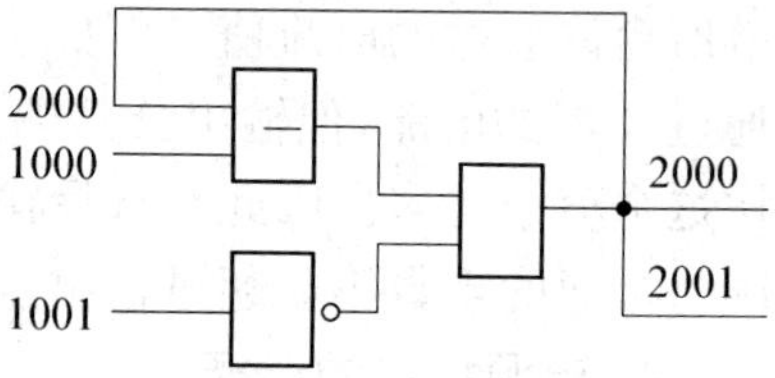

图 5-25 流程图

4. 布尔代数语言

是利用布尔代数所组成的逻辑表达式来表达系统的控制关系。对应于图5-25的布尔代数式为：

$$Y_0=(X_0+X_1)\cdot\overline{X_2}$$
$$Y_1=Y_0$$

式中：Y 为输出量；X 为输入量；下标表示对应的地址编号。

5.3.3.7 PLC 的基本指令

PLC 中最基本的运算是逻辑运算，故一般都有逻辑运算指令，如与、或、非等，这些指令再加上“输入”、“输出”、“结束”等指令就构成了 PLC 的基本指令。各 PLC 生产厂家基本指令所用助记符不同，但总的来说指令的基本功能大同小异。现以日本三菱公司生产的 F 系列可编程控制器为例，说明各种基本指令的功能和用法。

F 系列 PLC 共有 20 条基本指令，如表 5-7 所示。

1. 输入输出指令(LD、LDI、OUT)

——LD：取指令，用于常开触点的状态输入；

——LDI：取反指令，用于常闭触点的状态输入。

LD、LDI 用于表示连接在 PLC 输入接点上的检测信号、计数器、计时器、辅助继电器以及输出继电器的状态。

——OUT：输出指令，用于控制输出继电器、辅助继电器、计时器、计数器，但不能用于控制连接 PLC 输入接点上的检测结果。

表 5-7 F 系列 PLC 基本指令表

指令	功 能	目标元素	备 注
LD	逻辑运算开始	X,Y,M,T,C,S	常开接点
LDI	逻辑运算开始	X,Y,M,T,C,S	常闭接点
AND	逻辑“与”	X,Y,M,T,C,S	常开接点
ANI	逻辑“与反”	X,Y,M,T,C,S	常闭接点
OR	逻辑“或”	X,Y,M,T,C,S	常开接点
ORI	逻辑“或反”	X,Y,M,T,C,S	常闭接点
ANB	块串联	无	
ORB	块并联	无	
OUT	逻辑输出	Y,M,T,C,S,F	驱动线圈
RST	计数器、移位寄存器复位	C,M	用于计数器和移位寄存器
PLS	脉冲微分	M100～M377	
SFT	移位	M	
S	置位	M200～M377,Y,S	
R	复位	M200～M377,Y,S	
MC	主控	M100～M177	用于公共串接接点
MCR	主控复位	M100～M177	
CJP	条件跳转	700～777	
EJP	跳转结束	700～777	
NOP	空操作	无	
END	程序结束	无	

输入输出指令的使用如图 5-26 所示。图中 K19 为时间常数设定语句，控制

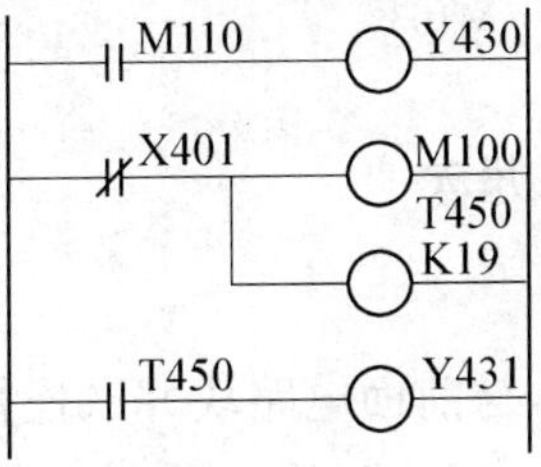

LD M110 } 取辅助继电器M110的常开触
OUT Y430 } 头状态,控制输出继电器Y430

LDI X401
OUT M100
OUT T450
K19
} 取外部信号X401的常闭触头状态，控制辅助继电器M100和计时器T450

LD T450 } 取计时器T450的常开触头状
OUT Y431 } 态,控制输出继电器Y431

图 5-26 LD、LDI、OUT 指令的用法

计时器的延时时间。对于计时器和计数器，使用 OUT 指令后，必须紧跟一条设定时间常数语句。

2. 逻辑“与”指令(AND、ANI)

——AND：常开触点串联连接指令；

——ANI：常闭触点串联连接指令。

它们的使用范围与 LD、LDI 相同。图 5-27 为 AND、ANI 指令的应用举例。

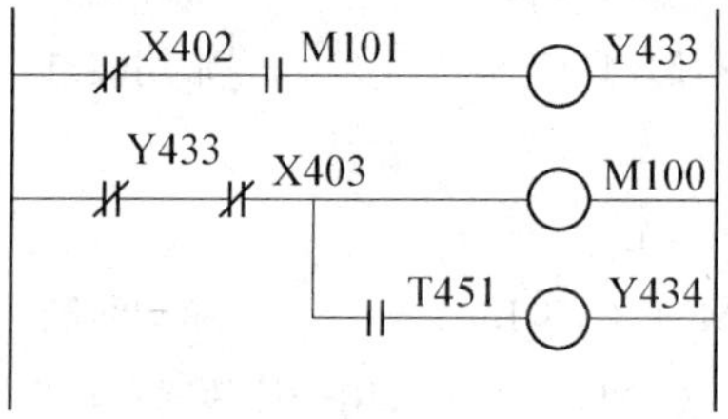


```
LDI   X402
AND   M101  ←串联连接常开触头
OUT   Y433
LDI   Y433
ANI   X403  ←串联连接常闭触头
OUT   M100
AND   T451  ←串联连接常开触头
OUT   Y434
```

图 5-27　AND、ANI 指令的用法

3. 逻辑“或”指令(OR、ORI)

——OR：常开触点并联连接指令；

——ORI：常闭触点并联连接指令。

它们的使用范围与 LD、LDI 相同。图 5-28 为 OR、ORI 指令的应用举例。

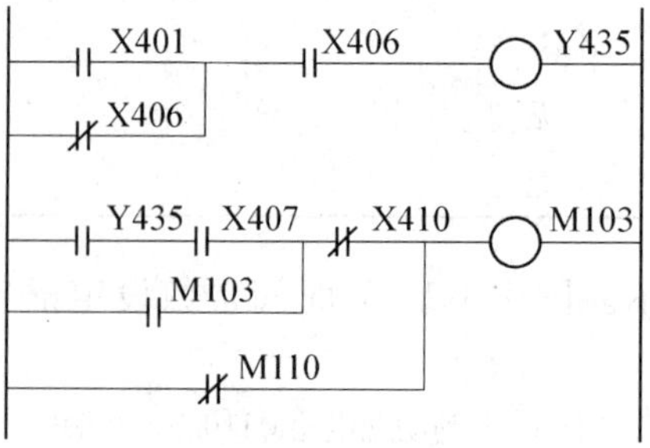


```
LD    X401
ORI   X406  ←常闭触头并联连接
AND   X406
OUT   Y435
LD    Y435
AND   X407
OR    M103  ←常开触头并联连接
ANI   X410
ORI   M110  ←常闭触头并联连接
OUT   M103
```

图 5-28　OR、ORI 指令的用法

4. 电路块并联连接指令(ORB)

ORB 是两个以上触点串联连接后的电路块再与前面电路块并联连接的指令，使用这条指令时，并联连接的各支路必须用 LD 或 LDI 开始。图 5-29 为 ORB 指令的应用举例。

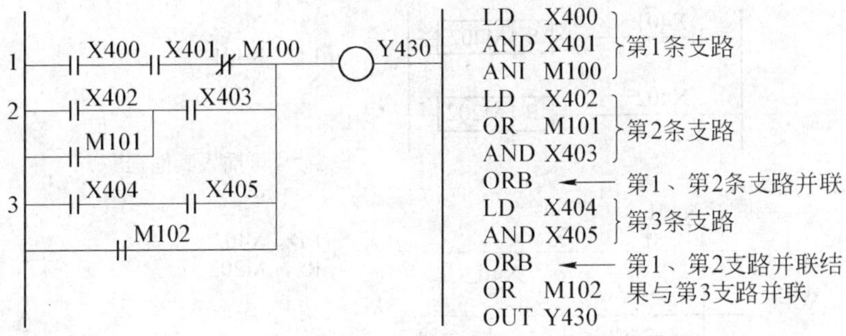

图 5-29 ORB 指令的用法

5. 电路块串联连接指令(ANB)

ANB 是将两个以上触点并联连接后的电路块与前面电路块串联连接的指令。ANB 指令的使用方法和特点与 ORB 指令完全相同,应用举例见图 5-30。

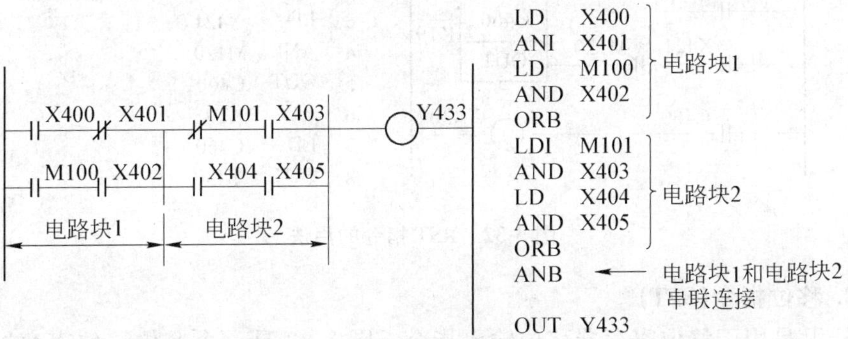

图 5-30 ANB 指令的用法

6. 置位/复位指令(S/R)

S 是置位,R 是复位,用于输出继电器(Y)、中间继电器(M200~M377)和状态(S)的置位/复位操作。S/R 指令的编写次序可任意编排。图 5-31 是 S/R 指令的应用举例。

7. RST 指令

RST 是用于计数器和移位寄存器复位指令。当 RST 指令用于计数器复位时,计数器的接点断开,当前计数值回到设定值。当 RST 指令用于移位寄存器复位时,清除所有位的信息。这两种情况下,RST 指令均为优先执行。因此,若 RST 指令连续接通,则计数输入和移位输入将不接受。图 5-32 是 RST 指令的应用举例。

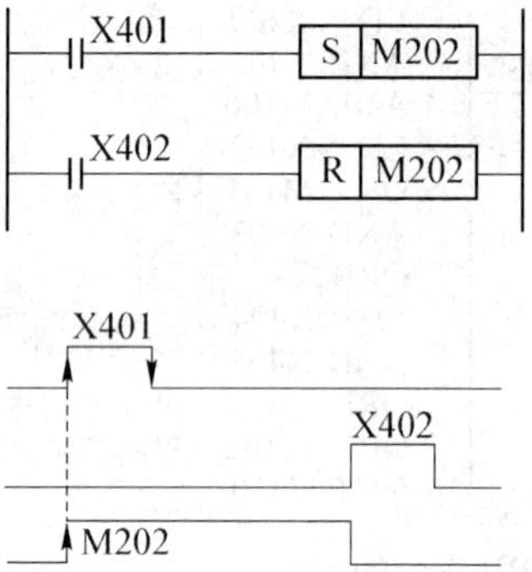

LD X401
S M202

S ←可插入其他程序

LD X402
R M202

图 5-31 S/R 指令的用法

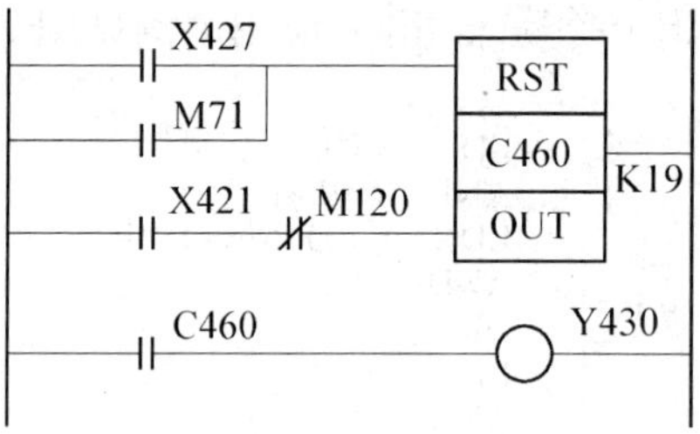

0	LD	X427	
1	OR	M71	
2	RST	C460	←计数器复位
3	LD	X421	
4	ANI	M120	
5	OUT	C460	
6		K19	
7	LD	C460	
8	OUT	Y430	

图 5-32 RST 指令的用法

8. 移位指令(SFT)

SFT 是用于移位寄存器移位输入指令。图 5-33 是一个 8 位移位寄存器的应用举例,在移位寄存器中,OUT 为移位寄存器第一位输入端;SFT 为移位控制输入端,RST 为复位输入端。在图 5-33 中,把 M117 的状态送给移位寄存器的第一位 M120,当 X401 为“0”时,X400 每接通一次(由“0”变“1”),则移位寄存器 M120~M127 便顺序右移一位,当 X401 为“1”时,移位寄存器全部清零。

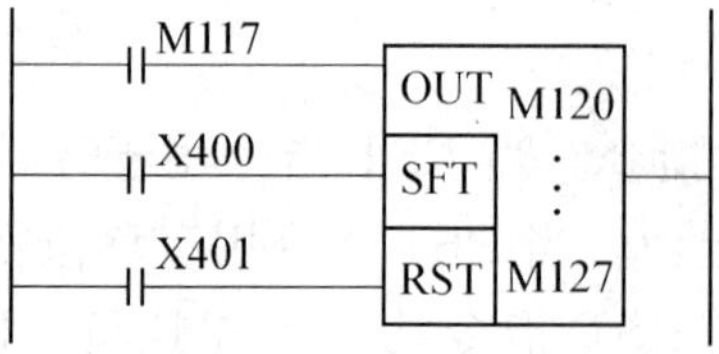

LD M117
OUT M120 } M117的状态送给M120
LD X400
SFT M120 } 移位输入
LD X401
RST M120 } 复位输入

图 5-33 SFT 指令的用法

9. 主令控制指令(MC/MCR)

——MC:主令控制起始指令;

——MCR:主令控制结束指令。

这两条指令必须成对使用,是用一触点(称为主令触点)控制多条支路的控制指令,其应用如图 5-34 所示。此外,不同型号的 PLC,其控制的范围是有规定的,使用者要根据说明书来使用。

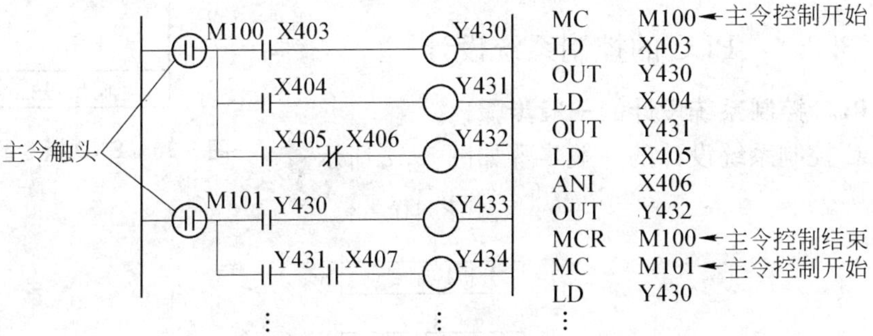

图 5-34 MC/MCR 指令的用法

10. 跳转指令(CJP/EJP)

——CJP:条件跳转指令;

——EJP:条件跳转结束指令。

这两条指令必须成对使用,其应用举例如图 5-35 所示。当 X400=1 时,CJP700 和 EJP700 之间的程序不执行,而 X400=0 时则程序执行。

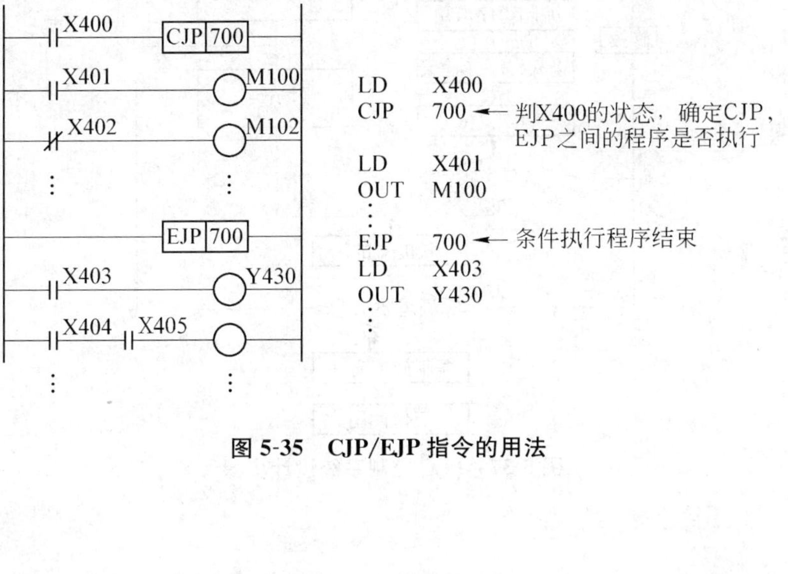

图 5-35 CJP/EJP 指令的用法

11. END 指令

END 是结束指令，用于程序的结束。PLC 在运行时，CPU 读输入信号，执行梯形图电路并输出信号。当执行到 END 指令时，END 指令后面的程序跳过不执行，然后读输出，如此反复扫描执行，如图 5-36 所示。可见，执行 END 指令时，不必扫描全部 PLC 的程序内容，从而具有缩短扫描时间的功能。

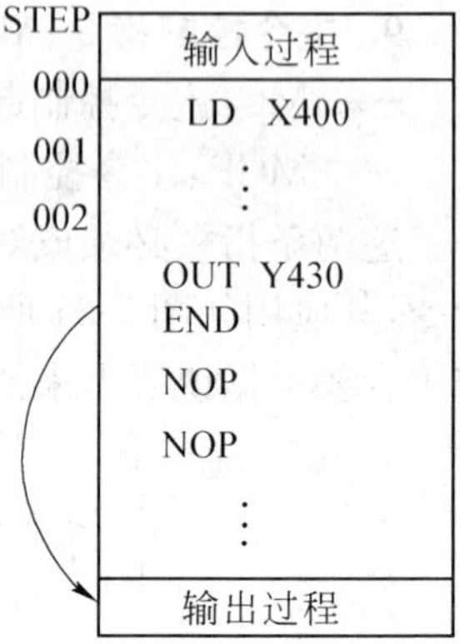

图 5-36 END 指令的用法

5.3.3.8 PLC 的控制系统设计

1. PLC 控制系统设计的一般步骤

PLC 控制系统设计的一般步骤如图 5-37 所示。

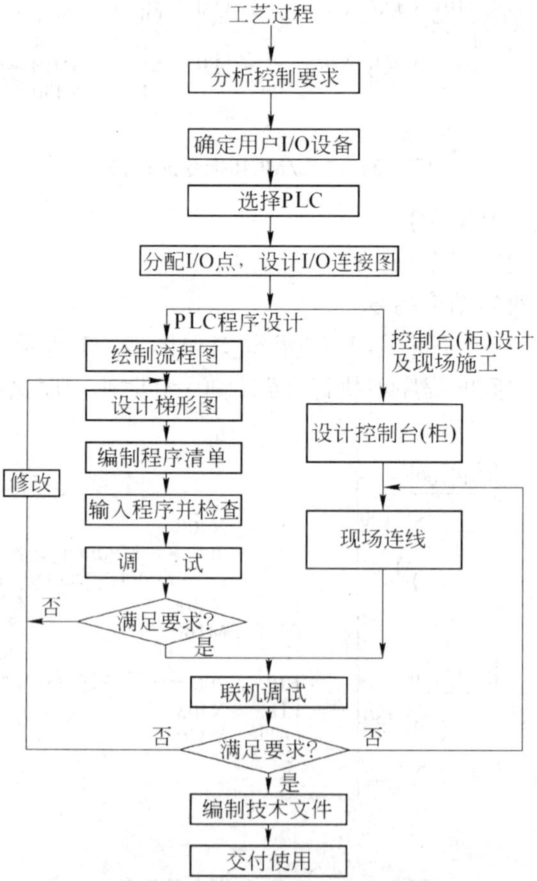

图 5-37 PLC 控制系统设计步骤

2. PLC控制系统设计举例

图 5-38 所示为某机械手的动作示意图。当机械手处于原点时，启动以后，夹紧工件并送到 A 点，然后回到原位，完成一次动作。

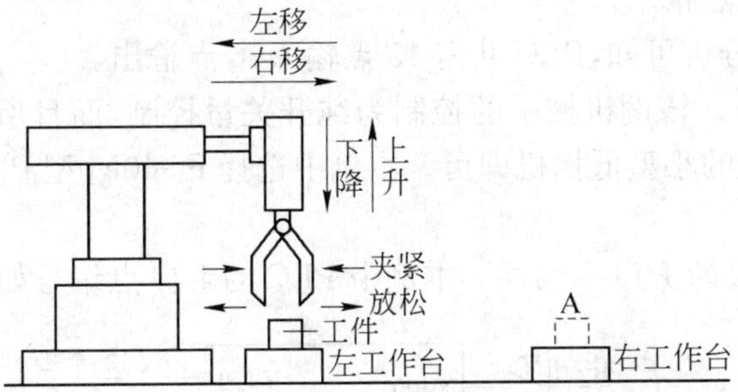

图 5-38 机械手动作示意图

(1)根据工艺分析控制要求　该机械手的动作详细过程如图 5-39 所示，机械手经 8 步动作完成一个动作周期，即机械手下降—夹紧工件—上升—右移—下降—放松—上升—左移。

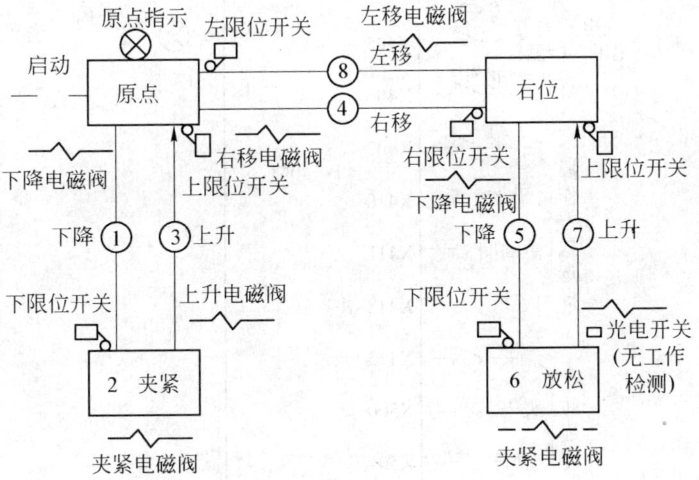

图 5-39 机械手动作过程

机械手的动作方式分为手动方式和自动方式。自动方式又分为单步、单周期、连续操作方式。

(2)确定所需的用户输入/输出设备及 I/O 点数

——设备的输入信号：操作方式选择开关（手动、单步、单周期、连续）、手动时运动选择开关(上/下、左/右、夹/松)、位置检测元件(机械手的上、下、左、右的限位行程开关)、无工件检测元件(右工作台无工件用光电开关检测)。

——设备的输出信号:气缸运动电磁阀(上升、下降、右移、左移、夹紧)、指示灯(机械手处于原点指示)。

根据上面的分析可知,PLC 共需 15 点输入,6 点输出。

(3)选择 PLC 该例机械手的控制为纯开关量控制,而且所需的 I/O 点数不多,因此选择一般的小型低档机即可。本例中选择 F_1-40M 型 PLC,其主机 I/O 点数为 24/16 点。

(4)分配 PLC 的 I/O 点编号 本例中 PLC 的 I/O 点编号如图 5-40 所示。

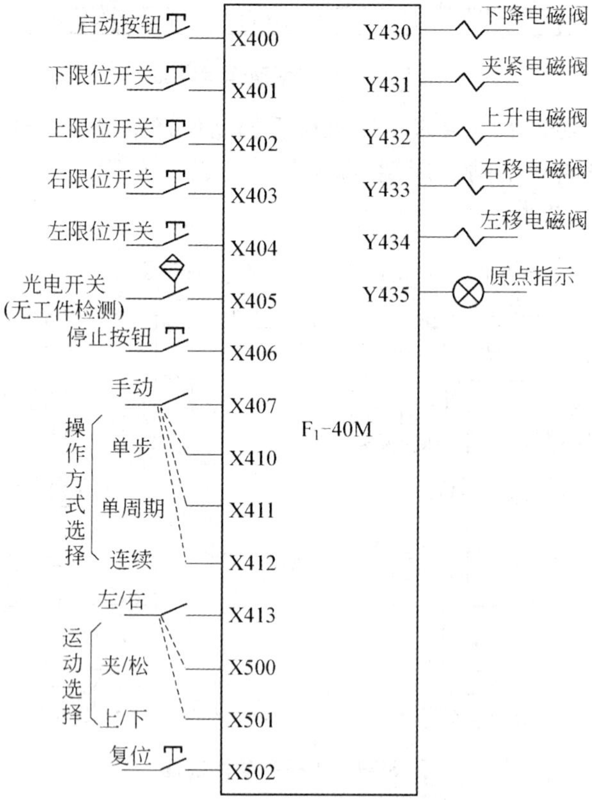

图 5-40 PLC 的 I/O 连接图

(5)PLC 程序设计 在具体编程之前,需先设计出整个控制程序的结构框图,如图 5-41 所示。从图中可以看出,当操作方式选择开关置于“手动”时,输入点 X407 接通,其输入继电器常闭接点断开,执行手动操作程序。当操作方式选择开关置于"单步"、"单周期"、"连续"时，其对应的输入点 X410、X411、X412 接通，其继电器常闭接点断开，执行自动操作程序。由于手动程序和自动程序采用了跳转指令，因此在两个程序段可以利用同样的输出继电器。

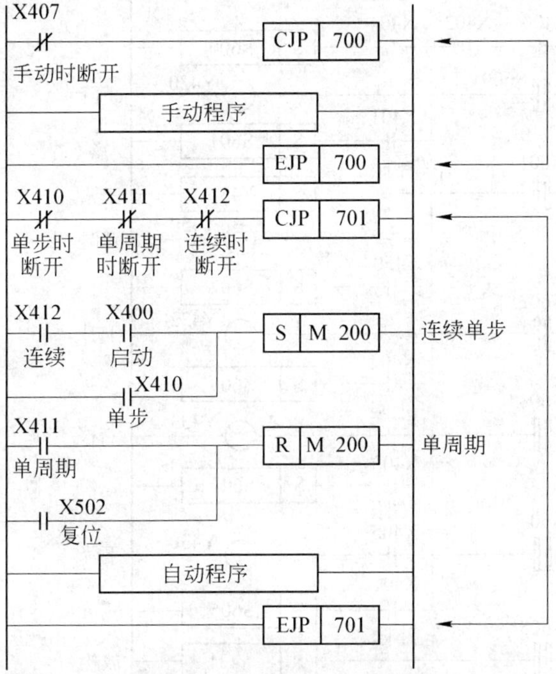

图 5-41 总程序结构框图

在手动操作方式下，各种动作都是利用按钮来实现，其控制程序很简单，可以独立于自动操作程序而另行设计，其梯形图如图 5-42 所示。

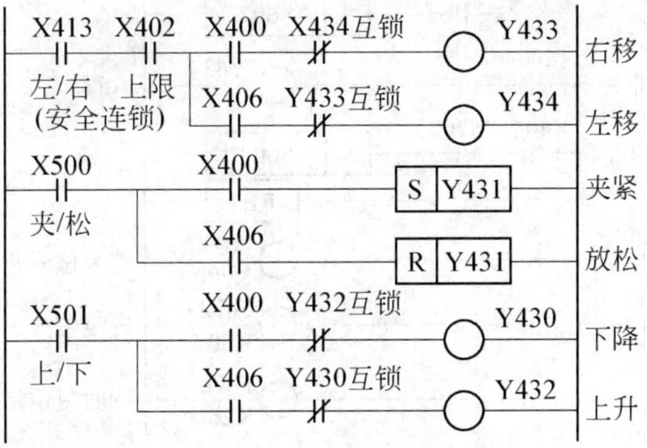

图 5-42 机械手手动操作梯形图

自动操作方式的程序设计可以利用状态寄存器,其梯形图如图 5-43 所示。

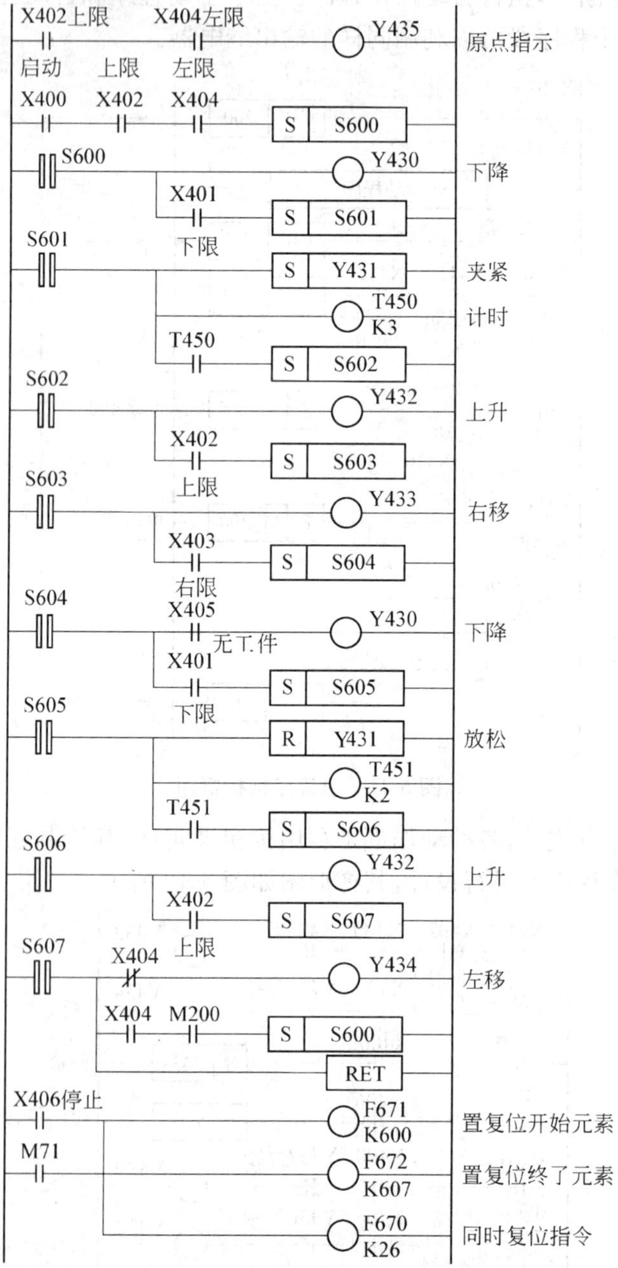

图 5-43 机械手自动操作梯形图

5.3.4 微机工业控制器的应用

微机工业控制器，简称工控机，是计算机总体系中的一个重要分支，它和我们日常办公及家庭使用的信息处理机是两类不同用途的计算机系统。由于这两类计算机的用途不同，环境条件和使用条件不同，技术要求不同，因此这两类计算机系统在系统结构、设计方法和使用方法等方面存在很大的差别。

5.3.4.1 工业控制机的主要特点

工控机和信息处理机相比较，具有以下主要特点。

(1)丰富的过程输入/输出功能　由工控机组成的控制系统主要是面向机电产品和成套装置控制而设计的，需要与生产工艺过程和机电产品相匹配。它必须与各种调节控制装置、检测装置、显示装置、执行装置以及各种接口电路联合使用，才能完成对各种设备和工业装置的控制。因此，除了计算机的基本部分如CPU、存储器外，还必须有丰富的过程输入/输出设备和完善的外部设备。

(2)实时性　工控机要能对生产过程中工况变化进行实时监视和控制。当过程参数出现偏差或故障时，应能迅速判断、及时处理，为此，工控机需配有实时操作系统、过程中断系统等。

(3)高可靠性　工业生产过程通常是昼夜连续，一般的生产装置要几个月甚至一年才大修一次，这就要求工控机要能够长时间工作，而且可靠性应尽可能高。

(4)环境适应性强　工业生产环境恶劣，必须采取必要的措施以适应高温度、高湿度、腐蚀、震动冲击、灰尘等环境。此外，工业环境电、磁干扰严重，供电条件不良，这样要求工控机必须具有极高的电磁兼容性，有高抗干扰能力和共模抑制能力。

(5)技术综合性强　工业控制是系统工程问题，在解决计算机的基本部分以外，还需要解决它如何与被控对象的接口，如何适应复杂的工业环境，如何与工艺过程相结合等一系列问题。

5.3.4.2 通用工控机控制装置设计

通用工控机采用模块化结构，通过标准总线将各种功能不同的模板相互连接起来，可用来构成不同功能的控制装置，满足不同控制系统的要求。

目前应用比较广泛的标准总线是STD总线，它是一种面向工业控制的标准化微型机系统总线，是为微处理器的工业控制应用而设计的高效、坚固耐用、模块化互联系统。典型STD总线工控机系统的构成如图5-44所示。其突出特点是：

系统组成、修改和扩展方便；检测、调试、查找故障简便、迅速；有多种功能模板可供选用，大大减少了硬件设计工作；系统中可运行多种操作系统及系统开发支持软件，使控制软件开发的难度大为降低。

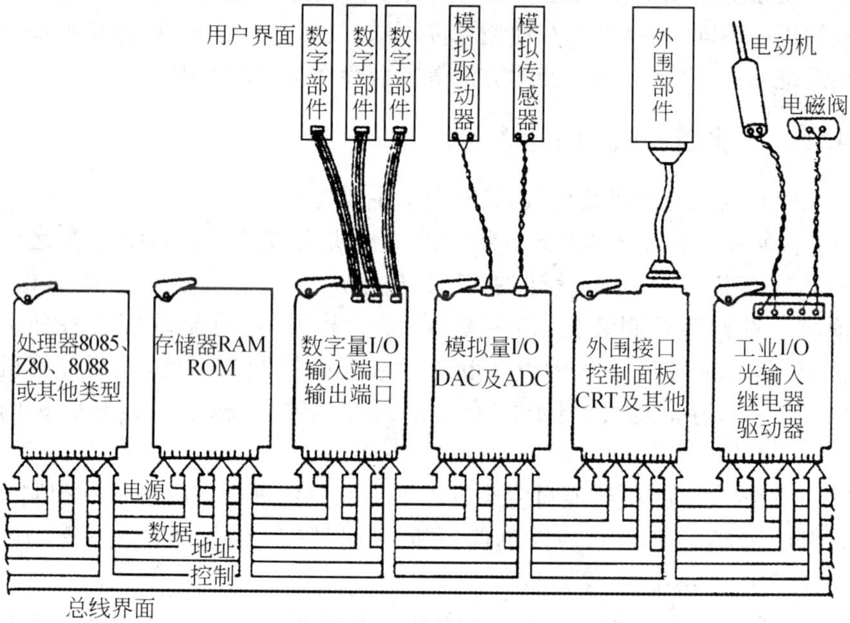

图 5-44　典型 STD 总线工控机系统构成示意图

因此，在利用 STD 总线工控机设计控制装置时，主要的硬件设计工作是选择适用的标准化或通用化功能模板，并将这些模板通过 STD 总线连接构成所需的控制装置。模板的选择具体体现在以下几个方面。

1. 模拟量 I/O 模板的选择

模拟量 I/O 模板用于处理模拟信号的输入和输出，其主要功能是对微处理机和被控对象之间的模拟信号进行 A/D 和 D/A 转换。STD 总线工控机有各种各样的模拟量 I/O 模板可供选用，图 5-45 所示是一种光电隔离型 A/D 模板的结构示意图，D/A 模板的结构与之类似。在选用模拟量 I/O 模板时，应考虑系统中信号的最高频率、电平范围、信号处理等参数及系统对信

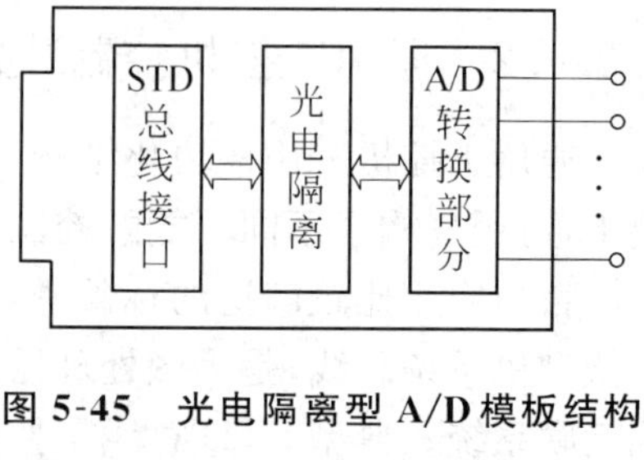

图 5-45　光电隔离型 A/D 模板结构

号的转换速度、精度及分辨率等方面的要求，以既满足控制系统需要，又不造成过大浪费为原则。

2. 数字量 I/O 模板的选择

数字量 I/O 模板用于处理开关信号的输入和输出，其主要功能是滤波、电平转换、电气隔离和功率驱动等。工业上常见的开关信号有各种开关的状态、指示灯的亮灭、晶闸管的导通和截止、电动机的启动和停止等。这些开关信号需要通过数字量 I/O 模板与工控机的 CPU 进行接口。针对不同的开关信号，有各种各样的数字量 I/O 模板可供选用，其中典型的模板电路如图 5-46 所示。数字量 I/O 模板应根据所设计系统的开关量数量及类型、信号的脉宽、电平、逻辑、频率等参数进行合理的选择。

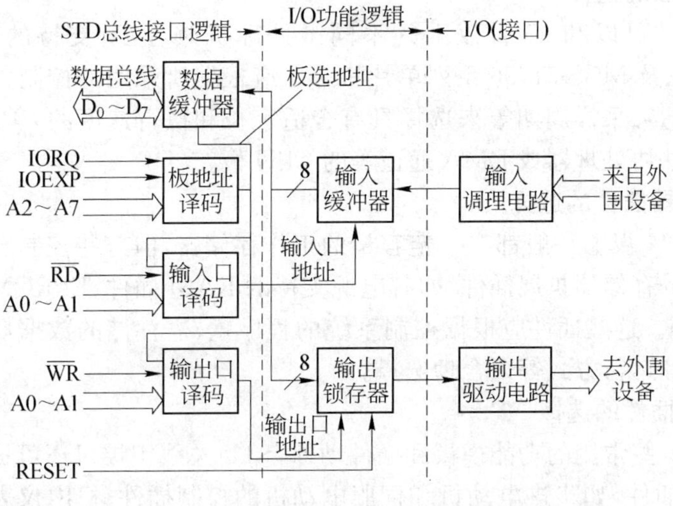

图 5-46 典型数字量 I/O 模板电路框图

3. 信号调理模板的选择

信号调理模板用于在传感器与 A/D 转换器之间以及 D/A 转换器与执行元件之间对信号进行调理，其主要功能有非电量转换、信号形式变换、信号放大、滤波、线性化、共模抑制及隔离等。典型的信号调理模板产品有热电偶、热电阻、I/V(电流/电压转换)信号调理板、前置放大板、隔离放大板等。信号调理模板在系统中的连接方法如图 5-47 所示。信号调理模板应根据传感器和执行机构的要求来选择，并应充分考虑信号的信噪比、放大器增益的可调范围、零点的调整方法、滤波器的通带增益和阻带衰减等参数。

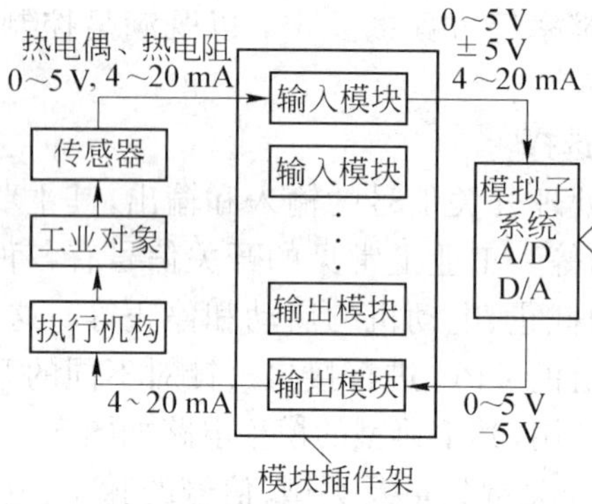

图 5-47 信号调整模板在系统中的连接方法

4. CPU 板的选择

STD 总线可以和 25 种以上的不同微处理机兼容，所支持的机型有 Z80、8080、8086 以及 MCS-51/96 系列单片机等。应根据所采用的控制方法的复杂程度、计算工作量、采样周期等来选择具有合适字长和执行速度的 CPU 板，或选择带有专门算法协处理器或 DMA 通道等的 CPU 板。

5. 存储器插件的选择

虽然 CPU 板上一般都有一定容量的工作存储器，但有些控制系统往往还需要选用专用的存储器扩展插件，如有电源支持的 RAM 插件、EPROM 插件、EEPROM 插件等。这些插件应根据控制系统的程序量、需存储的数据量以及程序和数据的存储和运行方式等来合理选择。

6. 其他插件的选择

除上述一些常用的功能模板和插件动外，STD 总线工控机还可提供多种具有特殊功能的插件，如步进电动机和伺服电动机的控制插件、机内仪表和远程仪表接口插件等。当系统中有特殊控制功能要求时，应优先选用这些特殊功能插件，以减少专用硬件的设计工作量，获得较高的性能价格比。

从以上介绍可见，采用通用工控机构成控制装置，极大地简化了硬件的设计工作，因此控制装置的设计工作便主要集中在软件的开发上。由于在 STD 总线工控机上可以运行多种丰富的支持软件，如 STD-DOS(一种与 MS-DOS 兼容的、专用于 STD 总线工控机的操作系统)、ROM-DOS(一种与 MS-DOS 兼容的、并把 DOS 代码固化在 EPROM 中运行的操作系统)、VRTX 嵌入式实时多任务操作系统等，并提供丰富的标准算法程序库，因此软件开发也是相对比较容易的，通常只需开发适用于所设计的控制系统的应用软件即可。应用软件开发的主要工作是：借助于支持软件所提供的各种开发工具，利用程序库中所提供的各种标准计算和控制算法程序，针对所设计系统的特点和要求，开发专用的接口软件，将所选用的各种标准模块和算法程序连接或拼装成所需的控制系统应用软件。

此外，应当指出，通用工控机所提供的各种标准化功能模板和插件，以及各种标准软件模块或算法程序，有时不一定能满足某些控制系统的特殊需要，在这种情况下，应自行开发相应的硬件模板和软件模块。

习题与思考题

1. 计算机控制系统的组成和特点是什么？

2. 在选择控制装置中的微型机时，应主要考虑哪些因素？

3. 单片机面向控制应用的特点在硬件结构方面有哪些体现？

4. 单片机的工作原理及特点是什么？

5. MCS-51 单片机有哪些信号需要芯片引脚以第二功能的方式提供？

6. 可编程控制器的工作原理及特点是什么？

7. 如何选用可编程控制器？

8. 可编程控制器常用编程语言有哪几种？ 各自的特点是什么？

9. 可编程控制器与工业微机有何区别？

10. 工控机与普通微型计算机有何区别？ 为了适应工业控制要求，工控机在软硬件上采取了哪些措施？

6 接口技术

6.1 概述

6.1.1 接口电路的类型及特点

为构成完整的并有一定控制和运算功能的系统而将一个部件与另外的部件连接起来，这种连接就称为系统的接口。接口的种类很多，图 6-1 为常见的接口分类。

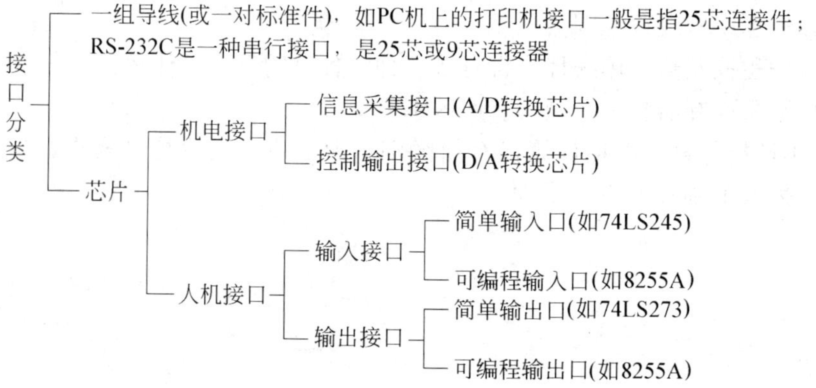

图 6-1 接口分类

在设计机电一体化产品时，一般应首先画出产品的结构框图，框图中的每一个方框代表 1 个设备，连接 2 个方框的直线代表 2 个设备的联系，它也就是本章要讲的接口，如图 6-2 所示。本课程重点掌握的是人机接口芯片。

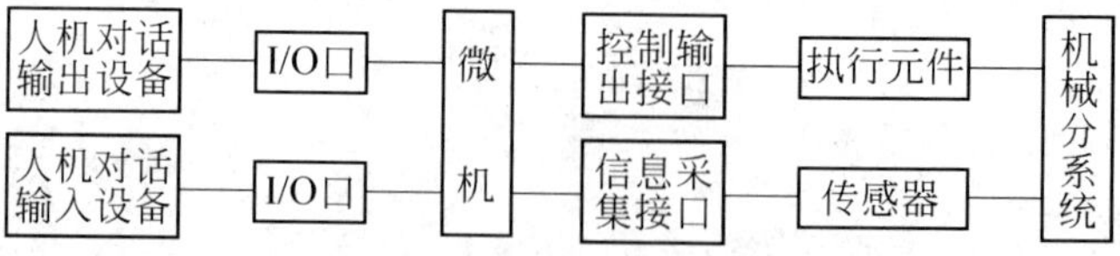

图 6-2 机电一体化产品基本组成及接口

从图 6-2 看出，人机对话输入和输出设备没有和 CPU 直接连接，而是通过 I/O 口与 CPU 连接在一起。外设和 CPU 不能直接连接的原因有两个方面：①人机对话设备和 CPU 的阻抗不匹配；②CPU 不能直接控制人机对话设备（键盘、LED 等）的接通和关闭。

在以 CPU 为核心的机电一体化产品中，CPU 必须能够有效地控制各种外部设备。I/O 口是专为解决以上问题而设计的，I/O 口通过数据信号线和外设相连接，I/O 口和 CPU 则通过数据信号线、地址信号线和控制信号线相连接。CPU 通过地址译码器、$\overline{WR}$和$\overline{RD}$等控制 I/O 口的接通和关闭，从而控制外设的接通和关闭。

本章介绍 I/O 口和 CPU 的接口问题、I/O 口和外设接口中带有普遍性的问题以及人机对话输入设备、输出设备和 I/O 口的具体接口。

本章涉及的 CPU 一般指 MCS-51 系列单片机，如 8031 等。

6.1.2 接口电路的设计原则

接口电路的设计过程就是建立和形成微处理器系统的过程。其一般步骤为：①根据实用的要求，选择合适的微处理器；②确定存储器的类型和容量；③选择外部输入、输出设备的类型；④为各类接口选择合适的接口芯片、接口总线或设计具体的接口电路。

1. 如何选择合适的微处理器 CPU

微处理器是微处理系统的核心器件，它的特性对整个系统及接口电路的设计都有较大的影响。为了选择合适的微处理器，要充分注意如下技术特性。

(1) *字长* 即数据总线并行的线数。CPU 字长越长，则运算精度越高；指令的位数越多，功能就越强，但相应整个系统变得更复杂。例如 16 位字长的 CPU，如用 4 kB 内存，就相当于 8 位字长的 CPU 同样容量内存的 2 倍。

(2) *寻址方式* 即取出指令中操作数的方法。寻址方式越多，指令功能就越强，能更有效地处理各种数据。

(3) *指令系统* 指令系统应与寻址方式结合起来考虑其功能和数量。当具体应用侧重于控制时，应特别注意指令系统中的输入/输出指令、条件转移指令等；而侧重于数据处理与运算时，则应注意数据操作指令。

(4) *指令执行的速度* 应当比较指令执行同样功能任务所需的时间，而不应单纯比较一条指令的执行速度或时钟频率。

(5) *最大寻址能力* 这个指标与地址总线及输入/输出设备的寻址方式有关。对设有专门输入/输出通道的 CPU，其存储器容量就是最大寻址能力。如有 N 根地址线,则最大寻址能力为 2^N。

(6)内存数目　内存数目越多,供用户使用的存储器就越多,CPU 处理与控制功能越方便灵活,速度越高。

(7)中断结构及直接存储器存取　当 CPU 用于复杂的实时控制时,要求 CPU 具有多级的中断结构,以便实现处理紧急情况的非屏蔽中断及处理正常信息输入/输出传送的可屏蔽中断。当 CPU 使用软磁盘作为外存时,为了加速相互传送数据的速率,必须用直接存储器存取(DMA)。

(8)电源电压等级　CPU 若采用单一电源,则使用方便。但也有些 CPU 采用多个电源,选用时应注意。

(9)硬件和软件供应情况　硬件注意 CPU 建立系统的各个器件应通用易购,软件注意所选 CPU 的软件是否丰富,这有助于对应用程序的研制。

(10)成本　要从整个系统建立来估计成本,而不能仅从单片 CPU 的成本来估算。

2. 如何选择存储器

选好 CPU 也就是确定了存储器的最大容量。为了选择存储器,要求掌握每种 CPU 所给出的存储器空间分配图。对存储容量要求较小的系统,可采用双极型 RAM。需要调试和经常修改的程序,建议采用 EPROM(紫外线擦除)或 EEPROM(电擦除)。

3. 接口电路设计时注意的几个问题

(1)电源的分布　首先应当合理地选择整个系统是共用一个中央稳压电源还是每一块印制电路板各用单独的电源。采用中央电源的优点是较省电,并且由于各块印制电路板无单独电源,从而使其温度不致太高,缺点是可靠性差,电源一旦出故障,整个系统就不能工作。采用分散的一块电路板配一个稳压电源,其优点是可靠性显著提高,缺点是各板工作温升较高,稳压电源元件较多。为了消除输入与输出端可能出现的寄生振荡,还要求并联容量大小不一的钽电容。

为了减少数字电路噪声的干扰,通常要求每 4 个 TTL 集成电路的电源与地并接有去耦电容。电源的地线应短而粗,接触可靠。在电路板上,地线要有尽可能大的面积。此外,对电源电压质量要求较高的电路,还希望将电源的“地”与“信号地”分开。

(2)时钟线路的具体布置　时钟线路要与地址总线、数据总线分开。如果用地线隔离,可在地线的一侧安排时钟线,另一侧安排地址总线及数据总线。在容量较大且采用高速时钟的微处理器系统中,要求用绞合线或屏蔽电缆与时钟接口,以减少时钟对其信号线的干扰。

(3)MOS 器件的使用　使用 MOS 器件时,特别要注意将不用的输入端接到固定的高电平或低电平,切勿悬空,以防静电感应而损坏。

6.2 地址译码器、I/O 口与 CPU 的接口

对于任何一个机电一体化产品,一般都连接多个输入及输出设备,CPU 在工作时,由地址译码器分时选中不同的外设工作。下面了解一下地址译码器的结构和工作原理。

6.2.1 地址译码器的结构和工作原理

常用的地址译码芯片有 74LS138 和 74LS139。它们的引脚名称见图 6-3 所示,它们的功能表见表 6-1 和表 6-2 。图 6-4 是地址译码器与 CPU 接口的 2 个例子。在第一个例子中 74LS138 的地址信号线 A,B,C 和控制信号线 G1,$\overline{G2A}$,$\overline{G2B}$都接到 CPU 的地址总线上,Y0～Y7 是 138 的输出信号线,如图 6-4(a)所示。当 G1 为高电平,$\overline{G2A}$,$\overline{G2B}$为低电平时,在每一瞬时 Y0～Y7 中必有一个被选中,例如地址范围为 8000H～ 83FFH 时,Y0 被选中,这时 Y0 从高电平变为低电平;地址范围是 8400H～87FFH 时,则选中 Y1;Y2～Y7 的地址范围可依次推出,如表 6-3 所示。

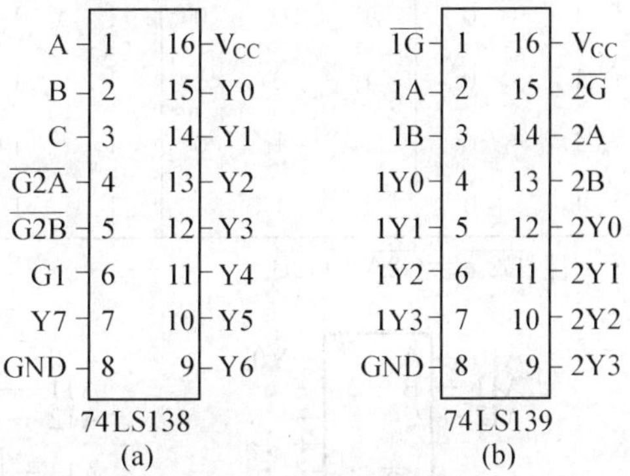

图 6-3　74LS138 和 74LS139 的引脚名称

表 6-1　74LS139 的功能表

输入			输出			
允许$\overline{G}$	选择 B	选择 A	Y0	Y1	Y2	Y3
1	×	×	1	1	1	1
0	0	0	0	1	1	1
0	0	1	1	0	1	1
0	1	0	1	1	0	1
0	1	1	1	1	1	0

表 6-2　74LS138 的功能表

输入					输出							
允许		选择										
G1	$\overline{G2*}$	C	B	A	Y0	Y1	Y2	Y3	Y4	Y5	Y6	Y7
×	1	×	×	×	1	1	1	1	1	1	1	1
0	×	×	×	×	1	1	1	1	1	1	1	1
1	0	0	0	0	0	1	1	1	1	1	1	1
1	0	0	0	1	1	0	1	1	1	1	1	1
1	0	0	1	0	1	1	0	1	1	1	1	1
1	0	0	1	1	1	1	1	0	1	1	1	1
1	0	1	0	0	1	1	1	1	0	1	1	1
1	0	1	0	1	1	1	1	1	1	0	1	1
1	0	1	1	0	1	1	1	1	1	1	0	1
1	0	1	1	1	1	1	1	1	1	1	1	0

注：$\overline{G2*}=\overline{G2A}+\overline{G2B}$。

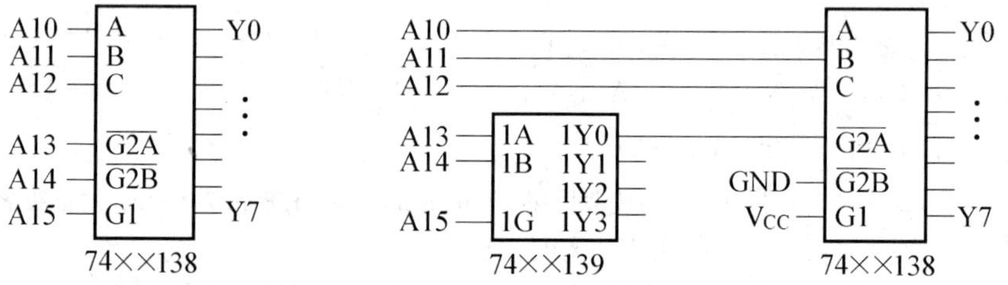

(a)第一个方案　　(b)第二个方案

图 6-4　地址译码器与 CPU 的接口

在第二个方案中使用的是二级地址译码，用 139 作第一级译码，用 138 作第二级译码，如图 6-4(b)所示。注意到 139 的控制端 1G 接 CPU 的地址线 A15，138 的控制端$\overline{G2A}$和 139 的 1Y0 相连，而$\overline{G2B}$接地。当 G1 接高电平，根据 138 和 139 的功能表和电路图可以判断出 1Y0～1Y3 和 Y0～Y7 的地址范围。地址译码器使 CPU 在每一瞬时只选中一个外设，它解决了 CPU 如何带多个外设的问题。

表 6-3 74LS138 输出端口的地址范围

输出端口地址范围	被选中端口	CPU 及 74LS138 的引脚															
		A15	A14	A13	A12	A11	A10	A9	A8	A7	A6	A5	A4	A3	A2	A1	A0
		G1	$\overline{G2B}$	$\overline{G2A}$	C	B	A	(74LS138 的引脚)									
8000H	Y0 被选中	1	0	0	0	0	0	0	0	0	0	0	0	0	0	0	0
⋮									⋮								
83FFH		1	0	0	0	0	0	1	1	1	1	1	1	1	1	1	1
8400H	Y1 被选中	1	0	0	0	0	1	0	0	0	0	0	0	0	0	0	0
⋮									⋮								
87FFH		1	0	0	0	0	1	1	1	1	1	1	1	1	1	1	1
8800H	Y2 被选中	1	0	0	0	1	0	0	0	0	0	0	0	0	0	0	0
⋮									⋮								
8BFFH		1	0	0	0	1	0	1	1	1	1	1	1	1	1	1	1
8C00H	Y3 被选中	1	0	0	0	1	1	0	0	0	0	0	0	0	0	0	0
⋮									⋮								
8FFFH		1	0	0	0	1	1	1	1	1	1	1	1	1	1	1	1
9000H	Y4 被选中	1	0	0	1	0	0	0	0	0	0	0	0	0	0	0	0
⋮									⋮								
93FFH		1	0	0	1	0	0	1	1	1	1	1	1	1	1	1	1
9400H	Y5 被选中	1	0	0	1	0	1	0	0	0	0	0	0	0	0	0	0
⋮									⋮								
97FFH		1	0	0	1	0	1	1	1	1	1	1	1	1	1	1	1
9800H	Y6 被选中	1	0	0	1	1	0	0	0	0	0	0	0	0	0	0	0
⋮									⋮								
9BFFH		1	0	0	1	1	0	1	1	1	1	1	1	1	1	1	1
9C00H	Y7 被选中	1	0	0	1	1	1	0	0	0	0	0	0	0	0	0	0
⋮									⋮								
9FFFH		1	0	0	1	1	1	1	1	1	1	1	1	1	1	1	1

6.2.2 简单输出口与 CPU 的接口

以 74LS273 为例说明接口方法。74LS273 是 8D 触发器，20 个引脚的名称和接口方法见图 6-5，它的控制功能表见表 6-4。

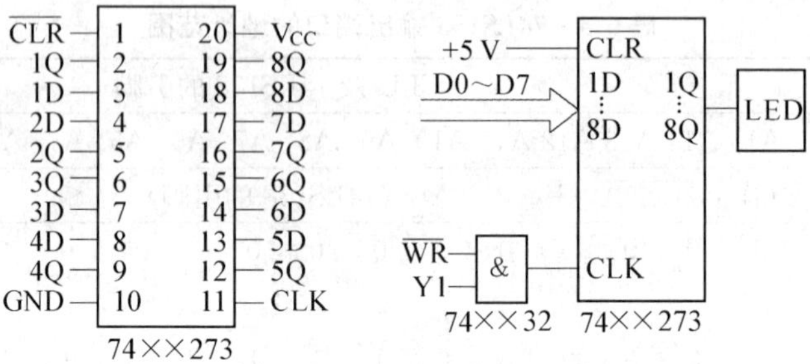

图 6-5　273 的引脚名称及与 CPU 的接口

表 6-4　74LS273 的功能表

输　　入			输出
$\overline{CLR}$	CLK	D	Q
0	x	x	0
1	↑	1	1
1	↑	0	0
1	0	x	Q0

273 的 1D～8D 是数据输入端，1Q～8Q 是数据输出端，其$\overline{CLR}$和 CLK 是控制端。在$\overline{CLR}$为低电平时，不管 CLK 的电平如何，Q 端清零；在$\overline{CLR}$为高电平、CLK 为上升沿时，D 输入端信息传输到 Q 端，CLK 为高电平和低电平时，D 输入端对 Q 输出端无影响。

接口电路图 6-5 中 273 的 1D～8D 与 CPU 的数据总线 D0～D7 直接相连，273 的$\overline{CLR}$接高电平，CPU 的写信号$\overline{WR}$和地址译码信号 Y1 经或门后接 273 的 CLK 端。Y1 的相应地址为 8400H，$\overline{WR}$和 Y1 使 CLK 端出现了一个负脉冲，在脉冲的上升沿时把 D0～D7 上的数据传输到 273 中，上升沿过后数据被锁存。若 273 的 1Q～8Q 与 LED 相接，就可以控制 LED 的显示内容。

6.2.3　简单输入口与 CPU 的接口

以 74LS245 为例说明接口方法。245 的 20 个引脚的名称和与 CPU 接口方法见图 6-6。

245 的 A1～A8、B1～B8 是数据信号线，DIR 和$\overline{G}$是控制信号线。245 由 8 个双向三态门组成，DIR 和$\overline{G}$对三态门的控制作用见表 6-5。在图 6-6 中的 DIR 端接地，数据从 B 传向 A。$\overline{RD}$和 Y2 经 74××32 或门接控制端$\overline{G}$，从 245 的功能表和或门特性可知，当$\overline{RD}$和 Y2 出现负脉冲时，在$\overline{G}$端也出现一个负脉冲，当 Y2 的相

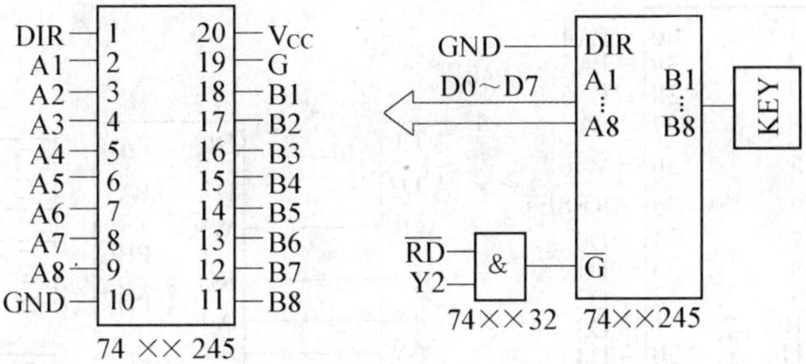

图 6-6 245 的引脚名称及与 CPU 的接口

应地址为 8800H 时，就会满足条件，在$\overline{RD}$和 Y2 出现负脉冲，在$\overline{G}$端也出现一个负脉冲，这时三态门打开，外设上的数据从 B 经三态门传向 A 后进入 CPU，负脉冲过后，三态门进入高阻状态。

表 6-5 245 的功能表

控制输入		传输方向
$\overline{G}$	DIR	
0	0	B→A
0	1	B←A
1	x	隔离

6.2.4 可编程并行口与 CPU 的接口技术

除了 74LS245 和 74LS273 外，还有多种可编程输入输出口芯片，现以 8255A 为例说明接口方法。

1. 8255A 的引脚名称及与 CPU 的接口电路

8255A 的 40 只引脚的名称以及芯片与 CPU 的接口电路如图 6-7 所示，从接口电路可以看到接口的连接情况如下。

①8255A 的数据线 D0～D7 和 CPU 的数据总线直接相连。D0～D7 与8255A 内部的双向三态 8 位驱动器相连，端口 A、B、C 及控制口都通过 8 位驱动器与 CPU 进行信息交换。

②控制信号线的连接。8255 A 的读写信号线$\overline{WR}$、$\overline{RD}$直接与 CPU 的$\overline{WR}$、$\overline{RD}$相连，片选信号线$\overline{CS}$与地址译码器的输出信号线相连。8255A 的 A1，A0 接到 CPU 的地址总线上，A1，A0 是芯片内部寻址信号线。

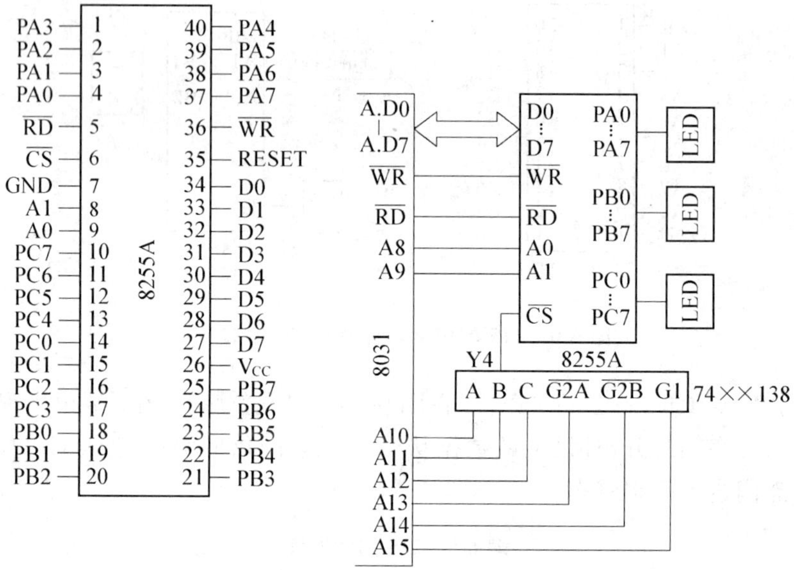

图 6-7 8255A 的引脚名称及接口电路

③根据图 6-7 的接口电路图可得 8255A 各端口的地址范围如表 6-6 所示。

表 6-6 8255 A 各端口地址范围

138 控制信号			选中 Y4			片内寻址		选中的端口	端口地址范围
A15	A14	A13	A12	A11	A10	A9	A8		
G1	$\overline{G2B}$	$\overline{G2A}$	C	B	A	A1	A0		
1	0	0	1	0	0	0	0	PA 口	9000H～90FFH
1	0	0	1	0	0	0	1	PB 口	9100H～91FFH
1	0	0	1	0	0	1	0	PC 口	9200H～92FFH
1	0	0	1	0	0	1	1	控制口	9300H～93FFH

④8255A 中 PA,PB,PC 的端口线直接与外设相连,但应注意外设和端口线的连接情况比数据总线、控制信号线和 CPU 的连接情况复杂。

2. 8255A 可编程的含义

8255A 称为可编程输入输出口,其中可编程的含义是因为其工作方式可变,同时接口的用途也可更改和赋值,可编程的具体含义体现在如下 3 点。

(1)8255A 芯片工作时,工作方式可选择　8255A 有 3 种工作方式,在这 3 种工作方式中各条端口线的功能如表 6-7 所示。

表 6-7 8255A 不同工作方式下端口线的功能

端口	端口线	方式 0		方式 1		方式 2
		输入	输出	输入	输出	输入/输出
A	PA0	IN	OUT	IN	OUT	↔
	…	…	…	…	…	…
口	PA7	IN	OUT	IN	OUT	
B	PB0	IN	OUT	IN	OUT	
	…	…	…	…	…	
口	PB7	IN	OUT	IN	OUT	
	PC0	IN	OUT	INTRB	INTRB	I/O
	PC1	IN	OUT	IBFB	$\overline{OBFB}$	I/O
C	PC2	IN	OUT	$\overline{STBB}$	$\overline{ACKB}$	I/O
	PC3	IN	OUT	INTRA	INTRA	INTRA
	PC4	IN	OUT	$\overline{STBA}$	I/O	$\overline{STBA}$
	PC5	IN	OUT	IBFA	I/O	IBFA
口	PC6	IN	OUT	I/O	$\overline{ACKA}$	$\overline{ACKA}$
	PC7	IN	OUT	I/O	$\overline{OBFA}$	$\overline{OBFA}$

①工作方式 0，适用于无条件传输数据的设备。这是一种基本的输入或输出方式，A 口、B 口及 C 口的 2 个 4 位口中任何一个端口都可以被设定为输入或输出。作为输出口时，其功能类似于前面讲过的 74LS273，作为输入口时，其功能类似于 74LS245。设计键盘接口、LED 接口可以采用这种方式。

②工作方式 1 和工作方式 2，适用于有条件传输数据的设备，称作选通工作方式。在方式 1 时 A 口和 B 口作为数据 I/O 口用，而 C 口则作为控制口用，在输入或输出情况下，C 口的各端口线有不同的功能。若为输入方式，C 口的 PC3、PC4、PC5 作为 A 组的控制线，分别叫作 INTRA、$\overline{STBA}$和 IBFA；C 口的 PC0、PC1、PC2 作为 B 组的控制线，分别叫作 INTRB、IBFB 和$\overline{STBB}$。C 口的 PC6、PC7 作为普通端口线用。

A 组和 B 组中的 INTR 线为中断请求线，该线应接 CPU 的中断请求线。STB 为 8255A 从外设输入数据准备好的信号线，也就是选通信号。IBF 则作为对 STB 的回答信号。

在输出情况下各引脚的功能见表 6-7。需要指出，C 口的$\overline{OBF}$引脚为输出缓冲器满信号，向外部输出，低电平有效。$\overline{ACK}$为外部对$\overline{OBF}$的应答信号，由外部输入，低电平有效。

在方式 2 工作时，C 口的各位功能如表 6-7 所示，即可作输入也可作输出。

在上述 2 种方式下，端口 C 上的 PC0～PC7 信号都可以用对端口 C 的位读入指令读入 CPU。

(2)PA,PB,PC 用作输入和输出的功能可选择——由方式选择控制字决定 这种更改和赋值是通过方式选择控制字决定的，控制字各位含义如图 6-8 所示。

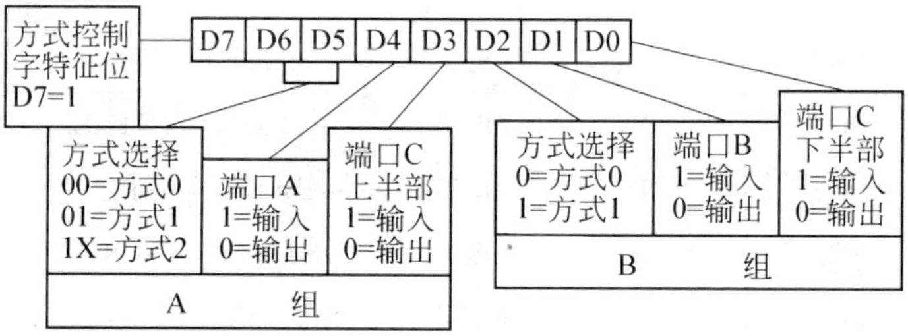

图 6-8 8255A 方式选择控制字各位含义

(3)在一个时刻，PA,PB,PC 哪个口为有效工作口可更改——由片内寻址引脚决定 A1,A0 是芯片内部寻址信号线，寻址的方法是：

A1 A0＝00，对应于 PA 口；　　A1 A0＝01，对应于 PB 口；

A1 A0＝10，对应于 PC 口；　　A1 A0＝11，对应于控制口。

也就是说，当 8255A 的 A1 A0 引脚被赋值为 11 时，此时 8255A 的 D0～D7 数据线接收的数据（方式选择控制字）为对 8255A 即将的工作方式定义（方式 0 或方式 1），以及对端口 A,B,C 分别用作输入和输出进行定义。如图 6-8 所示，控制字为 D7～D0 为 10000000 时即 80H 时，则 8255A 以工作方式 0 工作，A,B,C 分别用作数据输出（接输出设备）。

6.2.5 地址译码器、I/O 口与 CPU 的接口总图

用 8031 控制微机，通过地址译码器及简单输入口 74LS245、简单输出口 74LS273 和可编程输入输出口 8255A 等接口芯片与外设连接的接口电路总图举例如图 6-9 所示，接不同的外设时端口地址范围如表 6-8 所示。

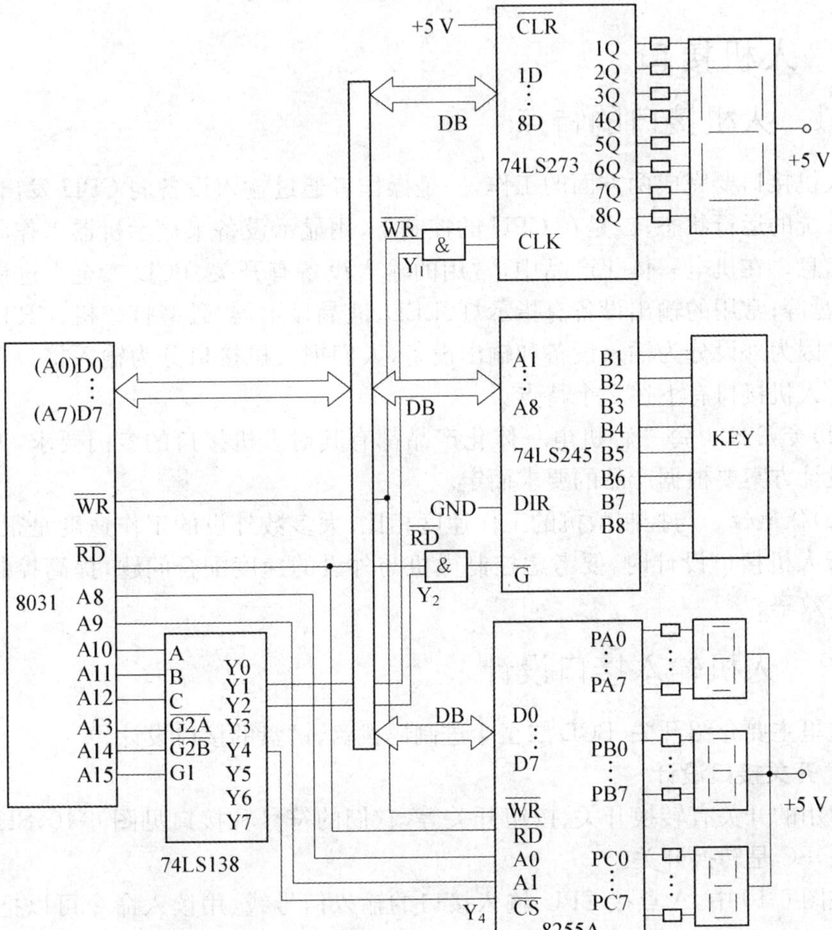

图 6-9 控制微机 8031、地址译码器与接口芯片连接电路总图

表 6-8 控制微机 8031、地址码译码器与接口芯片连接端口的地址范围

输出设备	端口地址范围	
	十六进制表示	二进制表示
第一组 LED	8400H～87FFH	1000010000000000B～1000011111111111B
第一组 KEY	8800H～8BFFH	1000100000000000B～1000101111111111B
第二组 LED	9000H～90FFH	1001000000000000B～1001000011111111B
第三组 LED	9100H～91FFH	1001000100000000B～1001000111111111B
第四组 LED	9200H～92FFH	1001001000000000B～1001001011111111B

6.3 人机接口

6.3.1 人机接口的特点

人机接口要完成两方面的工作，一是操作者通过输入设备向 CPU 发出指令，干预系统的运行状态；二是在 CPU 的控制下，用显示设备来显示机器工作状态的各种信息。在机电一体化产品中，常用的输入设备有开关、BCD 二至十进制码拨盘、键盘等；常用的输出设备有指示灯、LED、液晶显示器、微型打印机、CRT、扬声器等。因为外设分为输入设备和输出设备，人们把人机接口分为输入接口和输出接口。人机接口有下述 2 个特点：

（1）专用性　每一种机电一体化产品都有其对人机接口的专门要求，人机接口的设计方案要根据产品的要求而定。

（2）低速性　与控制微机的工作速度相比，大多数外设的工作速度是很低的，在进行人机接口设计时，要考虑控制微机与外设的速度配合问题，提高控制微机的工作效率。

6.3.2 人机输入接口设计

这里主要介绍开关、BCD 二至十进制码拨盘、键盘的接口设计。

1. 开关接口设计

常用的开关有转换开关、按钮开关等，它们的符号和接口见图 6-10，SH 是按钮开关，SC 是转换开关。

在图 6-10 中，A 点接 CPU 输入接口的输入信号线，用读入命令可以把 A 点状态读进 CPU。开关从断开到闭合以及从闭合到断开时，其电平不是瞬间从一个稳定状态到达另外一个稳定状态，而是有一段 1～10 ms 的抖动时间。图 6-11 是按钮开关通断时的电压抖动波形图。开关抖动会使 CPU 读数发生错误。为了消

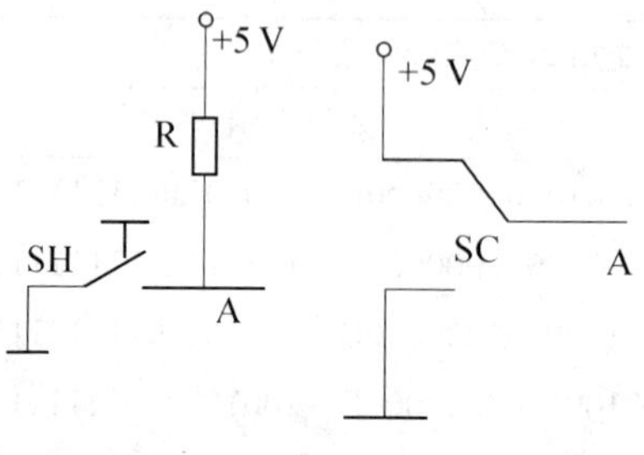

图6-10　开关的表示符号与接口电路

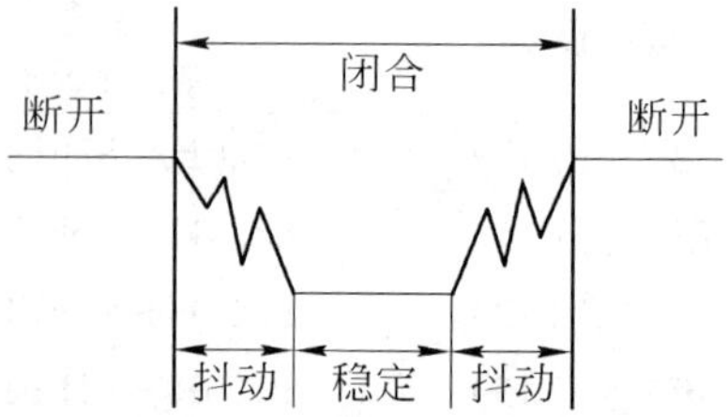

图6-11　按钮开关通断时的电压抖动

除开关抖动对读数的影响,应采取消除抖动的措施。消除抖动有硬件去抖动和软件去抖动,在只有一两个开关时,可以采用硬件去抖动,若多于2个开关,则应采用软件去抖动。

以上的开关接口设计方法可用于开关个数 N 不大于8的情况,只要把各个开关分别接到I/O口的不同口线上即可,这是独立开关的设计方法。若 N 大于8,则采用矩阵排列的设计方法。

2. 拨盘输入接口设计

拨盘是机电一体化系统中常用的一种输入设备,若系统需要输入少量的参数,采用拨盘较为可靠方便,并且这种输入方式具有保持性。

拨盘的种类很多,作为人机接口使用最方便的是十进制输入、BCD码输出的BCD码拨盘,其结构如图6-12(a)所示。拨盘内部有一个可转动圆盘,具有"0～9"10个位置,可以通过前面"+、-"按钮进行位置选择,对应每个位置,前面窗口有数字显示,拨盘后面有5根引出线,分别定义为A,1,2,4,8。当拨盘在不同位置时,1、2、4、8线与A线的通断关系如表6-9所示,其中0表示与A线不通,1表示与A线通。

表6-9 BCD码拨盘通断状态表

位置	线号权值				位置	线号权值			
	8	4	2	1		8	4	2	1
0	0	0	0	0	5	0	1	0	1
1	0	0	0	1	6	0	1	1	0
2	0	0	1	0	7	0	1	1	1
3	0	0	1	1	8	1	0	0	0
4	0	1	0	0	9	1	0	0	1

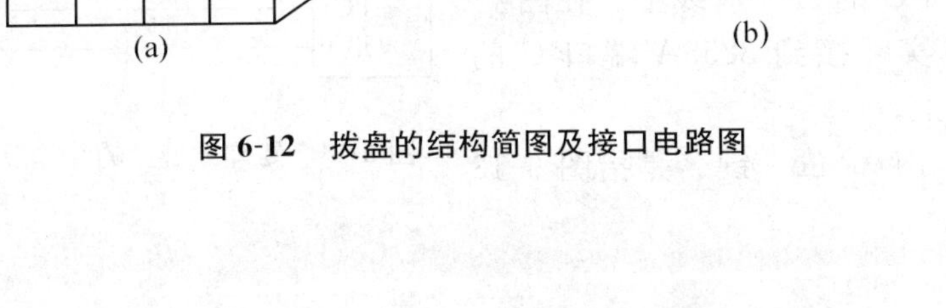

图6-12 拨盘的结构简图及接口电路图

在电路图 6-12(b)中,1,2,8,4 线作为数据线,A 线接高电平,数据线输出的二进制数字与表 6-9 的 BCD 码正好吻合。一片拨盘可以输入一位十进制数,当需要输入多位十进制数时,可以用多片拨盘。从图中看出一片拨盘占用 4 根 I/O 口数据线,若有 4 片拨盘,则需要 16 根 I/O 口数据线。

拨盘与 CPU 之间的数据传输属无条件传输,因此选用简单的 I/O 接口芯片 74××245。4 片拨盘时应配 2 片 245 芯片。也可以考虑其他的设计方案。一般应对几个方案进行对比,对比的主要方面有:

①元件价格和是否容易买到;

②占用印刷板面积如何;

③元件是否先进;

④编程复杂程度如何。

综合考虑多个因素之后,决定采用什么方案。

3. 键盘接口设计

在机电系统的人机接口中,当需要操作者输入的指令或参数比较多时,可以选择键盘作为输入接口。键盘的形式有独立式键盘和矩阵式键盘,独立式键盘的接口方法在前面的"开关输入接口设计"已有说明,这里主要介绍矩阵式键盘接口的设计。

(1)矩阵式键盘的结构及其 I/O 的接口电路　矩阵式键盘由键盘和交叉的行线、列线组成,电路见图 6-13。电路中的每个键盘由 2 个固定触点、1 个动触片和弹簧组成,它的一个触点和行线连接,另一个触点和列线连接,当按动键盘时,键盘使一对行线和列线短路。每一根行线、列线都有自己的权值和号码。列线的一端通过一个电阻接+5 V 电源(还要通过一个 4 输入与门接 CPU 的中断信号线),另一端接到 CPU 的 I/O 口线上。在图6-13中,列线实际接到 8255A 端口 C 的 PC0～ PC3 上。行线的一端悬空,另一端接到 CPU 的 I/O 口线上。在图 6-13 中,行线实际接到 8255A 端口 C 的 PC4～PC7 上。

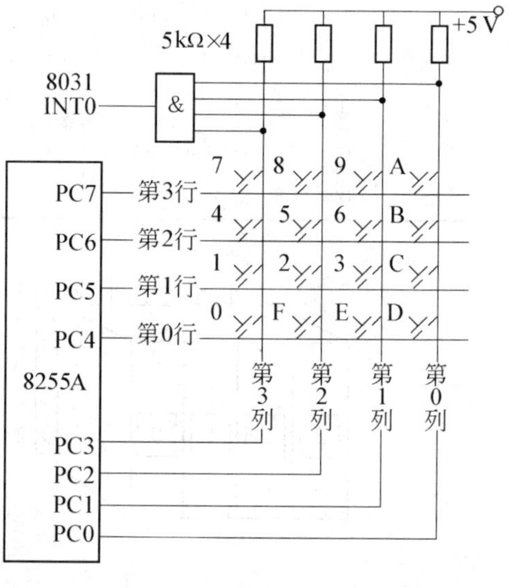

图 6-13　矩阵式键盘的结构及接口电路

(2)键名和键值　键名是指图 6-13

中键盘旁边的十六进制数字。把它们叫做 0 键，1 键，…，9 键，A 键，…，F 键。键名完全是人为定义的，与电路无关。

键值和键盘的接口电路有一定关系，和人们的定义方法也有关系。

——键值的第一种定义法：键值由行线权值和列线权值合成，其中行线权值为高 4 位，列线权值为低 4 位。例如图中 A，B，C，D 4 个键值依次是 81，41，21 和 11。4 个键值中的高位分别是 8，4，2，1，它们分别是 PC7，PC6，PC5，PC4 的权值，而低位是 PC0 的权值。

——键值的第二种定义法：行线号×4＋列线号＝键号。例如图中 D 键的键值是 0×4＋0＝0，C 键的键值是 1×4 ＋ 0＝4。依照 D，E，F，0，C，3，2，1，B，6，5，4，A，9，8，7 键的顺序，各键的键值依次是 0，1，2，3，4，5，6，7，8，9，A，B，C，D，E，F。若重新定义键名，能够使键名和键值完全一致。

（3）键盘控制字设定　键盘和 CPU 之间的数据传输属于无条件传输，因此应选择方式 0。读键值有行扫描和行反转 2 个方案。现选择行扫描法，8255A 端口 C 的 PC0～PC3 应为输入方式，PC4～PC7 应为输出方式。端口 A，B 可以设成输入，也可以设成输出。根据以上要求，由图 6-8 可得如图 6-14 所示 8255A 的方式控制字。

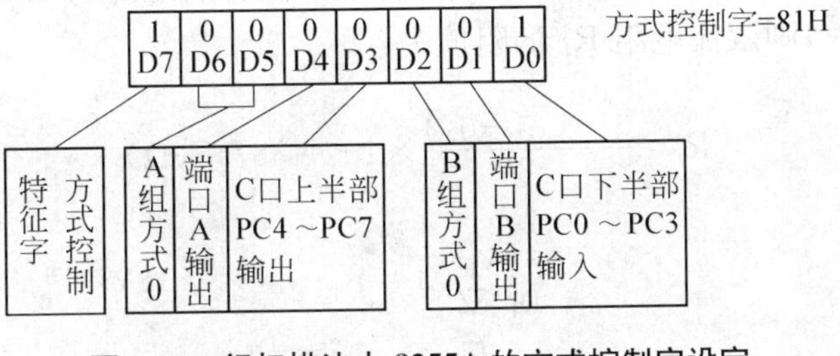

图 6-14　行扫描法中 8255A 的方式控制字设定

（4）键盘工作过程

第一步，判断键盘上有无键闭合。其方法为在行扫描线 PC7～PC4 上全部送“0”，然后读取 PC3～PC0 状态，若全部为“1”，则无键闭合，若不全为“1”，则有键闭合。

第二步，判别闭合键的键号。其方法为对键盘行线进行扫描，依次从 PC7，PC6，PC5，PC4 送出低电平，并从其他行线送出高电平，相应地顺序读入 PC3～PC0 的状态，若 PC3～PC0 全为“1”，则行线输出为“0”的这一行上没有键闭合，若 PC3～PC0 不全为“1”，则说明有键闭合，输入和输出状态均为低电平的行线和列线交叉处的键为闭合键，如 PC7～PC4 输出为 1101，PC3～PC0 读回为1011，说明

"2"键闭合。

实际在机电系统的工作过程中，操作者很少对系统进行干预，所以在大多数情况下，控制微机对键盘进行空扫描。为提高微机的工作效率，可以采取中断监测键盘的工作方式。在图 6-13 中列线的一端通过四输入与门与 8031 的中断请求线 INT0 相连，只要编制相应的程序就可以使用中断方式监测键盘了。

6.3.3 人机对话输出接口设计

人机对话输出设备是操作者对机电系统进行监测的窗口，可以用它显示系统的运行状态、关键参数、运行结果及故障报警等。下面将介绍发光二极管显示器 LED、微型打印机的接口设计。

1. 发光二极管显示器 LED 原理及接口设计

(1)*发光二极管的接口方法* 发光二极管具有体积小、亮度高、寿命长、价格低、接口电路简单可靠等优点。图 6-15 是 2 个实际接口电路。从电路图可知二极管发光时处在正向导通状态，正常发光时二极管上的正向压降在 1.5 ～2.5 V 之间，电流在 5 ～15 mA 之间。图中的 R_1，R_3 是限流电阻。选用驱动发光二极管的元件时应考虑到元件的负载能力，若用三极管驱动，一般都可以满足要求。74LS273 低电平时的最大输出电流是 8 mA ，若取二极管的压降为 1.5 V，273 饱和时的压降为 0.4 V，则限流电阻 R_1 的阻值为：

$$R_1=\frac{5-1.5-0.4}{8}\times 10^3=387.5(\Omega)$$

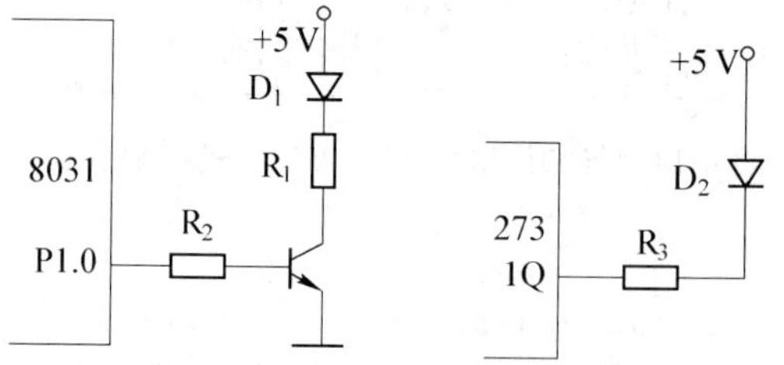

图 6-15 发光二极管的接口电路

(2)*八段 LED 的结构及与 I/O 的接口电路* 图 6-16 是八段 LED 的结构图。从图可以看出，它由 8 个发光二极管组成，7 个发光二极管成"8"字笔画形状，7 个笔画分别叫做 a，b，c，d，e，f，g ，1 个发光二极管成小数点形状，名字是 h ，合起来叫做八段 LED，如图 6-16(a)所示。有的器件没有小数点，叫作七段 LED。

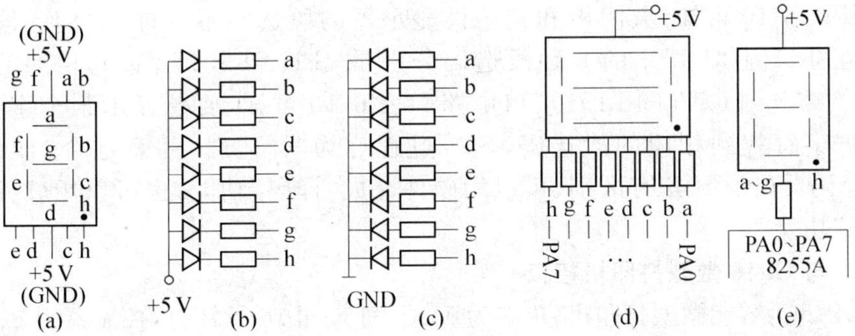

图 6-16 八段 LED 显示器的结构图及与 I/O 口的接口电路

8 个二极管或者成共阳极结构，或者成共阴极结构，如图 6-16(b)，(c)所示。8 个二极管经 8 个限流电阻接 I/O 接口上。图中以 8255A 的端口 A 为例，a，b，c，d，e，f，g，h 依次接到端口 A 的 PA0～PA7 上，而 PA0～PA7 又和 CPU 的数据总线 D0～D7 对应，这是在八段 LED 显示器接口设计中遵守的一般规律。图 6-16(d)是接口电路的全图，图 6-16(d)可以简化为图 6-16 (e) 所示。

(3)八段 LED 显示的段选码　八段 LED 显示器可以显示 10 个阿拉伯数字，还可以显示 A，B，C，D 等字母，我们把这些数字和字母称作显示字符。以共阳极为例，当我们往 8255A 端口 A 送 80H 时，可以显示出“8”字，若直接送数字 8 是不会显示“8”字的，我们称 80H 是显示字符 8 的段选码，段选码和显示的字符对应关系如表 6-10 所示。

表 6-10 七段 LED 的段选码

显示字符	共阴极段选码	共阳极段选码	显示字符	共阴极段选码	共阳极段选码
0	3FH	C0H	A	77H	88H
1	06H	F9H	B	7CH	83H
2	5BH	A4H	C	39H	C6H
3	4FH	B0H	D	5EH	0AH
4	66H	99H	E	79H	86H
5	6DH	92H	F	71H	8EH
6	7DH	82H	P	73H	8CH
7	07H	F8H	U	3EH	C1H
8	7FH	80H	灭	00H	FFH
9	6FH	90H			

从表 6-10 可知，共阴极和共阳极显示器的段选码不一样，它们的段选码恰好互补。例如“8”字的 2 种段选码分别是 7FH 和 80H ，它们相加的和为 00H 。结合图 6-16 的 LED 接口电路和表 6-10 可知，要想显示某个字符，要先根据字符找到相应的段选码，这一过程称为“译码”。注意这个“译码”和 138 译码器的“译码”有区别，可以用硬件完成“译码”功能，也可以用软件完成“译码”功能。

2. 与 GP16 微型打印机接口

GP16 为智能微型打印机，机芯为 Model-150-Ⅱ16 行针打，控制器由 8039 单片机系统构成。GP16-Ⅱ为 GP16 的改进型，控制器由 8031 单片机系统构成。

GP16 设有一个 16 线连接器，它是打印机对外联系的接口，GP16 与 CPU 的接口电路如图 6-17 所示。

IO.0～IO.7 为 GP16 的双向三态数据总线，是 GP16 与 CPU 之间传输命令、状态、数据的通道。在设计接口时，IO.0～IO.7 与主机的数据总线D0 ～D7 直接相连。$\overline{WR}$、$\overline{RD}$与 8031 的$\overline{WR}$、$\overline{RD}$直接连接。$\overline{CS}$为设备选择线，低电平有效，接地址线 $P_{2.7}$。BUSY 为打印机状态输出线，高电平时表示 GP16 处于忙状态，不能接收 CPU 命令或数据。BUSY 可供 CPU 查询或作 CPU 中断请求线。

3. 扬声器接口设计

在机电系统的人机接口设计中，经常采用扬声器或蜂鸣器产生声音信号，以表示系统状态，如状态异常、工件加工结束等。

蜂鸣器为一个二端器件，只要在二极间加上适当直流电压，即可发声，它与控制微机接口非常简单，如图 6-18 所示，软件设计也容易。图中 7407 为驱动器，当 $P_{1.0}$输出低电平时，蜂鸣器即发声，输出高电平时，停止发声。蜂鸣器音量较小，在噪声较大的环境中通常采用扬声器做声音输出，扬声器要求以音频信号驱动。

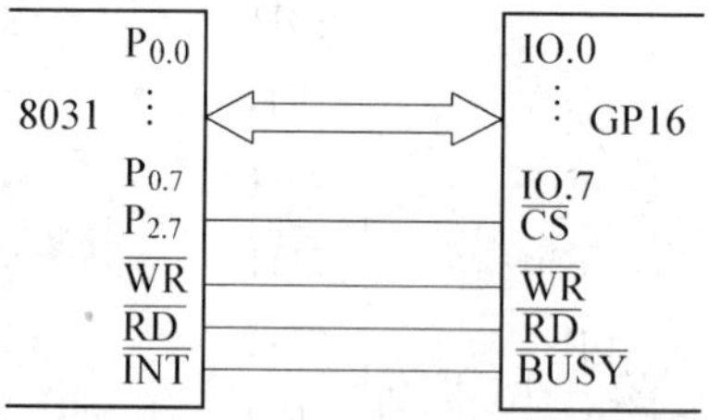

图 6-17 GP16 与 CPU 的接口电路

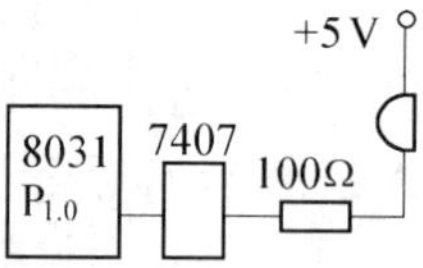

图6-18 蜂鸣器电路

6.3.4 典型的输出接口电路设计实例

1. 并行通讯、多位静态显示LED接口电路——软件译码

并行通讯、软件译码、六位静态显示LED的软件译码接口电路如图6-19所示。电路用2片8255A,直接带动6个LED显示器。2片8255A的片选信号分别接138译码器的Y4和Y5,6个口地址为9000H,9100H,9200H,9400H,9500H,9600 H 。2片8255 A初始化时都应设置为方式0,端口A,B,C都为输出方式,根据此要求,往8255 A送的控制字应为80H。LED为共阳极结构。

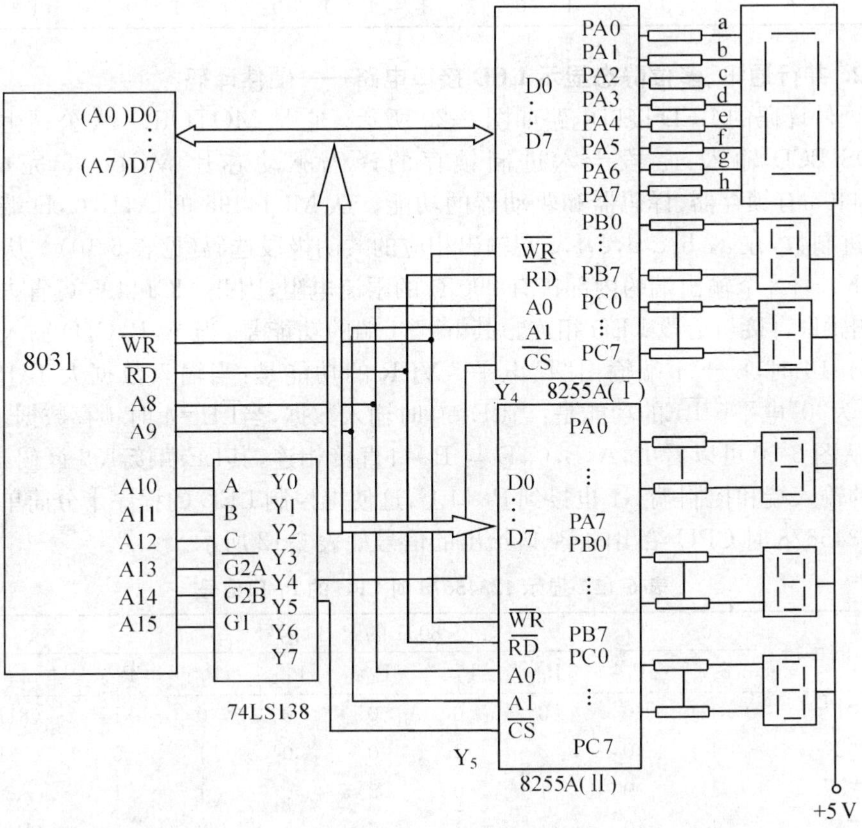

图6-19 并行通讯、软件译码、六位静态显示LED接口电路

要显示123456这个数,CPU的P_2口和P_0口给出的信号如表6-11所示。

表 6-11 显示 123456 时 CPU 的 P_2 口和 P_0 口信号

显示的字符	P_2 口和 P_0 口信号(P_0 口信号为显示字符的段选码)															
	$P_{2.7}$	$P_{2.6}$	$P_{2.5}$	$P_{2.4}$	$P_{2.3}$	$P_{2.2}$	$P_{2.1}$	$P_{2.0}$	$P_{0.7}$	$P_{0.6}$	$P_{0.5}$	$P_{0.4}$	$P_{0.3}$	$P_{0.2}$	$P_{0.1}$	$P_{0.0}$
	A15	A14	A13	A12	A11	A10	A9	A8	D7	D6	D5	D4	D3	D2	D1	D0
“1”	1	0	0	1	0	0	0	0	1	1	1	1	1	0	0	1
“2”	1	0	0	1	0	0	0	1	1	0	1	0	0	1	0	0
“3”	1	0	0	1	0	0	1	0	1	0	1	1	0	0	0	0
“4”	1	0	0	1	0	1	0	0	1	0	0	1	1	0	0	1
“5”	1	0	0	1	0	1	0	1	1	0	0	1	0	0	1	0
“6”	1	0	0	1	0	1	1	0	1	0	0	0	0	0	1	0

2. 并行通讯、多位静态显示 LED 接口电路——硬件译码

硬件译码的 LED 接口电路如图 6-20 所示。它是 MOTOROLA 公司生产的 CMOS BCD 输入、七段十六进制锁存的译码驱动芯片 MC14495 完成的。MC14495 有锁存器、译码器和驱动器的功能。从 MC14495 的 A,B,C,D 端输入十六进制数,在 a, b,c,d,e,f,g 端输出相应的共阴极段选码(见表 6-10)。从 a 到 g 和 h + i 8 个输出端的内部接有 290 Ω 的限流电阻,因此 MC14495 可省去外接限流电阻,直接与七段 LED 相连。其 h + i 端的功能是:当 A,B,C,D 输入的数据大于 10 时,h + i 端输出“1”电平。VCR 的功能是:当输入数据大于 15 时,VCR 为“0”电平。$\overline{LE}$的功能是:当$\overline{LE}$=0 时输入数据,当$\overline{LE}$=1 时锁存数据。

从图 6-20 可以看出,A,B,C,D 与 P_1 口直接相连,其$\overline{LE}$端接 138 译码器,而 138 的输入端和控制端 G1 也接到 P_1 口上,这使得控制 LED 的程序十分简单。显示 12345678 时 CPU 给出的 P_1 口给出的信号如表 6-12 所示。

表 6-12 显示 12345678 时 CPU 的 P_1 口信号

显示的字符	8031 的 P_1 口信号								
	$P_{1.7}$	$P_{1.6}$	$P_{1.5}$	$P_{1.4}$	$P_{1.3}$	$P_{1.2}$	$P_{1.1}$	$P_{1.0}$	
“1”	1	0	0	0	0	0	0	1	(81H)
“2”	1	0	0	1	0	0	1	0	(92H)
“3”	1	0	1	0	0	0	1	1	(A3H)
“4”	1	0	1	1	0	1	0	0	(B4H)
“5”	1	1	0	0	0	1	0	1	(C5H)
“6”	1	1	0	1	0	1	1	0	(D6H)
“7”	1	1	1	0	0	1	1	1	(E7H)
“8”	1	1	1	1	1	0	0	0	(F8H)

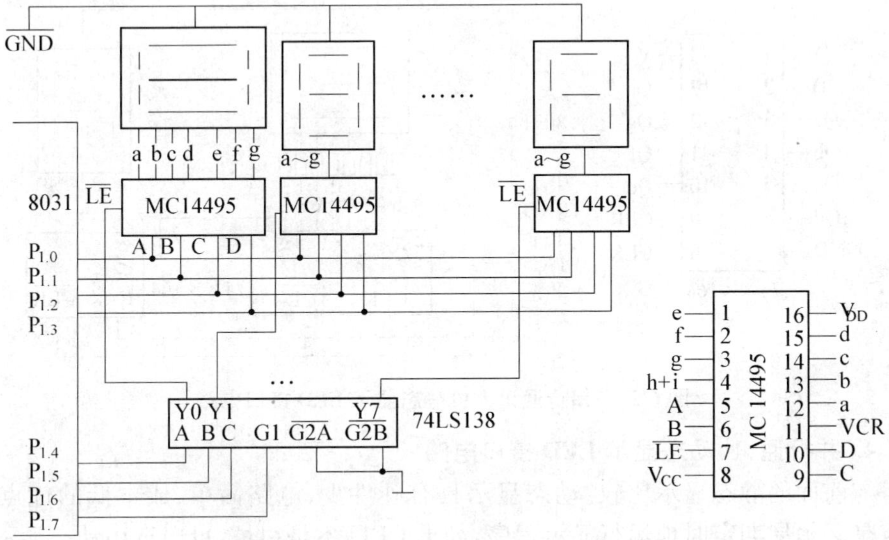

图 6-20 并行通讯、多位静态显示 LED 接口电路

3. 串行通讯、多位静态显示 LED 接口电路

串行口是一个可编程接口,有模式 0,1,2,3 四种工作模式,用于 LED 显示器接口应选择模式 0。模式 0 的波特率是固定的,为时钟频率的 1/12,它仅与控制寄存器 SCON 有关。串行口有 RXD 和 TXD 2 条信号线,模式 0 是移位寄存器输出方式,当 CPU 向寄存器 SBUF 写入数据时,RXD 输出数据,TXD 输出时钟信号。

接口硬件电路见图 6-21 所示。该接口电路由 8031 的串行口、74××164 芯片、LED 显示器组成,图中给出了 164 芯片的引脚。164 是串行输入移位并行输出芯片,Qh～Qa 是它的并行输出端,与八段 LED 的引脚 h,g,f,e,d,c,b,a 对应。图中 LED 与 164 直接连接,必要时中间可以串入 245 等,但不是必需的。在低电平时,164 的最大输出电流是 8 mA,可以直接驱动 LED。A、B 是 164 的串行数据输入端,CLK 是时钟信号输入端。从串行口 TXD 来的时钟信号起控制 164 移位的作用。CLR 是清除端,低电平有效。

从电路图可以看出,CPU 与显示电路的接口十分简单,CPU 仅用 5 条线与 164 芯片连接,这 5 条线是串行口信号线 RXD、TXD,控制线 I/O 口线中的 $P_{1.0}$,再加上地线和电源线。这使得人们可以独立设计显示板,显示电路板和含 CPU 的主板之间通过一对仅 5 条信号线的连接器进行联系。这样让主板固定,显示器可以灵活地放在任何地方。164 和 164 之间的连接也很简单,这有利于 LED 显示位数的扩大。

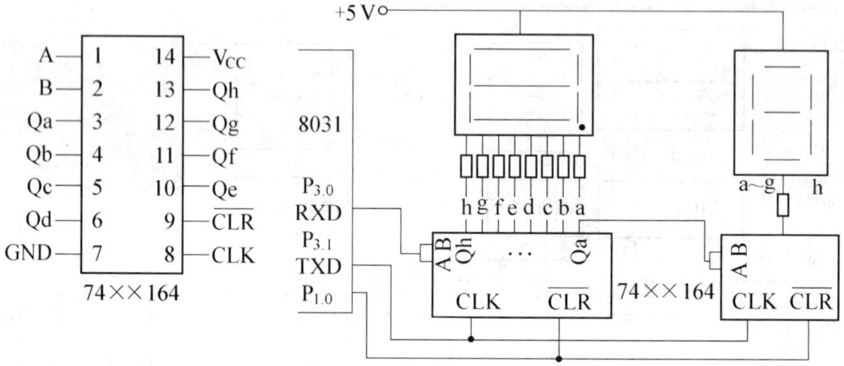

图 6-21 串行通讯六位静态显示 LED 接口电路

4. 并行通讯、动态显示 LED 接口电路

与前面的静态显示比较，动态显示具有硬件少、电路简单、成本低的优点，其缺点是必须周期定时地运行显示程序，如果 CPU 不是很忙，可以选用动态显示。

图 6-22 是动态显示的接口电路。它使用共阴极 LED，7407 和 75452 是大电流驱动器，7407 在低电平时的最大输出电流是 40 mA ，75452 在低电平时的最大输出电流是 300 mA 。电路中有 6 个 LED，6 个 LED 的段选线并联后经 7407 芯片接到 8255 A 的端口 PB 上，6 个 LED 的地线经 75452 接到 8255 A 的端口 PA 上。

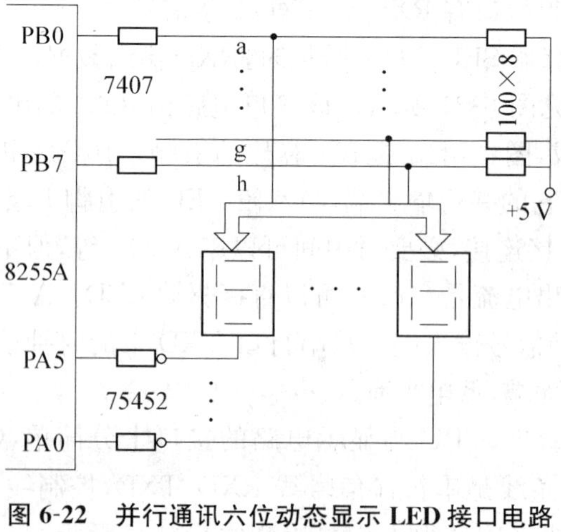

图 6-22 并行通讯六位动态显示 LED 接口电路

动态显示时，6 个 LED 不是同时显示，而是分时显示。每个 LED 分时显示的时间、周期、频率取决于两点。一是显示时间，时间太短和光太弱不行，时间太长和光太强又会造成浪费。实际电路的设计中，每个 LED 的显示时间是 2 ms 左右。

二是人眼睛的影像暂留时间。一般认为这个暂留时间是 0.1 s,相应的频率是 10 Hz。实际电路的设计中,每个 LED 的显示周期是 12 ms 左右,频率约为 85Hz,这完全符合人的生理特点。

当显示器工作时,单片机通过 8255 A 的 PA 口送扫描数据,数据中只有 1 位为高电平,经过 75452 之后,只有 1 位 LED 显示器的公共端为低电平,其余为高电平。同时,显示位对应的段数据通过 PB 口送出。因此,只有公共端为低电平的 LED 显示器有显示,其余为"暗"。依次改变 PA 口中为高电平的位,并从 PB 口送出对应的数据,6 位显示器就顺序显示相应的字符。当扫描频率足够高时,由于人的视觉暂留效应,6 位显示器便得到连续稳定的显示。

如要显示 031204 时,8255 A 的 PA 和 PB 口信号如表 6-13 所示。

表 6-13 显示 031204 时 8255A 的 PA 和 PB 口信号

显示的	8255A 的 PA 口信号(位选信号)						共阴极段选码信号								
字符	PA5	PA4	PA3	PA2	PA1	PA0	PB7	PB6	PB5	PB4	PB3	PB2	PB1	PB0	
"0"	1	0	0	0	0	0	0	0	1	1	1	1	1	1	(3FH)
"3"	0	1	0	0	0	0	0	1	0	0	1	1	1	1	(4FH)
"1"	0	0	1	0	0	0	0	0	0	0	0	1	1	0	(06H)
"2"	0	0	0	1	0	0	0	1	0	1	1	0	1	1	(5BH)
"0"	0	0	0	0	1	0	0	0	1	1	1	1	1	1	(3FH)
"4"	0	0	0	0	0	1	0	1	1	0	0	1	1	0	(66H)

5. 点阵式 LED 显示器接口电路

点阵式 LED 显示器由发光二极管矩阵组成,常用的有 7 行× 5 列 和 8 行× 8 列两种。单个点阵式 LED 显示器能够显示各种字母、数字和常用符号,用多个点阵式 LED 可以显示图形、汉字以及表格等。点阵式 LED 在大屏幕显示牌及智能化仪器中有着广泛的应用。

点阵式 LED 在行线和列线的每个交点上都装有发光二极管,二极管的正极接行引线、负极接列引线的称为共阳极 LED 显示器,二极管的正极接列引线、负极接行引线的称为共阴极 LED 显示器。点阵式 LED 一般采用动态扫描方式显示,其接口电路与图 6-22 的 6 段 LED 动态显示电路相似。在图 6-22 中,若有 8 个 8 段 LED,那么实际上有 64 个发光二极管构成 8 行×8 列矩阵排列,它们的二极管的正极接列引线、负极接行引线,恰好就是前面说的共阴极 LED 点阵。

另一种共阳极点阵式 LED 显示器,如图 6-23 所示,8031 的 P_1 口接行线,P_3 口接列线,行线驱动由 74LS06 完成,列线驱动由反相驱动器 75452 完成,点阵式

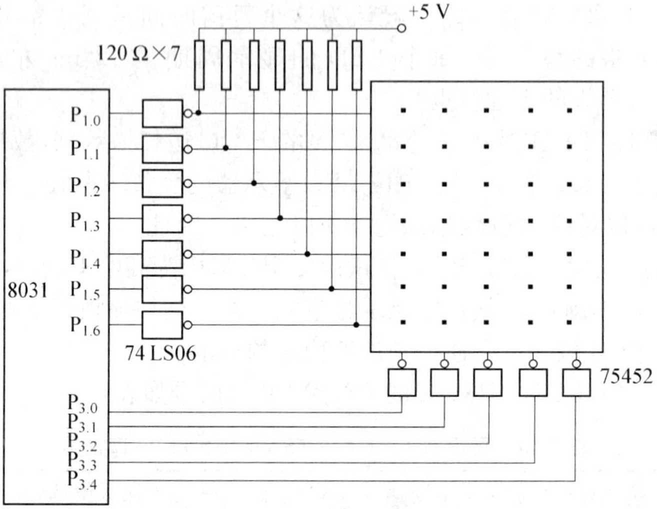

图 6-23　点阵式 LED 显示器接口电路

LED 显示器的扫描方式由行扫描和列扫描两种。图 6-23 为列扫描方式，列扫描时由列线控制口输出列选通信号，每次扫描只有一列信号有效（对于共阳极 LED 显示器，低电平为有效列选通信号），然后由行线控制口输出被选中列的显示信息，依次改变被选中列，就可以完成对整个显示器的驱动。类似地，行扫描时由行线控制口输出行选通信号，每次只有一行被选中，（对于共阳极 LED 显示器，高电平为有效行选通信号），然后由列线控制口输出相应列显示信息。在扫描方式中，每显示一个字符或数字，需要 5 组行显示数据，所以显示程序中的显示字库每个字符要占 5 个字节的存储单元。

下面举例说明显示过程。表 6-14 列出了采用共阳极 LED 显示器显示时，字母“C”的列扫描点阵数据，每个字节对应一列发光二极管。显示时，在 P_3 口同步下，按序号将一个个字节顺序地由 P_1 口送出，数据为“0”的位对应的发光二极管亮，数据为“1”的位所对应的发光二极管不亮。

表 6-14　显示字母“C”的列扫描点阵数据

列序号	$P_{1.7}$	$P_{1.6}$	$P_{1.5}$	$P_{1.4}$	$P_{1.3}$	$P_{1.2}$	$P_{1.1}$	$P_{1.0}$
1	1	1	0	0	0	0	0	1
2	1	0	1	1	1	1	1	0
3	1	0	1	1	1	1	1	0
4	1	0	1	1	1	1	1	0
5	1	1	0	1	1	1	0	1

6.4 机电接口

6.4.1 机电接口类型及特点

机电接口是指机电一体化产品中的机械装置与控制微机间的接口。按照信息的传递方向，机电接口分为信息采集接口和控制量输出接口。

1. 信息采集接口

在机电一体化产品中，控制微机要对机械执行机构进行有效控制，就必须随时对机械系统的运行状态进行监视，随时检测运行参数，如温度、速度、压力、位置等。因此，必须选用相应传感器将这些物理量转换为电量，再经过信息采集接口的整形、放大、匹配、转换，变成微机可以接受的信号。传感器的输出信号中，既有开关信号（如限位开关、时间继电器等），又有频率信号（超声波无损探伤）；既有数字量，又有模拟量（如温敏电阻、应变片等）。针对不同性质的信号，信息采集接口要对其进行不同的处理，例如对模拟信号必须进行模/数转换。另外，传感器工作环境恶劣，传感器和微机之间常常要采用长线传输，加之信号弱，所以抗干扰设计也是接口设计的一个重要内容。

2. 控制输出接口

控制微机通过信息采集接口检测机械系统的状态，经过运算处理，发出有关控制信号，经过控制输出接口的匹配、转换、功率放大，驱动执行元件去调节系统的运行状态，使其按设计要求运行。根据执行元件的不同，控制接口的任务也不同。例如对于交流电动机变频调速器，控制信号为 0～5 V 电压或 4～20 mA 电流信号，则控制输出接口必须进行数/模转换；对于交流接触器等大功率器件，必须进行功率驱动。由于机电系统中执行元件多为大功率设备，如电动机、电热器、电磁铁等，这些设备产生的电磁场、电源干扰往往会影响微机的正常工作，所以抗干扰设计也是控制输出接口设计时应考虑的重要内容。

6.4.2 A/D 转换接口

A/D 转换是从模拟量到数字量的转换，它是信息采集系统中模拟放大电路和 CPU 的接口。A/D 转换芯片种类繁多，主要有逐次比较式、双积分式、量化反馈式和并行式 A/D 转换器。图 6-24 是 A/D 转换的框图。

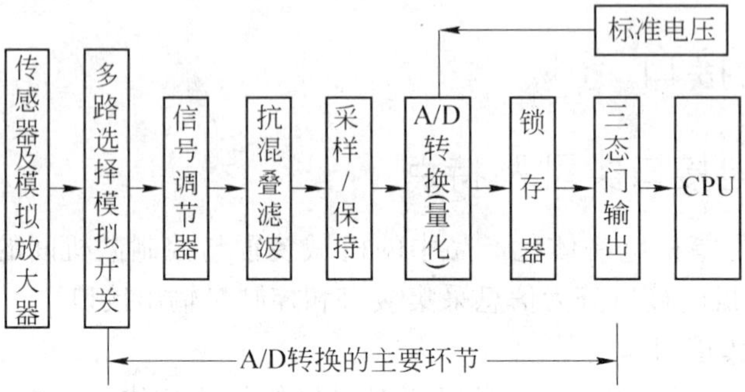

图 6-24 A/D 转换框图

6.4.2.1 A/D 转换的主要环节和常用术语

1. 多路选择模拟开关

多路选择模拟开关的作用是使 A/D 转换能分时对多路模拟信号进行数据采集,常用的模拟开关有 4051 ,它是 8 选 1 模拟开关。信号调节器的作用是调节模拟信号的幅度,使模拟信号的大小符合 A/D 转换的要求。

2. 采样/保持和孔径误差

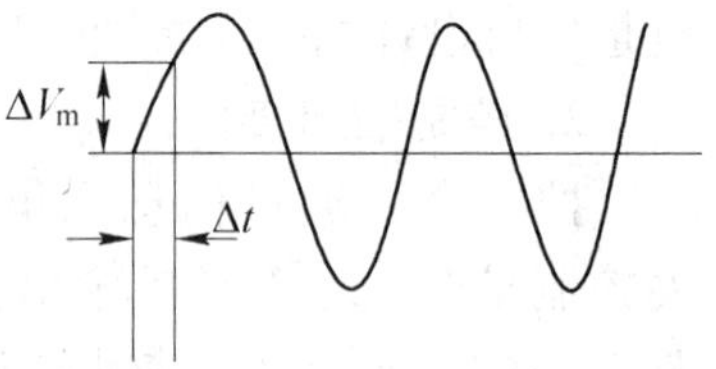

图 6-25 孔径误差

采样/保持的作用是减小孔径误差。模拟量转换成数字量有一个过程,对于一个动态模拟信号,在模/数转换器接通的孔径时间里,输入模拟信号的值是不确定的,从而引起输出的不确定性误差。假设输入信号是一频率为 f 的正弦信号,如图 6-25 所示,图中 $V=V_m\sin2\pi ft$ 由图可明显看出,最大孔径误差一定出现在信号斜率最大处。由数学推导可知,正弦函数的最大斜率是 $V_m 2\pi f$, 因此,最大孔径误差是 $\Delta V=V_m\sin2\pi f\Delta t$。对于某个动态信号,其孔径误差与信号的最高频率 f 和孔径 Δt 有关。计算表明当 10 Hz 频率的信号被采样时,要求 12 位分辨率孔径误差小于 1/2 LSB(LSB 指最低有效位)时,A/D 转换速率必须大于 2 μs。因此采用 12 位 A/D 转换器对 10 Hz 或更高频率动态信号采样时,必须使用采样保持电路,以减小孔径误差。比较先进的 A/D 芯片本身具有采样/保持功能,简化了设计。

3. A/D 转换、分辨率、量化误差

采样/保持使模拟信号在时域离散化,但在幅值域仍然是连续的。量化(A/D 转换)环节使信号在幅值域离散化。关于量化的具体细节请参阅有关专业书籍,此处仅涉及与应用有关且十分重要的分辨率和量化误差问题。

A/D 转换器的分辨率习惯上以输出二进制位数或者 BCD 码位数表示。与一般测量仪表的分辨率表达方式不同，不采用可分辨的输入模拟电压相对值表示。例如 AD574 A 的分辨率为 12 位，即该转换器的输出可以用 2^{12} 个二进制数进行量化，其分辨率为 1LSB。如果用百分数来表示分辨率时，其分辨率为：

$$(1/2^{12})\times100\%=(1/4\ 096)\times100\%=0.024\ 4\%$$

5G14433 双积分式 A/D 转换器为 BCD 码输出，其分辨率为 $3\frac{1}{2}$，满度字位为 1 999，用百分数表示其分辨率为 $(1/1\ 999)\times100\%=0.05\%$。

量化误差和分辨率是统一的，量化误差是由于有限数字对模拟数值进行离散取值(量化)而引起的误差。理论上量化误差为一个单位分辨率，即 $\pm1/2$ LSB。提高分辨率可以减少量化误差。

4. 采样定理和抗混叠滤波

二次采样的间隔时间决定于 A/D 转换、采样、通道个数以及程序。采样间隔时间的倒数是采样频率。奈奎斯特采样定理的内容是：为了使采样输出信号能无失真地复现原输入信号，必须使采样频率至少为输入信号最高有效频率的 2 倍，否则会出现频率混叠误差。抗混叠滤波的作用是依据采样定理，滤除输入信号过高的频率成分，减小混叠误差。

5. A/D 转换时间与转换速率

A/D 转换器完成一次转换所需要的时间为 A/D 转换时间，其倒数为转换速率。

目前，转换时间最短的是全并行式 A/D 转换器，例如美国 RCA 公司生产的 TDC1029 J，其分辨率为 6 位，转换速率为 100 MSPS，转换时间为 10 ns。逐次比较式 A/D 转换器的转换时间可达 0.4 μs。双积分 A/D 转换器的转换时间一般要大于 40 ～50 ms。

采样定理和减小孔径误差都要求转换时间越小越好，转换速率越快越好。但目前速度最快的全并行式 A/D 转换器价格比较贵，且分辨率低。双积分式 A/D 转换器速度慢，但价格便宜，抗干扰能力强。逐次比较式 A/D 转换器的速度和价格居中，分辨率远高于并行式 A/D 转换器，它是目前种类最多、数量最大、应用最广的 A/D 转换器。

6. 转换精度

A/D 转换器的转换精度反映了一个实际 A/D 转换器在量化值上与一个理想 A/D 转换器进行模/数转换的差值，可表示成绝对误差或相对误差。例如手册上给出 ADC08018 位逐次比较式 A/D 转换器的不可调整的总误差为 $\leqslant\pm1/4$LSB，如以相对误差表示则为 $\pm0.1\%$。

6.4.2.2 常用 A/D 转换芯片

A/D 转换芯片种类繁多，接口方法各有特点，这里重点介绍 A/D 芯片的外特性及与单片机的接口方法。

1. A/D 0809 的接口电路

A/D0809 其工作原理、引脚功能、与 8031 的接口电路如图 6-26 所示。

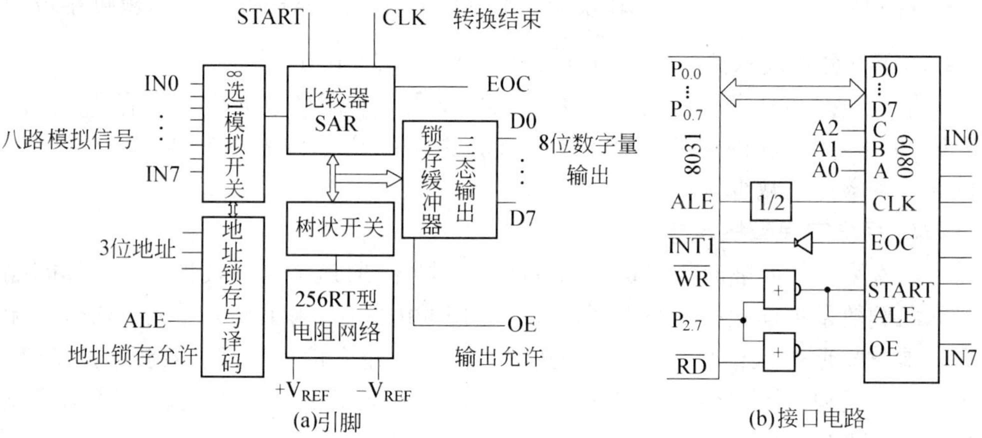

图 6-26 A/D 0809 的引脚及接口电路

CPU 对 0809 的控制原理如下：由图 6-26 可以看出 0809 通过模拟开关接 8 路模拟信号；138 译码器的 3 条地址选择线 A，B，C 与地址线 A0，A1，A2 连接（实际接 373 的 Q1，Q2，Q3），ALE 在上升沿时把地址信号锁存起来，其作用是控制模拟开关选中一路输入模拟信号进行转换。

电阻网络、树状开关、外接标准电源、比较器、逐次比较寄存器 SAR 及时钟信号组成 8 位 A/D 转换电路，$-V_{REF}$和$+V_{REF}$是基准参考电压，它决定了输入模拟量的量程范围。在一般情况下，$+V_{REF}$与 V_{CC} 相连，$-V_{REF}$与地相连。如果需要高精度的参考电源或为了提高转换器的灵敏度（输入模拟电压小于 5 V），则参考电压可以与 V_{CC}隔离。START 在正脉冲时启动 A/D 转换，100 μs 后转换结束，结果存放于锁存缓冲器。三态输出锁存缓冲器的 8 条输出信号线 D0～D7 直接与 CPU 的数据总线连接。OE（OUTPUT ENABLE）端为允许输出控制端，CPU 使该控制端为高电平“1”时，三态门打开，A/D 转换的结果送入 CPU。A/D 转换结束时，EOC 出现高电平。人们可以用它引起中断，也可作查询用。

2. MC14433 的接口设计

MC14433 是 $3\frac{1}{2}$ 位双积分式 A/D 转换器。图 6-27 是芯片的引脚分布。图 6-28是 MC14433 的接口电路。

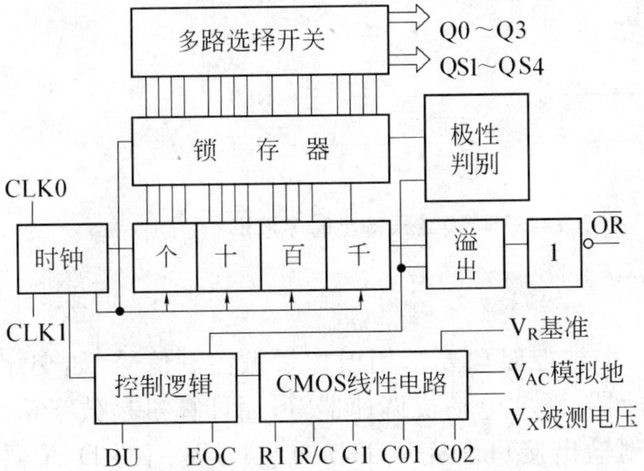

图 6-27 MC14433 引脚

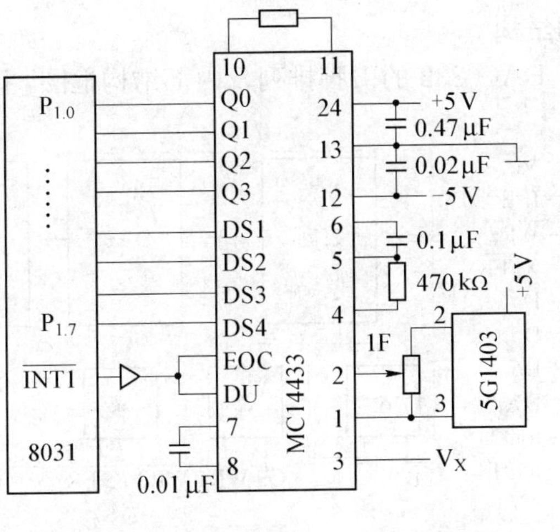

图 6-28 MC14433 的接口电路

图 6-29 示出了 MC14433 的转换结果输出时序波形。从图中可以看出，转换结果的千位值、百位值、十位值、个位值是在 DS1～DS4 的同步下分时由 Q3～Q0 送出的。

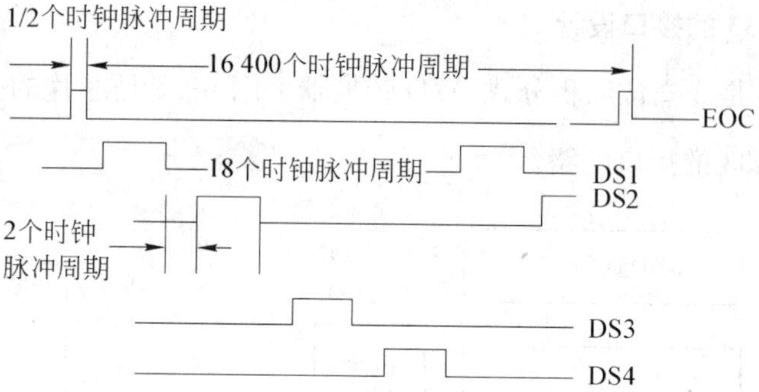

图 6-29 MC14433 转换结果输出时序波形

6.4.3 D/A 转换接口

在机电一体化产品中，很多被控对象要求用模拟量做控制信号，如交流电动机变频调速、直流电动机调速器、滑差电动机调速器等，而计算机是数字系统，不能输出模拟量，这就要求控制输出接口能完成 D/A 转换。常用的 D/A 器件有 DAC0832，DAC1210 等。下面以 DAC0832 为例介绍 D/A 接口设计。

DAC0832 是 8 位梯形电阻式 D/A 转换器，芯片内有数据锁存器，输出电流稳定时间 1 μs，功耗 20 mW。

1. DAC0832 的结构

图 6-30 示出了 DAC0832 的引脚排列及内部结构框图，主要引脚的功能如下：

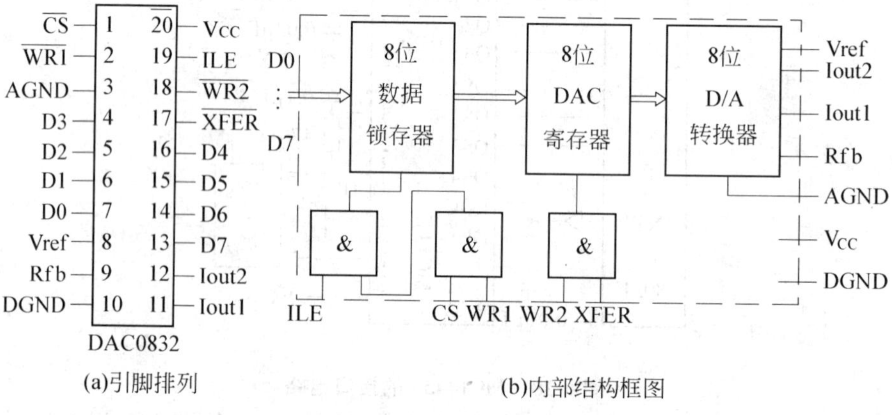

图 6-30 DAC0832 引脚排列及结构

——D0～D7：数据输入线，TTL 电平；

——ILE:数据锁存器允许控制信号输入线,高电平有效;

——$\overline{CS}$:片选信号线,低电平有效;

——$\overline{WR1}$:数据锁存器写选通信号线,负脉冲有效,当$\overline{CS}$为0,$\overline{WR1}$为0,ILE为1时,D0~D7上的数据被锁存到数据锁存器;

——$\overline{XFER}$:DAC寄存器数据输入控制信号线,低电平有效;

——$\overline{WR2}$:DAC寄存器写选通信号线,负脉冲有效,当$\overline{WR2}$和$\overline{XFER}$都为低电平时,数据锁存器的状态被传送到DAC寄存器中;

——Iout1:电流输出线,当输入数据为“0FF H”时最大;

——Iout2:电流输出线,其值与Iout1之和为一常数;

——Rfb:反馈信号输入线;

——V_{REF}:基准电压输入线,取值范围−10~+10 V。

从图6-31可以看出DAC0832有一个数据锁存器和一个寄存器,使用时可以先把数据送入锁存器,然后再送入寄存器,也可以“同时”送入。

2. DAC0832的接口

DAC0832属于电流型输出,应用时需外接运算放大器使之成为电压型输出,有单缓冲、双缓冲二种工作方式,图6-31是单缓冲器应用方式。当只有一路模拟量输出,或虽然有几路模拟量,但不需要作同步输出时,就可采用单缓冲器方式。

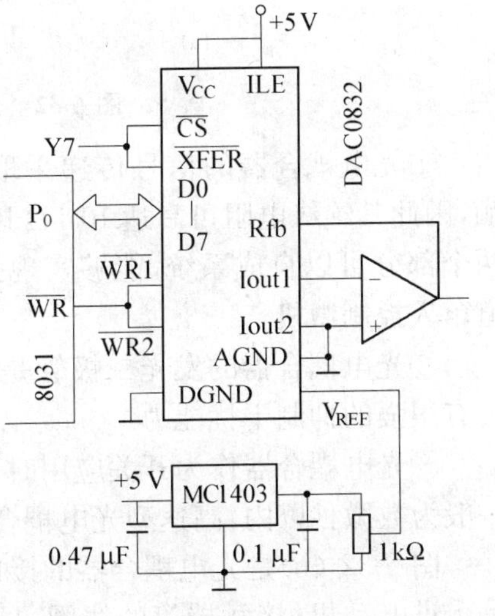

图6-31 DAC0832的单缓冲工作电路

6.4.4 功率接口

在机电一体化产品中,被控对象所需要的驱动功率一般都比较大,而计算机发出的数字控制信号或经D/A转换后得到的模拟控制信号的功率都很小,因而必须经过功率放大后才能用来驱动被控对象。实现功率放大的接口电路被称为功率接口电路。在控制微机和功率放大电路之间,人们常常使用光电隔离技术。下面首先介绍光电隔离器件,然后介绍一些电力电子器件和基本电路。

6.4.4.1 光电隔离器件

图6-32(a)所示的光电耦合器由发光二极管和光敏晶体管组成,当在发光二

极管二端加正向电压时,发光二极管点亮,照射光敏晶体管使之导通,产生输出信号。光电耦合器有如下特点:

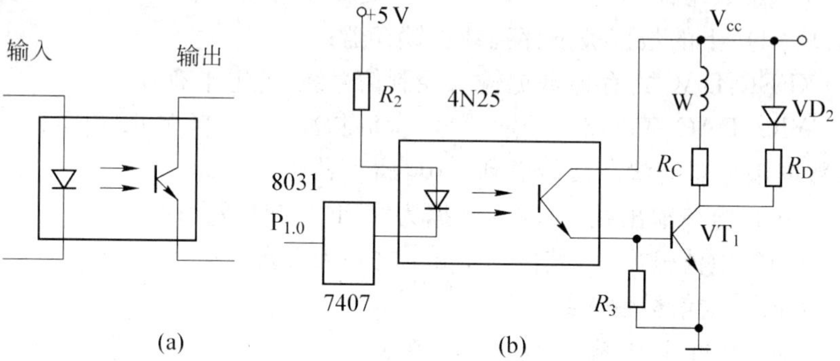

(a)　　(b)

图 6-32　光电耦合器及接口电路

①光电耦合器的信号传递采取电—光—电形式,发光部分和受光部分不接触,因此其绝缘电阻可高达 10^{10} Ω 以上,并能承受 2 000 V 以上的高压。被耦合的两个部分可以自成系统,能够实现强电部分和弱电部分隔离,避免干扰由输出通道窜入控制微机。

②光电耦合器的发光二极管是电流驱动器件,能够吸收尖峰干扰信号,所以具有很强的抑制干扰能力。

③光电耦合器作为开关应用时,具有耐用、可靠性高和高速等优点,响应时间一般为数微秒以内,高速型光电耦合器的响应时间有的甚至小于 10 ns。

图 6-32 (b)是光电耦合器的接口电路,图中的 VT_1 是大功率晶体管,W 可以是步进电动机、接触器等的线圈,VD_2 是续流二极管。若无二极管 VD_2,当 VT_1 由导通到截止时,由换路定则可知,电感 W 的电流不能突然变为 0,它将强迫通过晶体管 VT_1。由于 VT_1 处于截止状态,在 VT_1 两端产生非常大的电压,有可能击穿晶体管。若有续流管 VD_2,则为 W 中的电流提供了通路,电流不会强迫流过晶体管,从而保护了晶体管。

在接口电路中,应考虑光电耦合器的两个参数:电流传输比与时间延迟。

电流传输比是指光电晶体管的集电极电流 I_c 与发光二极管的电流 I_i 之比。不同结构的光电耦合器的电流传输比相差很大,如输出端是单个晶体管的光电耦合器 4N25 的电流传输比 $CRT \geqslant 20\%$,而输出端使用达林顿管的光电耦合器 4N33 的电流传输比 $CRT \geqslant 500\%$。电流传输比受发光二极管的工作电流 I_i 影响,当 I_i 为 10～20 mA 时,电流传输比最大。

时间延迟是指光电耦合器在传输脉冲信号时,输出信号与输入信号的延迟时间。

在图 6-32(b)中，当 8031 的 $P_{1.0}$ 为低电平时，设发光二极管中的电流为 10 mA，由于 4N25 的电流传输比 $CRT \geqslant 20\%$ ，所以光敏晶体管中的电流是 $I_c \geqslant$ 2 mA。大功率晶体管把这个电流放大就可以带动步进电动机等负载。

6.4.4.2 常用电力电子器件

1. 晶闸管

晶闸管又称可控硅，是目前应用最广的半导体功率开关元件，其控制电流可从数安培到数千安培。晶闸管的主要类型有单向晶闸管 SCR、双向晶闸管 TRIAC 和可关断晶闸管 GTO 等 3 种基本类型，此外还有光控晶闸管、温控晶闸管等特殊类型。

(1)单向晶间管　单向晶闸管(SCR)的符号和原理如图 6-33 所示。SCR 有 3 个极，分别是阳极 A、阴极 K 和控制极 G(又称门极)。从物理结构看它是一个 PNPN 器件，其工作原理可以用一个 PNP 晶体管和一个 NPN 晶体管的组合来加以说明。SCR 有截止和导通两个稳定状态，两种状态的转换可以由导通条件和关断条件来说明。

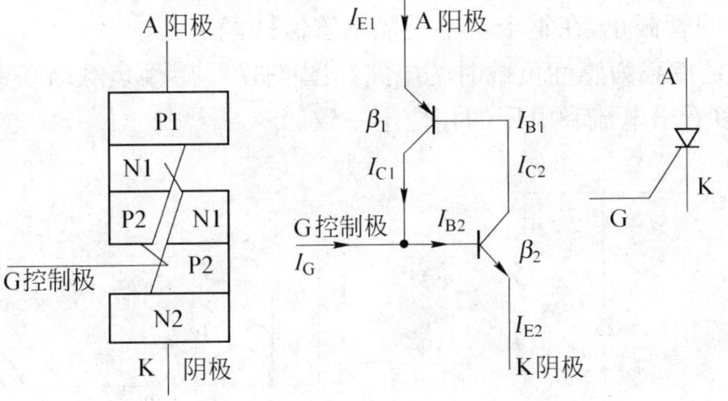

图 6-33　晶闸管的原理图、符号

导通条件是指晶闸管从阻断到导通所需的条件，这个条件是在晶闸管的阳极加上正向电压，同时在控制极加上正向电压。

关断条件是指晶闸管从导通到阻断所需要的条件。晶闸管一旦导通，控制极对晶闸管就不起控制作用了。只有当流过晶闸管的电流小于保持晶闸管导通所需要的电流即维持电流时，晶闸管才关断。下面的例子表明了晶闸管导通和截止的条件。

在图 6-34 中，电源电压是正弦交流电，若负载是一个纯电阻，由图 6-35 可知：

$$V_s = V_m \sin \omega t$$

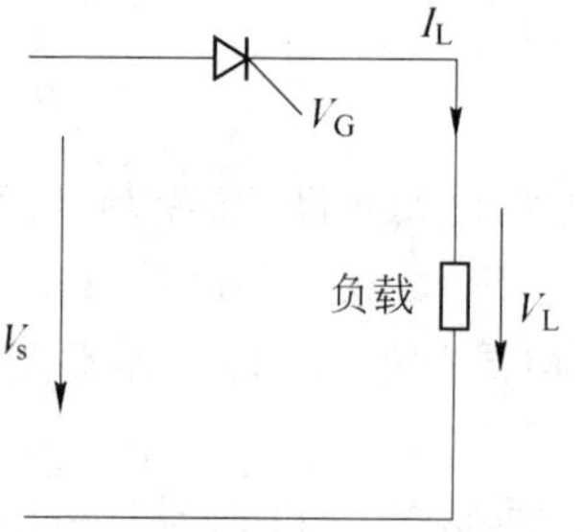

图 6-34　SCR 接口电路

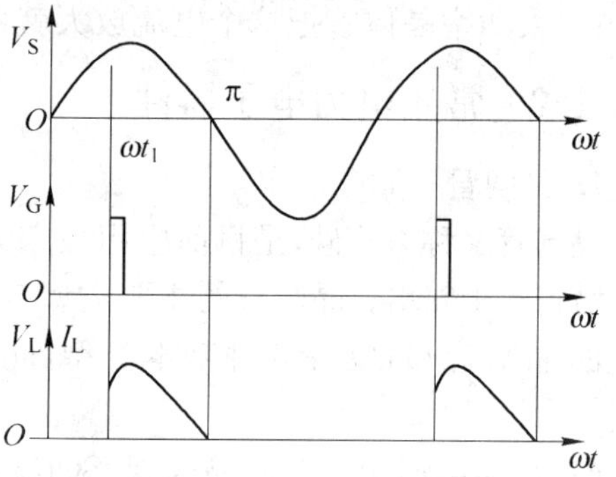

图 6-35　电阻负载上的电压和电流波形

在 $\omega t=0\sim\omega t_1$ 区间，SCR 截止。

在 $\omega t=\omega t_1$ 时，电源电压处在正半周，控制极出现触发脉冲，满足晶闸管导通条件，晶闸管导通。在 $\omega t_1\sim\pi$ 区间，SCR 保持导通。

在 $\omega t=\pi$ 时，电源电压为 0，由于电流和电压同相位，电流也为 0，满足晶闸管截止条件，晶闸管截止，在整个负半周晶闸管保持截止。

图 6-36 是负载为感性负载时的电路。图 6-37 是感性负载时负载电压和电流的波形。可以看出电流和电压的相位不一致。

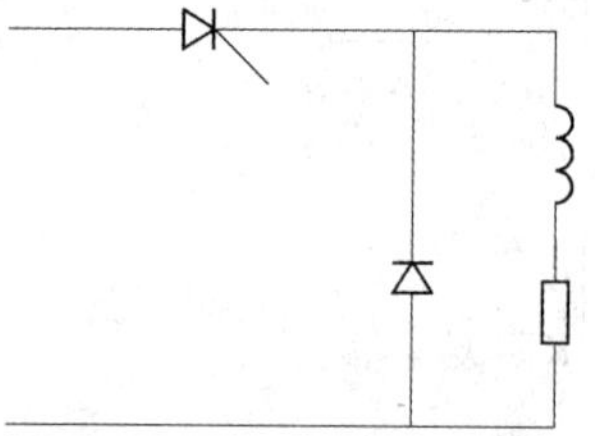

图6-36　与感性负载并联续流二极管

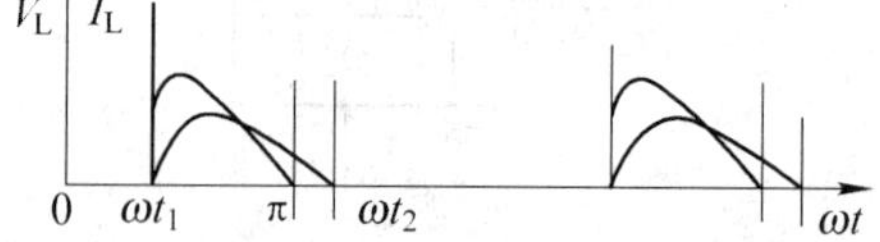

图 6-37　电感性负载时负载上的电压、电流波形

在 $\omega t=0\sim\omega t_1$ 区间，SCR 截止。

在 $\omega t=\omega t_1$ 时，电源电压处在正半周，控制极出现触发脉冲，满足晶闸管导通条件，晶闸管导通。由于是电感性负载，电流不是突然变大，而是从 0 开始逐渐增大，在 $\omega t_1\sim\pi$ 区间，SCR 保持导通。

在$\omega t=\pi$时，由于是感性负载，虽然电源电压为0，但电流不为0，晶闸管不满足截止条件，所以晶闸管不截止。虽然电流不为0，但电流在减少，到$\omega t=\omega t_2$时，电流减少到0，满足了晶闸管截止条件，晶闸管截止。

为了使晶闸管在电源电压降到0时能及时关断（也为了负载上不出现负电压），可以在电感性负载两端并联一个二极管（图6-36）。这个二极管具有图6-32中的二极管同样的功能。

（2）双向晶闸管　双向晶闸管（TRIAC）是具有公共门极的一对反并联普通晶闸管，它的结构见图6-38。图中N2区和P2区的表面被整片金属膜连通，构成双向晶闸管的一个主电极，此电极的引出端子称为主端子，用A2表示；N3区和P2区的一小部分被另一金属膜连通，构成反并联一对主晶闸管的公共门极端，用G表示；P1区和N4区被金属膜连通，构成双向晶闸管的另一个主电极，叫作主端子A1。这样，P1—N1—P2—N2和P2—N1—P1—N4就分别构成了双向晶闸管中一对反并联的晶闸管的主体。

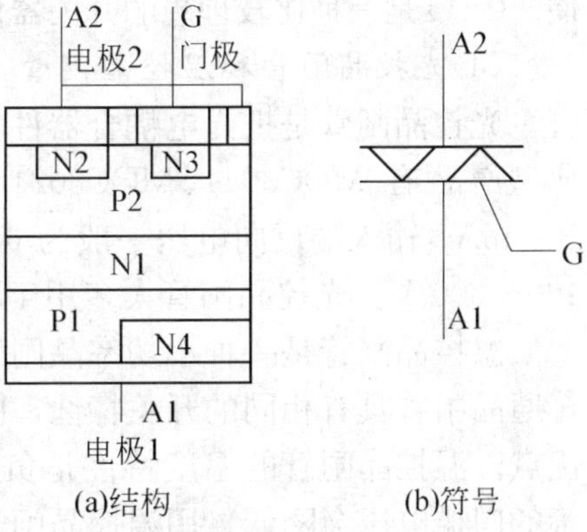

图6-38　双向晶闸管的结构和符号

双向晶闸管是双向导通的，它从一个方向过零进入反向阻断状态只是一个十分短暂的过程，当负载是感性负载时（如电枢），由于电流滞后于电压，有可能使电压过零时电流仍存在，从而导致双向晶闸管失控（不关断）。为使双向晶闸管正确工作，应在其两主电极A1与A2间加RC电路。

（3）门极可关断晶闸管　门极可关断晶闸管（GTO）的内部结构及表示符号如图

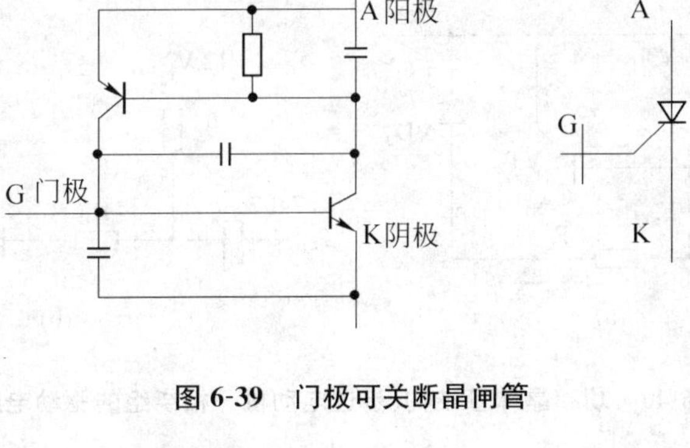

图6-39　门极可关断晶闸管

6-39 所示，与 SCR 相比，GTO 有更灵活方便的控制性能，即当门极加上正控制信号时 GTO 导通，在门极加上负控制信号时 GTO 截止。GTO 是一种介于普通晶闸管和大功率晶体管之间的电力电子器件，它既像 SCR 那样耐高压、可通过电流大、造价便宜，又像 GTR 那样具有自关断能力、工作频率高、控制功率小、线路简单、使用方便。GTO 是一种比较理想的开关器件，在大容量领域里很有发展前途。

(4)光控晶闸管和温控晶闸管　光控晶闸管和温控晶闸管是两类特种晶闸管。光控晶闸管是把光电耦合器件与双向晶闸管做到一起形成的集成电路，它的典型产品有 MOC3041、MOC3021 等。光控晶闸管的输入电流一般为 10～100 mA，输入端反向电压一般为 6 V；输出电流一般为 1 A，输出端耐压一般为 400～600 V。光控晶闸管大多用于驱动大功率的双向晶闸管。

温控晶闸管是一种小功率晶闸管，它的输出电流一般在 100 mA 左右。它和普通晶闸管具有相同的开关特性，并且与热敏电阻、PN 结温度传感器相比有较多优点。温控晶闸管的温度特性是负特性，也就是说当温度升高时，正向温控晶闸管的门槛电压会降低。用温控晶闸管可实现温度的开关控制，在温控晶闸管的门极和阳极或阴极之间加上适当器件，如电位器、光敏管、热敏电阻等，可以改变晶闸管导通温度值。温控晶闸管一般用于 50 V 以下的场合。

2. 功率晶体管(GTR)

(1)功率晶体管的特点　功率晶体管是指在大功率范围应用的晶体管，有时也称为电力晶体管。GTR 是 20 世纪 70 年代后期的新产品，它把传统双极晶体管的应用范围由弱电扩展到强电领域，在中小功率领域有取代功率晶闸管的趋势。与晶闸管相比，GTR 不仅可以工作在开关状态，也可以工作在模拟状态；GTR 的开关速度远大于晶闸管，并且控制比晶闸管容易。其缺点是价格高于晶闸管。

(2)功率晶体管的结构　GTR 的结构如图 6-40(a)所示。功率晶体管不是一般意义上的“晶体管”，从本质上讲，它是一个多管复合结构，有较大的电流放大倍

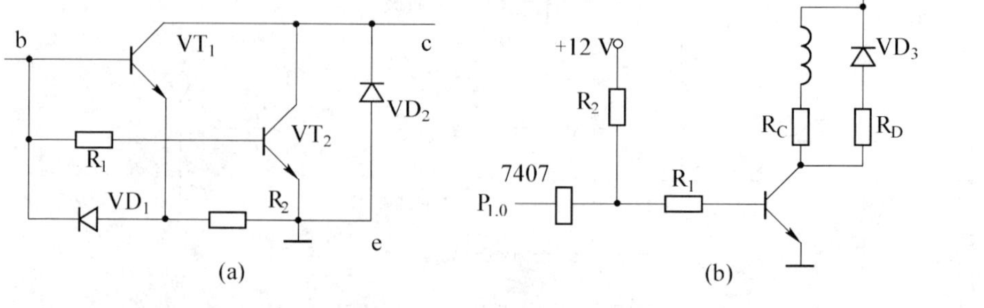

图 6-40　功率晶体管结构、步进电动机一相绕组的驱动电路

数，其功率可高达几千瓦。其中的 VT_1 和 VT_2 组成达林顿管，二极管 VD_1 是加速二极管，在输入端 b 的控制信号从高电平变成低电平的瞬间，二极管 VD_1 导通，可以使 VT_1 的一部分射极电流经过 VD_1 流到输入端 b，从而加速了功率晶体管的关断。VD_2 是续流二极管，对晶体管 VT_2 起保护作用，特别对于感性负载，当 GTR 关断时，感性负载所存储的能量可以通过 VD_2 的续流作用而泄放，从而避免对 GTR 的反向击穿。

(3)*功率晶体管的应用* 虽然功率晶体管有开关状态和模拟状态两种工作状态，但在机电产品中，它基本被用来做高速开关器件，图 6-40(b)是用功率晶体管做功放元件的步进电动机一相绕组的驱动电路，图中 VD_3 的作用与图 6-32 中 VD_2 的作用相同。

应该强调一点，当功率晶体管工作在开关状态时，其基极输入电流应选得大一些，否则，晶体管会增加自身压降来限制其负载电流，从而有可能使功率晶体管超过允许功率而损坏。这是因为晶体管在截止或高导通状态时，功率都很小，但在开关过程中，晶体管可能出现高电压、大电流，瞬态功耗会超过静态功耗几十倍。如果驱动电流太小，会使晶体管陷入开头过渡的危险区。

3. 功率场效应晶体管

功率场效应晶体管(功率 MOSFET)简称场效应管，它的结构和传统 MOSFET 不同，主要是把传统 MOSFET 的电流横向流动变为垂直导电的结构模式，目的是解决 MOSFET 器件的大电流、高电压问题。它有比双极性功率晶体管更好的特性，主要表现如下几个方面：

①由于功率 MOSFET 是多数载流子导电，因而不存在少数载流子的储存效应，从而有较高的开关速度；

②具有较宽的安全工作区而不会产生热点，同时，由于它具有正的电阻温度系数，所以容易进行并联使用；

③具有较高的阈值电压(2～6 V)，因此有较高的噪声容限和抗干扰能力；

④具有较高的可靠性和较强的过载能力，短时过载能力通常为额定值的 4 倍；

⑤由于它是电压控制器件，具有很高的输入阻抗，因此驱动电流小，接口简单。

场效应管的表示符号如图 6-41 所示，其中 G 为栅极，即控制极，S 为源极，D 为漏极。在漏极 D 和源极 S 间的反向二极管是在管子制造过程中形成的。图 6-42 示出了两种驱动电路，图中 R_L 为负载电阻。

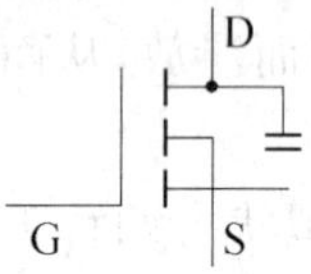

图 6-41 功率场效应晶体管符号

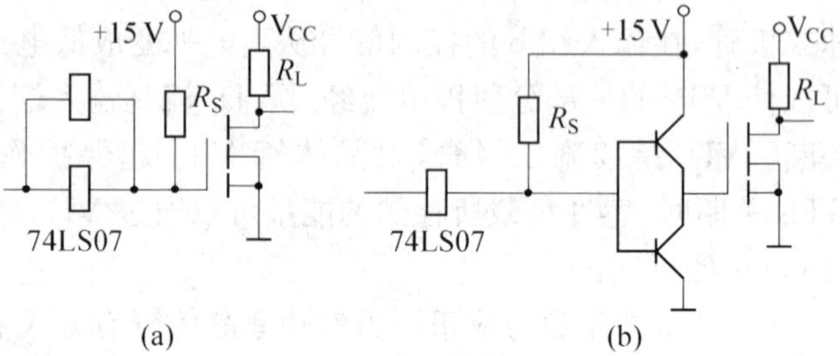

图 6-42 功率场效应晶体管的驱动电路

由于功率场效应管绝大多数是电压控制而非电流控制，吸收电流很小，因此TTL集成电路也就足以驱动大功率的场效应晶体管。又由于TTL集成电路的高电平输出为3.5～5 V，直接驱动功率场效应管偏低一些，所以在驱动电路中常采用集电极开路的TTL集成电路。图6-42(a)中所示电路中，74LS07输出高电平取决于上拉电阻R_S的上拉电平，为保证有足够高的电平驱动功率场效应管导通，也为了保证它能迅速截止，在实际中常把上拉电阻接到＋10～＋15 V电源。

功率场效应管的栅极G相对于源极S而言存在一个电容，即功率场效应管的输入电容，这个电容对控制信号的变化起充放电作用，即平滑作用。控制电流越大，充放电越快，功率场效应管的速度越快。故有时为了保证功率场效应管有更快的开关速度，常采用晶体管对控制电流进行放大，如图6-42(b)所示。另外，在实际使用中，为避免干扰由执行元件处窜入控制微机，常采用脉冲变压器、光电耦合器等对控制信号进行隔离。

绝缘栅双极晶体管，简称为IGBT，是20世纪80年代出现的新型复合器件，它将MOSFET和GTR的优点集于一身，既具有输入阻抗高、速度快、热稳定性好和驱动电路简单的特点，又具有通态电压低、耐压高和承受电流大等优点。IGBT的符号见图6-43。

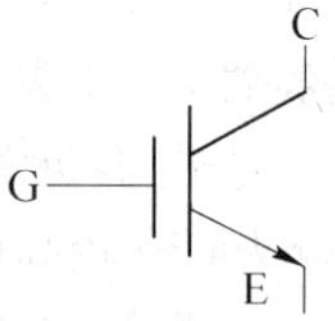

图 6-43 IGBT的符号

4. 固态继电器

固态继电器(SSR)是一种无触点功率型通断电子开关，又名固态开关。当在控制端输入触发信号后，主回路呈导通状态；无控制信号时主回路呈阻断状态，控制回路与主回路间采取了电隔离及信号隔离技术。固态继电器与电磁继电器相比，具有工作可靠、使用寿命长、外界干扰小、能与逻辑电路兼容、抗干扰能力强、开关速度快和使用方便等优点。在使用时，应考虑其应用特性如下：

①根据产品功能不同，固态继电器输出电路可接交流或直流，对交流负载有过零与不过零控制功能。

②由于固态继电器是一种电子开关，故有一定的通态压降和断态漏电流。

③负载短路易损坏 SSR，应特别注意避免。

图 6-44 示出了 8031 单片机通过固态继电器控制一交流接触器的控制线路。当 $P_{1.0}$ 输出高电平时，固态继电器导通；交流接触器 K 吸合，主电路导通；$P_{1.0}$ 为低电平则使主电路关断。

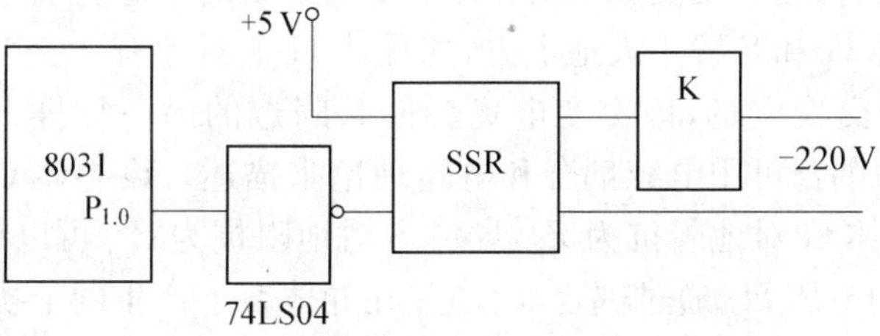

图 6-44 SSR 应用

6.5 系统干扰与抑制

在机电一体化系统中，抗干扰是一个非常重要的问题。系统的抗干扰性能是系统可靠性的重要指标。抑制干扰应从消除或抑制干扰源、截断干扰的传播途径、提高敏感设备的抗干扰能力 3 个方面考虑。

实际遇到的干扰源可分为自然干扰源和人为干扰源。自然干扰源是指自然界的电磁现象产生的电磁噪声，比较典型的有大气噪声，如雷电；太阳噪声，太阳黑子活动时产生的磁爆；宇宙噪声，来自银河系；静电放电等。人为干扰源指各种家用电器、民用设备、电力设备、电台等产生的干扰。在人为干扰源中，电源和地线引起的干扰比较突出。

干扰可以通过导线传输，即通过设备的信号线、控制线、电源线等直接侵入敏感设备，这种方式称为传导干扰。干扰源周围空间存在着电场和磁场，会对附近的敏感设备产生干扰，这种方式称为近场耦合。同时，干扰能量也会以电磁波的形式向远处传播，从而影响远处的敏感设备，这种方式称为远场辐射干扰。

6.5.1 屏蔽技术

屏蔽技术是通过切断辐射电磁噪声的传输途径来抑制干扰的屏蔽，可分为电场屏蔽和磁场屏蔽，根据屏蔽方法又可把屏蔽分为主动屏蔽与被动屏蔽。

1. 静电场的屏蔽

主动屏蔽是用金属体把带电体包围起来，并使起屏蔽作用的金属体接地。被动屏蔽是用金属体把敏感设备包围起来，并使起屏蔽作用的金属体接地。它们的屏蔽原理可以用物理上的静电场知识解释。

2. 交变电场的屏蔽

静电场是由静止电荷产生的，不随时间的变化而变化。在实际的电路中，电荷都是流动的，电场也是交变的，因此研究交变电场的屏蔽更有实际意义。图 6-45 中有 2 个导体 G 和 S 置于大地上方，如导体 G 上对地有一交变电压 U_g，则在其周围存在一个交变电场，该交变电场会使其附近的另一导体 S 产生感应电压 U_s。交变电场的耦合可用电容耦合和电路理论来描述。设导体 G 和 S 之间的耦合电容为 C_o，导体 G 对地阻抗为 Z_g，导体 S 对地阻抗为 Z_s，可以根据电路理论计算出导体 G 上的电压 U_g 通过耦合电容 C_o 在导体 S 上产生的干扰电压 U_s 为：

$$U_s=\frac{j\omega C_o Z_s}{1+j\omega C_o(Z_g+Z_s)}U_g \tag{6-1}$$

在频率较低时，式(6-1) 可以写成

$$U_s \approx j\omega C_o Z_s U_g \tag{6-2}$$

由式(6-2)可知，干扰电压与耦合电容 C_o 的大小成正比，耦合电容越大，干扰就越强。

如果在导体 G 和 S 之间插入一金属板(图 6-46)。使二导体间的耦合电容变成 C_g 和 C_s 串联再和 C_b 并联。C_g 是导体 G 和金属板的耦合电容，C_s 是导体 S 和

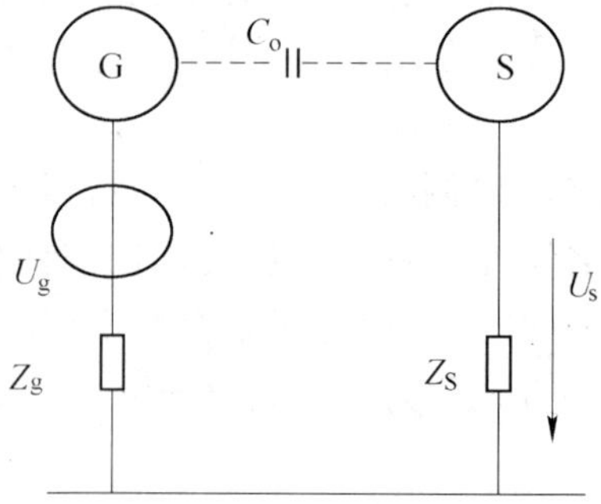

图 6-45　交变电场的耦合

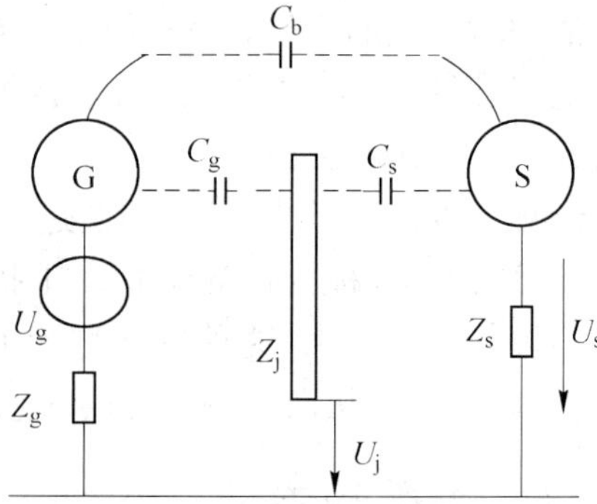

图 6-46　金属板的电场屏蔽

金属板的耦合电容，C_b 是导体 G 和 S 之间的耦合电容。由于耦合电容与导体的面积成正比，与导体间的距离成反比，显然 C_g 和 C_s 都大于 C_o，而 C_b 则小于无屏蔽时的 C_o。若忽略 C_b，且金属板对地的阻抗 $Z_j \ll Z_s$，则金属板上感应到的干扰电压为：

$$U_j = \frac{j\omega C_g Z_j}{1 + j\omega C_g (Z_g + Z_j)} U_g \tag{6-3}$$

如果金属板接地则 $Z_j = 0$，金属板上感应的干扰电压亦为 0。金属板上的干扰电压也会通过耦合电容 C_s 耦合到导体 S 上，导体 S 感应到的干扰电压为：

$$U'_s = \frac{j\omega C_s Z_s}{1 + j\omega C_s (Z_j + Z_s)} U_j \tag{6-4}$$

由式(6-3)和(6-4)可知，金属板接地使 $U_j = 0$，从而 $U'_s = 0$，这表明金属板接地切断了导体 G 的辐射电场对导体 S 的干扰途径，金属板起到了电场屏蔽的作用。应该注意的是，良好的接地是金属板产生电场屏蔽的先决条件。如不接地或接地不良可能产生比没有金属板时更严重的干扰，因为 C_g 和 C_s 都大于 C_o。

根据以上分析，无论是静电场还是交变电场，电场屏蔽的必要条件是有屏蔽金属体和接地。对于电场屏蔽只要把任何很薄的金属体接地就能达到良好的效果。

3. 低频磁场屏蔽

铁芯变压器是主动低频磁场屏蔽的例子，因为线圈电流产生的磁力线的绝大部分被铁心束缚住，不会对其他敏感设备产生太大影响。用导磁率高的材料把敏感设备包围起来是被动低频磁场屏蔽的例子。

4. 高频磁场屏蔽

高频磁场屏蔽是用金属良导体(如铜、铝等)把干扰源包围起来，由于“涡流”效应，高频磁场在良导体内部产生很大的涡流电流，使可能发射的高频磁力线的能量耗尽，从而达到磁屏蔽的效果。

5. 电磁场屏蔽

电磁场屏蔽用于抑制噪声源和敏感设备距离较远时通过电磁场耦合产生的干扰。电磁场屏蔽必须同时屏蔽电场和磁场，通常采用电阻率小的良导体材料。空间电磁波在入射到金属表面时会产生反射和吸收，电磁能量被大大衰减，从而起到屏蔽作用。

6.5.2 感性负载的瞬态噪声抑制及其触点的保护

如果电路的负载是感性的，在切断回路时电感两端产生很高的瞬间电压，使开关触点间产生飞弧而损坏触点。如果是电子开关，则起开关作用的晶体管等可能被损坏。同时产生强烈的脉冲噪声，通过辐射和传导向外发射，影响其他电路的正常工作。因此，必须在电感负载两端或开关触点处加装保护电路。

1. 电感负载两端并联放电通路

在电感两端并联放电通路的目的是在切断电感的电源时，给电感存储的能量提供一条释放能量的通路，避免产生触点间的火花放电和脉冲噪声，并联放电通路有以下几种形式。

(1)并联电阻通路　在电感负载二端并联电阻 R，如图 6-47 所示。图中的 R_L 是线圈的等效电阻，I_0 是开关断开之前电感中的电流，开关刚断开时电感两端的电压是 $U_L=-(R+R_L)I_0$，此后成指数衰减，衰减时间常数为 $L/(R+R_L)$。调整 R 的阻值，也就调整电感两端的电压及过渡过程的快慢。一般取 $R=(1\sim3)R_L$。这种电路无极性要求，交、直流都能用，其结构简单，常用在小电流电动机绕组和一般继电器中。缺点是工程过程中消耗功率，并且释放电感储能所需时间较长。

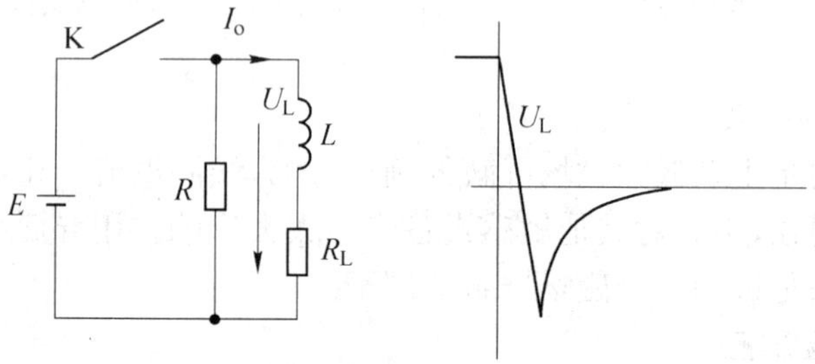

图 6-47　并联电阻通路、电压波形

(2)并联压敏电阻通路　并联压敏电阻的电路与图 6-47 的不同之处是 R 为压敏电阻，压敏电阻的符号如图 6-48。压敏电阻的特性是电压低于其阈值电压时，电阻变得很小，流过电流很大，该电路平时消耗功率小，释放储能时间短。常用于交直流电动机绕组、开关设备、变压器及一些功率较大的设备。

(3)并联稳压管、二极管电路　这种电路利用稳压管和二极管的箝位作用，使开关断开时电感二端不会出现太大电压，若是二极管，电压约为 0.7 V。稳压管电路适用于交直流情况，二极管电路只适用于直流电路。

(4)并联 R-C 通路　见图 6-49，开关断开后，电路成自由阻尼振荡电路，电压和电流为衰减正弦波形。交直流电源都可以使用，R 和 C 的取值为：

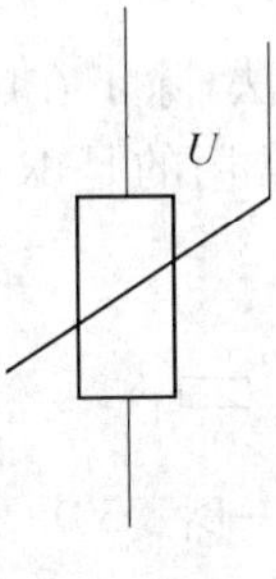

图 6-48 压敏电阻符号

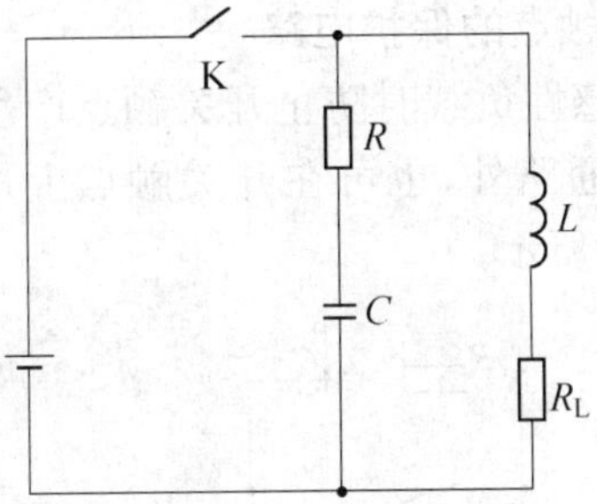

图 6-49 并联 R-C 通路

直流： $R=0.2R_L$， $C=\frac{L}{4R_L^2}$；

交流 ： $R=0.2\sqrt{R_L^2+(\omega L)^2}$， $C=0.2\frac{L}{4[R_L^2+(\omega L)^2]}$

(5)耦合线圈放电通路　直流电路中有铁心或磁环绕制的电感负载时可用这种方法。负载电感作为初级 n_1，另外在铁心上绕制一个线圈 n_2，与之紧耦合，作为次级回路，回路中串接二极管和小电阻，二极管的方向应使开关闭合时次级回路没有瞬态电流，而在开关断开后次级回路有瞬态电流。图 6-50 给出了这种电路的接法及电感中电流和电压的变化曲线。由于是直流应用，平时次级回路没有功率损耗，只有在开关 K 断开时初级线圈的能量才会耦合到次级上。由于次级回路阻抗很小，所以能量很快就释放了。这个电路虽然抑制效果好，但制作麻烦，只适用于直流电路，且电感必须绕在铁芯或磁环上。

(6)三极管放电通路　三极管放电通路如图 6-51 所示，图中二极管 VD 和三极管 VT_1 在正常工作时处于反偏置状态，所以电流仅流过负载电感 L，没有额外的功率损耗。一旦开关 K 断开，电感 L 产生的反向高电压使 TV_1 和 VD 都导通，稳压管 VD_2 和电阻 R 确定了三极管 VT_1 的偏置电压。由于三极管有放大作用，可以流过很大的电流，所以电感 L 中的能量被释放了。

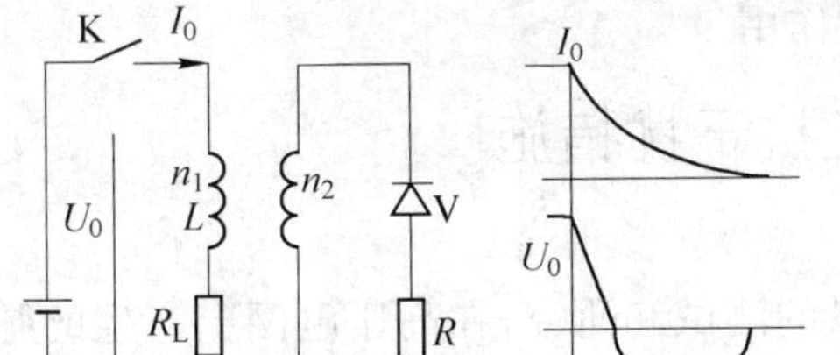

图 6-50 耦合线圈放电通路及电压电流波形

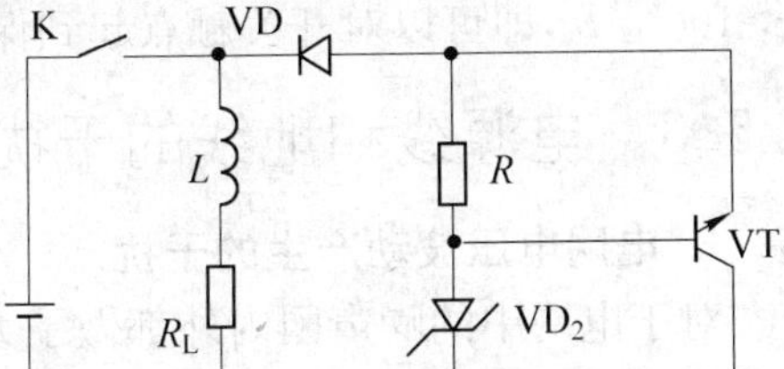

图 6-51 三极管放电通路

2. 开关触点的保护电路

切断电感性负载时防止开关触点产生火花放电的方法，除了在电感负载二端加能量释放通路外，也可在开关触点上加保护电路，最常用的是 R-C 保护电路。如图 6-52(a)所示。

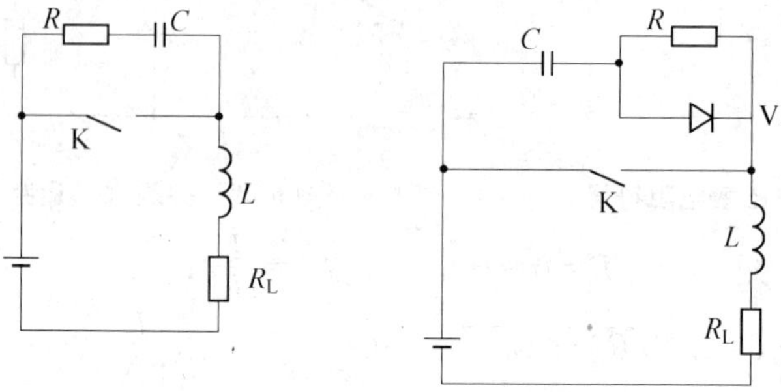

图 6-52 触点保护电路

图中 R 和 C 串联后跨接在开关的两端。当开关断开时电感中储存的能量通过 R-C 电路释放，避免了触点间产生放电。R 的选择要考虑两个方面的因素，一方面在开关断开瞬间希望 R 越小越好，以便电感中储存的能量尽快地转移到电容中去。另一方面当开关闭合时希望 R 尽可能大，以免电容上的能量通过开关触点放电时电流太大而烧坏触点。开关触点间存在两种形式的击穿放电，即气体火花放电和金属弧光放电。要防止气体火花放电，应控制触点间电压低于 300 V，要防止金属弧光放电，应控制触点间的起始电压上升率小于 1 V/μs，并把触点间最小瞬态电流控制在 0.4 A 以下。根据这些原则可以选择 R 和 C。

R-C 触点保护电路无极性要求，在交直流情况下都能应用。图 6-52 (b)给出了一种 R-C 保护电路的改进形式，即在 R 上并联二极管 VD。在开关断开时，二极管导通，R 不起作用，在开关闭合时，二极管不导通，R 起作用，这样只要满足 $R > 10U_0/I_0$，即可以对开关触点起到保护作用。

6.5.3 电源线和地线的干扰及抗干扰措施

1. 电网电压波动产生的干扰

对于电网中的噪声国内外都做了大量的测试和研究，在高压电网上产生的脉冲噪声大多数为重复性的振荡脉冲，振荡频率为 5 kHz～10 MHz，脉冲幅度为 200～3 000 V。在 380/220 V 的低压电网上的脉冲噪声大多数是无规律的正、负尖脉冲，有时有振荡，频率可达 20 MHz，脉冲峰值为 100 V～10 kV。除尖峰脉冲外，电网的电压也经常产生瞬时扰动，一般为零点几秒，幅度可达额定电压的10%～50%，由此可见工业用电网上的噪声是很严重的。

计算机系统对电源的要求比较高，使用电网供电时应有抗干扰措施。

2. 共阻抗耦合

当设备或元件共用电源线和地线时，设备或元件就会通过公共阻抗产生相互干扰，如共用电源则称共电源阻抗干扰，如共用地线则称共地线阻抗干扰。

(1)共电源阻抗干扰　电源为系统中所有设备共用，其电源内阻也为所有设备共用。当其中一个功率足够大的设备工作时，会使电源的电流增加，从而使电源内阻上的压降增加，进而使其他设备的端电压降低。供电线路具有电感，瞬态变化的电流将在这些电感上产生电压降，当电压降超过数字逻辑元件的噪声容限时就会产生干扰。

(2)共地线阻抗干扰　工作地线的本来目的是给电源和传输信号提供一个等电位，但在实际电路中工作地线常常兼作电源和信号的回流线。工作地线总是具有一定的电阻和分布电感，一般电阻很小可以忽略，但高频时电感的感抗不能忽略。当回流流过工作地线时，就会在地线的阻抗上产生电压降，因此地线上各点的电位不同，任意两点间存在着一定的电位差，这就可能产生共阻抗干扰。

3. 电网电压波动的抗干扰措施

①计算机控制系统的供电应该与大功率的动力负载供电分开。

②在经常停电的地方，计算机控制系统的供电应考虑安装不间断电源(UPS)。

③对于较长时间欠电压、过电压和电压波动的地方，应安装交流稳压器。交流稳压器的类型有电子磁饱和交流稳压器、铁磁谐振式稳压变压器、抽头式交流稳压器等。

4. 电子设备内部电源线抗干扰措施

把去耦合电容加在每个集成片的电源端子之间。去耦合电容为集成片的瞬态变化电流提供了一个就近的高频通道，使该电流不至于通过环路面积较大的供电线路，从而大大减小了向外的辐射噪声。

5. 接地技术

接地的含义是提供一个等电位点或等电位面。接地可以接真正的大地，也可以不接。例如飞机上的电子电气设备接飞机壳体就是接地。接地的目的有两个，一是为了保护人身和设备的安全，免遭雷击、漏电、静电等危害，这类地线称为保护地线，应与真正大地连接。二是为了保证设备的正常工作，这类地线称为工作地线。在电子设备中一定要注意工作地线的正确接法，否则非但起不到保护作用反而可能产生干扰，例如共地线干扰、地环路干扰、共摸干扰等。人们常常把屏蔽接地称作第三类接地。

(1)*单点接地和多点接地* 实际电路中有单点接地和多点接地。低频电路($f<$10 MHz)一般采用单点接地方式，高频电路($f>$10 MHz)一般采用多点接地方式。

单点接地有单点串联接地(图 6-53)和单点并联接地(图 6-54)之分。在实际电路中常常把单点并联和单点串联方式结合起来使用。首先把容易产生相互干扰的电路各自分成小组，例如把模拟电路和数字电路、小功率和大功率电路、低噪声电路和高噪声电路等区分开。在每个组内采用单点串联方式把各电路的接地点串联起来，选择在电平最低的电路处作为小组接地点(如模拟地、数字地等)。分组后再把各小组的接地点按单点并联的方式分别连接到一个独立的总接地点(图 6-55)。图 6-53、图 6-54 中的 z_1、z_2、z_3 是与地线的分布电阻、分布电感、分布电容相应的地线阻抗。

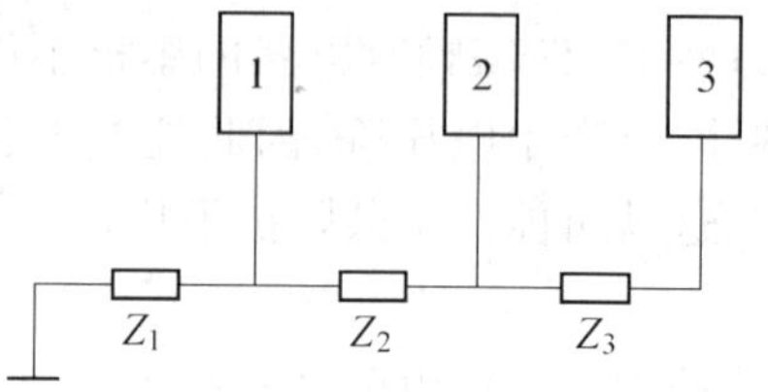

图 6-53 单点串联接地

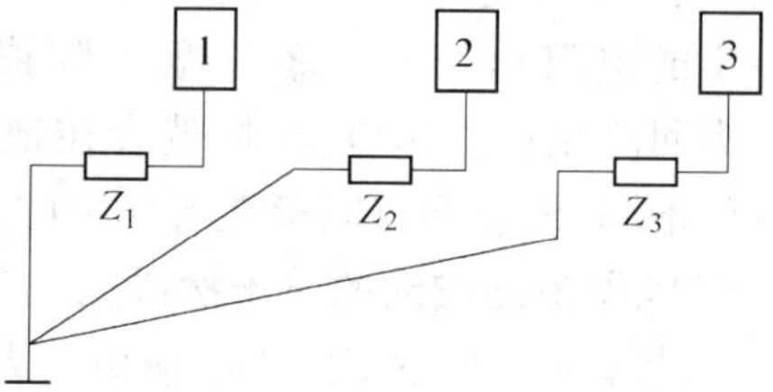

图 6-54 单点并联接地

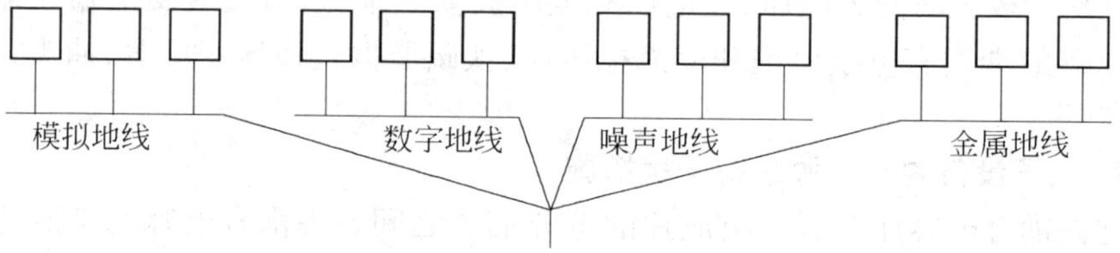

图 6-55 单点串联和单点并联混合接地方式

多点接地的思路是把需要接地的电路就近接到一金属面上，各电路接地点到金属面的引线要尽可能缩短。金属面要导电好、面积大，不易产生共阻抗干扰。在印制电路板上常用大块的金属面而不是用轨线作地线，在多层印制电路板中专门有一层用作地线，在设备中则常用机壳作地线。

(2)*电缆的屏蔽接地* 人们常常用到屏蔽电缆，在低频时使用屏蔽层单端接地，在高频时采用屏蔽层双端接地。

(3)地环路引起的干扰　在布置设备的地线时我们一般不希望把地线布置成封闭的环状，一定要留有开口。因为封闭环在外界电磁场影响下会产生感应电动势，从而产生电流，电流在地线阻抗上有电压降，于是地线上各点电位不相同，容易导致共阻抗干扰。这里的地环路不是指这种由地线本身构成的环路，而是指电路多点接地并且电路间有信号联系时构成的回路，图 6-56 是形成地环路的例子。

在机电一体化系统中地环路引起的干扰是必须考虑的问题，因为一般用来监测设备工作状态的传感器距离控制设备都比较远，两处的地电位可能差别较大，而且传感器往往安装在工业现场，周围由强电设备产生的电磁噪声较强，很容易产生地环路干扰。

抑制地环路干扰的方法是切断地环路。图 6-57 是用光电耦合器切断地环路的例子，也可以用隔离变压器切断地环路。

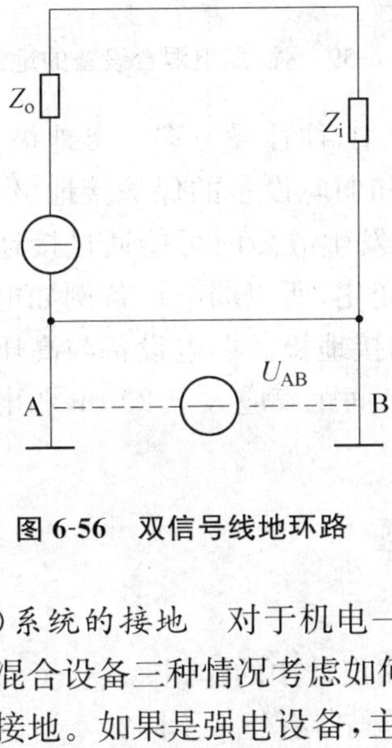

图 6-56　双信号线地环路

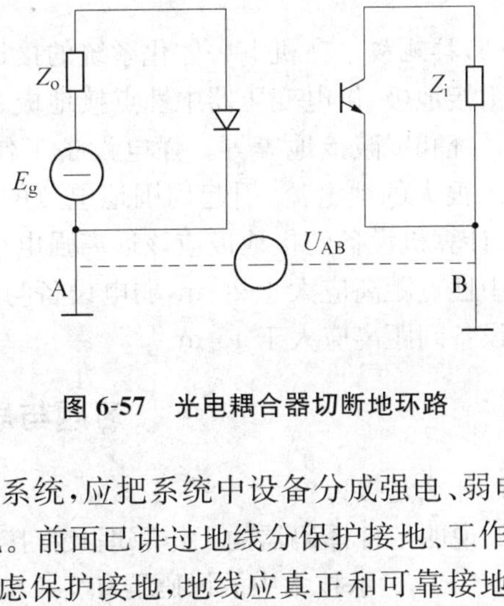

图 6-57　光电耦合器切断地环路

(4)系统的接地　对于机电一体化系统，应把系统中设备分成强电、弱电、强电弱电混合设备三种情况考虑如何接地。前面已讲过地线分保护接地、工作接地和屏蔽接地。如果是强电设备，主要考虑保护接地，地线应真正和可靠接地。如果是弱电设备，保护地线和屏蔽地线最终都是连接到某一点，然后接大地，但是系统地线则不一定，有时系统地线是浮置的(图 6-58)。系统地线浮置方式仅适用于小型设备(这时电路对机壳的分布电容较小)和频率较低的电路，电路较复杂、工作速度较高的控制设备则不应采用浮置方式，其系统地线、屏蔽地线、保护地线应在机柜上的中心接地点汇合。

如果是强、弱电混合设备，各个设备的系统地线、屏蔽地线、保护地线一般不在机柜上的中心接地点汇合，而是分别引出机柜外，然后与相应的接地母线相连接(图 6-59)。地线的长度增加会使地线阻抗增加，特别是地线长度为地线中电流波长 λ 的 1/4 时，地线阻抗非常高，并且地线长度变成了辐射天线，向外辐射噪声，所以地线长度应为 $\lambda/10 \sim \lambda/20$ 及以下。对大多数工业控制设备而言，由于信号电缆的分布电容和输入装置的滤波等因素的影响，装置间的信号交换频率不高，一般以 1 MHz 为上限。根据上述要求可求得地线的长度为15～30 m。

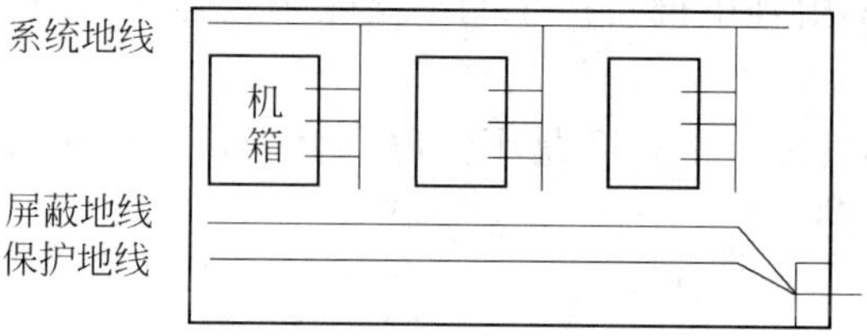

图 6-58　浮置的系统地线布置

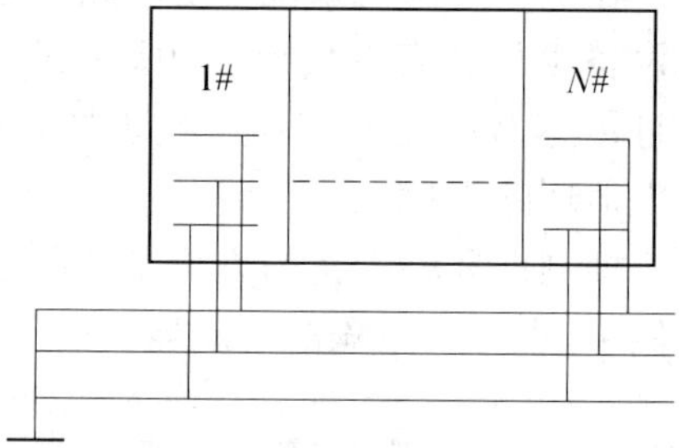

图 6-59　强、弱电混合设备的地线布置

(5)接地极　在机电一体化系统的接地布置中，往往设有多个接地极接大地，如避雷接地极、供电变压器中性点接地极、强电和弱电设备的保护接地极、弱电设备的系统和屏蔽接地等等。强电设备工作时或发生故障时可能通过接地极向大地注入很大的地电流，引起周围地电位的剧烈变化，所以弱电设备例如电子控制设备、计算机设备的接地极应该远离强电设备的接地极。弱电设备与高压供电变压器中性点距离应大于 20 m，弱电设备与避雷针间距离应大于 20 m，弱电设备与强电设备间距离应大于 15 m。

习题与思考题

1. 什么是接口?
2. 说明地址译码器的工作原理及在接口电路设计中的作用。
3. LED 显示技术中的译码器和 74LS 138 译码器有什么不同?
4. A/D 转换分几类?
5. 晶闸管、大功率晶体管、功率场效应管各有什么特点?
6. 采样频率受哪些因素影响? 什么是奈奎斯特采样定理? 测量系统中的抗混叠滤波起什么作用?
7. 地线的长度受什么因素的限制?
8. 在机电一体化产品中，采用 8031 做控制机，要求通过两片简单输入口

74LS245 芯片设计出 4 位十进制输入、BCD 码输出的 BCD 码拨盘，试画出接口电路，并说出输入 1234 这个数，两片 74LS245 芯片 B1～B8 分别为何值。

9. 在机电一体化产品中，采用 8031 做控制机，要求通过地址译码器 74LS138 扩展并行口 8255A 来控制 6 位 LED 静态显示器，试画出接口电路，并写出要显示一个 6 位数日期 CPU 的 P_2 和 P_0 口给出的信号（分别写出段选码为共阳极和共阴极时的信号）。

10. 在机电一体化产品中，采用 8031 做控制机，要求通过地址译码器 74LS138 和译码驱动芯片 MC14495 控制 8 位 LED 静态显示，完成硬件译码接口电路的设计，并写出要显示某一个 8 位数日期 CPU 的 P_1 给出的信号。

11. 在机电一体化产品中，采用 8031 做控制微机，要求通过串行口扩展 74LS164 控制 6 位 LED 显示器，试画出接口电路。

12. 在机电一体化产品中，采用 8031 做控制机，要求通过并行口 8255A 控制 6 位动态 LED 显示器，试画出接口电路，并写出要显示一个 6 位数日期 8255A 的片选信号，8255A 的 PA、PB 口给出的信号。

13. 在机电一体化产品中，采用差动变压器进行位移测量，对应 0～10 mm 量程，传感器输出电压为 0～5 V，要求测量精度为 0.1 mm，采样频率为 100 次/s，试进行 A/D 转换接口设计。

14. 在某设备中，采用变频调速器对电动机进行速度控制，若对应于 0～5 V 的输入信号，调速器输出为 0～50 Hz，试进行控制输出接口设计（采用 0832 进行 D/A 转换）。

7　机电一体化总体设计

7.1　机电一体化总体设计的含义及内容

7.1.1　总体设计的含义

机电一体化总体设计是应用系统总体技术，从整体目标出发，综合分析机电一体化产品的性能要求及各机、电组成单元的特性，选择最合理的单元组合方案，实现机电一体化产品整体优化设计的过程。

随着大规模集成电路的出现，机电一体产品得到了迅速普及和发展，从家用电器到生产设备，从办公自动化设备到军事装置，机与电紧密结合的程度都在迅速提高，形成了一个纵深而广阔的市场。市场竞争规律要求产品不仅具有高性能，而且要有低价格，这就给产品设计人员提出了越来越高的要求。种类繁多、性能各异的集成电路、传感器和新材料等，给机电一体化产品设计人员提供了众多的可选方案，使设计工作具有更大的灵活性。如何充分利用这些条件，开发出满足市场需求的机电一体化产品，是机电一体化总体设计的重要任务。

7.1.2　总体设计的主要内容

一般来说，机电一体化总体设计包括下述一些主要内容。

1. 详尽搜集用户对所设计产品的需求

①设计任何系统，首先要收集所有相关的信息，包括设计需求、背景技术资料。设计人员在这一基础上应做出用户真正需要什么样的产品的判断。这一步是进行总体方案设计的最基本的依据，不可忽视。一般情况，需要对下列设计需求作详细地调查。设计对象自身的工作效率，包括年工作效率及小时工作效率。对于动力传动系统还要了解机械效率方面的需求。

②设计对象所具有的主要功能，包括总功能及实现总功能时分功能的动作顺序，特别是操作人员在总功能实现中所介入的程度。

③设计对象与其工作环境的界面。这主要有输入、输出界面，装载工件形式，操作员控制器的界面，辅助装置的界面，温度、湿度、灰尘等情况，以及这些界面中哪些是由设计人员保证的，哪些是由用户提供的。

④设计对象对操作者技术水平的需求。要求操作人员达到什么技术等级，并具备哪些专长。

⑤设计对象是否被制造过，假如与设计对象类似的产品已在生产，则应参观生产过程，并寻找有关的设计与生产文件。

⑥了解用户自身的一些规定、标准，例如厂标、一般技术要求、对产品表面的要求(防蚀、色彩)等。

2. 设计对象工作原理的设计

明确了设计对象的需求之后，就可以开始工作原理设计了，这是总体设计的关键。设计质量的优劣取决于设计人员能否有效地对系统的总功能进行合理的抽象和分解，并能合理地运用技术效应进行创新设计，勇于开拓新的领域和探索新的工作原理，使总体设计方案最佳化，从而形成总体方案的初步轮廓。

3. 主要结构方案的选择

机械结构类型很多，选择主要结构方案时，必须保证系统所要求的精度、工作稳定可靠、制造工艺性好，应符合运动学设计原则或误差均化原理。

按运动学原则进行结构设计时，不允许有过多的约束。但当约束点有相对运动且载荷较大时，约束处变形大，易磨损，这时可以采用误差均化原理进行结构设计。这时可以允许有过多的约束，例如滚动导轨中采用多个滚动体，是利用滚动体的弹性变形使滚动体直径的微小误差相互得到平均，从而保证了导轨的导向精度。

4. 摩擦形式的选择

设计机电一体化机械系统时要认真选择运动机构的摩擦形式，如果处理得不好，由于动、静摩擦力差别太大易造成爬行，会影响控制系统工作的稳定性。因此总体方案设计时，必须选取与工作要求相符的摩擦形式的导轨。导轨副相对运动时的摩擦形式有滑动、滚动、液体静压滑动、气体静压滑动等几种形式，各有不同的优缺点，设计时可以根据需求，综合考虑各方面因素进行选择。

5. 系统简图的绘制

选择或设计了系统中各主要功能元的解之后，用各种符号代表各子系统中功能元的解，包括控制系统、传动系统、电器系统、传感检测系统、机械执行系统等，根据总体方案的工作原理，画出它们的总体安排，形成机、电、控有机结合的机电一体化系统简图。

根据这些简图，进行方案论证，并作多次修改，确定最佳方案。在总体安排图中，机械执行系统应以机构运动简图或机构运动示意图表示，其他子系统可用方框图表示。

6. 总体精度分配

总体精度分配是将机、电、控、检测各系统的精度进行分配。精度分配时，应根据各子系统所用技术系统的特点进行分配，不应采取平均分配的方法，对于具有数字特征的电、控、检测子系统可按其数字精度直接分配；对于具有模拟量特征的机、电、检测子系统，则可按技术难易程度进行精度分配。在精度初步分配后，要进行误差计算，把各子系统的误差按系统误差、随机误差归类，分别计算，并与分配的精度进行比较，进行反复修改，使各部分的精度尽可能合理，总体精度分配的目标是以满足总体精度为约束，使各子系统的精度尽可能低，达到获得最佳性能价格比的目标。

7. 总体设计报告

总结上述设计过程的各个方面，写出总体设计报告，为总体装配图和部件装配图的绘制做好准备。总体设计报告要突出设计重点，将所设计系统的特点阐述清楚，同时应列出所采取的措施及注意事项。

机电一体化总体设计的目的是设计出综合性能最优或较优的总体方案，作为进一步详细设计的纲领和依据。应当指出，总体方案的确定并非是一成不变的，在详细设计结束后，应再对整体性能指标进行复查，如发现问题，应及时修改总体方案，甚至在样机试制出来之后或在产品使用过程中，如发现总体方案存在问题，也应及时加以改进。

7.2 产品的使用要求及性能指标

7.2.1 产品的使用要求

产品的使用要求包括功能性要求、经济性要求和安全性要求等，产品的性能指标应根据这些要求及生产者的设计和制造能力、市场需求等来确定。

1. 功能性要求

产品的功能性要求是要求产品在预定的寿命期间内有效地实现其预期的全部功能和性能。从设计的角度来分析，功能性要求可用下列性能指标来表达。

(1)功能范围　任何产品能实现的功能都有一定范围。一般来说，产品的适用范围较窄，其结构可较简单，相应的开发周期较短，成本也较低，但由于适用范围窄，市场覆盖面就小，产品批量也小，使单台成本增加。相反，如扩大适用范围，虽然产品结构趋于复杂，成本增加，但由于批量的增加又可以使单台成本趋于下降。

合理地确定产品的功能范围，不仅要考虑用户的使用要求，还要考虑经济上的合理性，应综合分析市场、技术难度、生产企业的实力等多方面因素进行决策。在所有影响因素中，最难以准确获得的是市场需求与功能范围之间的关系。如果能准确获得这一关系，就不难采用优化的方法做出最优决策。对于单件生产的专用机电一体化设备，则直接满足用户要求就可以了。

（2）精度指标　产品的精度是指产品实现其规定功能的准确程度，它是衡量产品质量的重要指标之一。精度指标需依据精度要求来确定，并作为产品设计的一个重要目标和用户选购产品的主要参考依据。一般情况下，精度越高，制造成本也越高。另一方面，精度降低可使成本和价格降低，导致产品销量增加，但在精度降低后，产品的使用范围将会随之缩小，又可能导致产品销量下降。因此，合理的精度指标确定是一个多变量优化问题，需要在确定了精度与成本、价格与销量关系后，才可进行优化计算，做出最优决策。

（3）可靠性指标　产品的可靠性是指产品在规定的条件下和规定的时间内，完成规定功能的能力。规定的条件包括工作条件、环境条件和储存条件；规定的时间是指产品使用寿命期或平均故障间隔时间；完成规定的功能是指不发生破坏性失效或性能指标下降性失效。

可靠性指标对成本、价格和销量的影响与精度指标类似，因此也需要在确定了可靠性与成本、价格与销量基本关系后，才能对可靠性指标做出最优决策。应当指出，当由于产品可靠性的增高使得“规定的时间”超过产品市场寿命期（即产品更新换代周期）时，继续提高可靠性是没有意义的。

（4）维修性指标　就当前的制造水平而言，在大多数情况下产品的平均故障间隔时间还都小于使用寿命期，还需要通过修理来保证产品的有效运行，以便在整个寿命期内完成其规定的功能。

维修可分为预防性维修和修复性维修。预防性维修是指当系统工作一定时间后，在尚未失效时所进行的检修；修复性维修是指产品在规定的工作期内因出现失效而进行的维修。

在产品设计阶段充分考虑维修性要求，可以使产品的维修度明显增加，例如可把预计维修周期较短的局部或环节设计成易于查找故障、便于拆装和便于维修的结构。维修性指标一般不会增加成本，不受其他要求的影响，因此可按充分满足维修性要求来确定，并依据维修性指标来确定最合理的总体结构方案。

2. 经济性要求

产品的经济性要求是指用户对获得具有所需功能和性能的产品所需付出的费用方面的要求。该费用包括购置费用和使用费用，用户总是希望这些费用越低越好。

(1)购置费用　影响购置费用的最主要因素是生产成本,降低生产成本是降低购置费用的最主要途径。在满足功能性要求和安全性要求的前提下,成本越低越好。成本指标一般按价格和销量关系定出上限,作为衡量设计是否满足经济性要求的准则。

在设计阶段降低成本的主要方法有:根据工作原理合理选择产品的结构和各零、部件及元、器件;充分考虑产品的加工和装配工艺性,在不影响工作性能的前提下,尽可能简化结构,力求用最简单的机构或装置取代非必需的复杂机构或装置,去实现同样的预期功能和性能;采用标准化、系列化和通用化的零件和器件,缩短设计和制造周期,降低成本。

(2)使用费用　使用费用包括运行费用和维修费用,这部分费用是在产品使用过程中体现出来的。在产品设计过程中,一般采取下述措施来降低使用费用:提高产品的自动化程度,以提高生产率,减少管理费用及劳务开支等;选用效率高的机构、功率电路或电器,以减少动力或燃料等的消耗;合理确定维修周期,降低维护费用。

3. 安全性要求

安全性要求包括对人身安全的要求和对产品安全的要求。前者是指在产品运行过程中,不因各种原因(如误操作等)而危及操作者或周围其他人员的人身安全;后者是指不因各种原因(如偶然故障等)而导致产品被损坏甚至永久性失效。安全性指标需根据产品的具体特点而定。

为保证人身安全常采取的措施有:①设置安全检测和防护装置,如数控机床的防护罩、互锁安全门,冲压设备的光电检测装置,工业机器人周围的安全栅等。②产品外表及壳罩等应倒角、去毛刺,以防划伤操作人员。③在危险部位或区域设置警告性提示灯或安全标语等。④当控制装置和被控对象为分离式结构时,两者之间的电气连线应埋于地下或架在高空,并用钢管加以保护,以防导线绝缘层损坏而危及人身安全。

为保证产品安全常采取的措施有:①设置各种保护电器,如熔断器、热继电器等。②安装限位装置、故障报警装置和急停装置等。③采用状态检测及互锁等方法,防止因误操作等所带来的危害。

7.2.2　性能指标的具体内容

性能指标可按使用要求划分为功能性指标、经济性指标和安全性指标,也可从设计的角度出发将性能指标划分为特征指标、优化指标和寻常指标3类。不同的性能指标,对产品总体设计的限定作用也不同。

——功能性指标包括运动参数、动力参数、尺寸参数、品质指标等实现产品功能所必需的技术指标。

——经济性指标包括成本指标、工艺性指标、标准化指标、美学指标等关系到产品能否进入市场并成为商品的技术指标。

——安全性指标包括操作指标、自身保护指标和人员安全指标等,是保证产品在使用过程中不致因误操作或偶然故障而引起产品损坏或人身事故方面的技术指标。对于自动化程度较高的机电一体化产品,安全性指标尤为重要。

——特征指标是决定产品功能和基本性能的指标,是设计中必须设法达到的指标。特征指标可以是工作范围、运动参数、动力参数、精度等指标,也可以是整机的可靠性指标等。特征指标在优化设计中起约束条件的作用。

——优化指标是在产品优化设计中用来进行方案对比的评价指标。优化指标一般不像特征指标那样要求必须严格达到,而是有一定范围和可以优化选择的余地。在设计中,优化指标往往不是直接通过设计保证的,而是间接得到的。常被选作优化指标的有生产成本、可靠度等。

——寻常指标是产品设计中作为常规要求的一类指标,一般不定量描述。例如,工艺性指标、人机接口指标(如宜人化操作等方面的要求)、美学指标、安全性指标、标准化指标等,通常都作为寻常指标。寻常指标一般不参与优化设计,只需采用常规设计方法来保证。

一般来讲,寻常指标有较为固定的范畴,而特征指标和优化指标的选定则应根据具体产品的设计要求来进行。一种产品设计中的特征指标,可能是另一种产品设计中的优化指标。某些指标在要求较为严格,必须经过周密设计才能达到时,应选为特征指标,而在要求较为宽松的情况下,则可选为优化指标。例如,在产品可靠性要求很高的情况下(如航空航天设备等),必须采用可靠性设计方法,把产品的可靠度作为特征指标进行设计,严格地限定所有零、部件和元、器件的失效率,才能保证产品的可靠性要求。但是,在可靠性无明显要求或要求较低、通常设计均可满足的情况下(如儿童玩具等),可将可靠度作为优化指标,在达到各特征指标要求的前提下,优化选择可靠度的方案。又如在对旧机床进行数控改造时,由于旧机床精度因长期磨损已经很低,改造的目的是用它完成一些品种少、形状复杂但精度要求较低的零件加工,因此可将成本选为特征指标,即要求改造费用不能超过某一数额,而将精度作为优化指标,即在费用不超的条件下,尽量提高精度。

7.3 产品优化设计

产品的优化设计实际上是总体设计步骤中的第三步，即主要结构方案的设计。在产品的性能指标确定之后，设计工作的主要任务是选择和设计适当的结构来满足这些指标。机电一体化产品中某些性能指标的实现需要采用机械和电子两种技术及相应的机械和电子两类构成环节，因此在产品优化设计时，将产品整体按功能分解成功能单元或子功能单元，以确定哪些功能单元采用机械技术实现，哪些采用电子技术实现，哪些必须采用机与电两种技术实现，并将性能指标合理分配到各功能单元，从而保证以最佳的结构方案实现产品的总体性能指标。

7.3.1 优化设计的条件

机电一体化设计比单一门类的设计有更多的可选择性和设计灵活性，因为某些功能既可以采用机械方案来实现，也可以采用电子硬件或软件方案来实现。实际上，这些可以互相替代的机械、电子硬件或软件方案必然在某个层次上可实现相同的功能，因而称这些方案在实现某种功能上具有等效性，这种等效性是进行机电一体化设计的充分条件之一。

目前，多采用多方案优化的方法来进行总体设计，即在满足约束条件（特征指标）的前提下，采用不同原理及不同品质的组成环节构成多种可行方案，用优化指标对这些方案进行比较、优选，从而获得满足特征指标要求，且优化指标最合理的总体设计方案。可见，这种设计方法的关键是多种方案的列出，如果所列出的方案中不包括最优方案，则从中优选出的方案只能是较优的，而不可能是最优的。

7.3.2 优化设计的方法

所谓系统的优化，是指在给定的条件下，使整个系统获得尽可能满意的结果。即高生产率地自动生产出性能好、质量高、成本低、受用户欢迎的畅销产品，为企业和国家获得满意的经济效益。由于机电一体化系统是多目标系统，往往不能达到全优，在此情况下，能获得综合性的结果，仍属于系统的优化目标。

在对机电一体化产品系统进行优化时，一般都伴随着最优决策。所谓最优决策，是指在可供选择的各种方案中选择最好的一个方案。对比较简单的系统，可以按照建立的数学模型来确定最优方案。对于一些不太复杂的子系统，可建立数学模型分析计算，进行最优决策。但要用数学模型描述一些复杂的大型系统，目前还是一个难题。对复杂的系统常用优化的评价标准和数学模型，进行最优决策或分析。

机电一体化产品优化设计方法有很多种，下面举例说明通过特征指标分析和优化指标分析进行优化设计的方法。

1. 以特征指标分析为主的优化设计方法

一个特征指标要由一系列具有一定功能的环节按一定关系连接起来加以实现。实现特征指标的环节构成方案可用功能框图的形式来表示（参见图 7-2）。功能框图与分析控制系统时所用的传递函数框图是不同的。功能框图中只表示各功能之间的相互连接关系，并不表示各功能的某种参量的具体关系。功能框图只是作为进一步建立具体关系的参考，它可以用来分析各环节方案的等效性和互补性，表示各种结构方案的异同，并可作为对产品进行定性分析或粗略定量考察的工具。

下面结合图 7-1 所示的 3 种砂轮磨削速度的控制方案，来进行特征指标的分析，或者说，如何根据特征指标去选择系统结构方案。

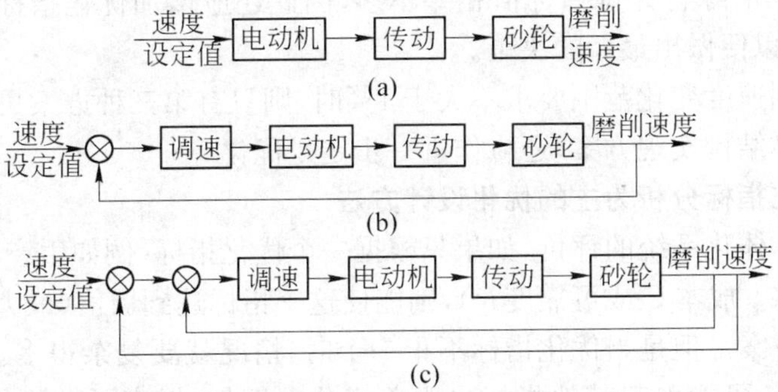

图 7-1 砂轮磨削速度控制的 3 种方案

设特征指标为砂轮的磨削速度。砂轮磨削速度的稳定性是影响被加工零件表面质量分散程度的重要因素，不同用途的磨床对砂轮磨削速度的稳定性有不同的要求。根据磨削速度的 3 种不同品质等级，可设计出不同的结构方案，其功能框图分别如图 7-1(a)、图 7-1(b)、图 7-1(c)所示。

在图 7-1(a)所示结构方案中，砂轮转速不可调整，磨削速度的变化主要是由于砂轮磨损导致直径改变而产生的，变化范围为 30%。在图 7-1(b)所示结构方案中，以磨削速度为反馈量调整砂轮转速，磨削速度的变化主要是由电网电压波动、平带打滑、磨削力变化等原因而引起的，变化范围为 4%左右。如果采用同步齿形带消除打滑，采用稳压器抑制电压波动，可使磨削速度的变化范围降至 1%左右。也就是说，这一结构方案所对应的磨削速度变化范围为 1%～4%。图 7-1(c)在砂轮主轴上增加了转速反馈，可将磨削速度的变化范围控制在 0.5%左右。

如果以磨削速度的变化范围为约束条件，以成本和可靠性为优化目标，来选择合理的结构方案，则可有下面几种结果：

①当磨削速度变化范围要求可大于 30%时，3 种结构方案都是可行的，再按优化指标进行评价，可确定图 7-1(a)所示结构方案最佳，因为该方案结构简单，所以成本低、可靠性好。

②当磨削速度变化范围要求不大于 30%时，后两种方案都是可行的，优化结果为图 7-1(b)所示方案较好。由于该方案具有机电互补性，因而还应进一步进行子功能分配、性能指标分配等定量优化工作。经过定量优化可得出该方案的变形方案，即采用手动开环调整砂轮转速的方案，这样可简化结构、降低成本、提高可靠性。

③当磨削速度变化范围要求不大于 5%时，后两种方案也都是可行的，优化结果是两种方案的综合评价指标值相差不多，因此还应增加优化指标，进行进一步的定量优化，以便做出最后的决策。

④当磨削速度变化范围要求不大于 1%时，则只有第三种方案可行，但为获得该方案的具体结构实现方案，还应作进一步定量优化。

2. 以优化指标分析为主的优化设计方法

对机电一体化系统的评价，如果只根据一个优化指标(例如生产率 Q、柔性 F、自动化程度 K_z、成本 C 或可靠度 R)，则能使这个指标达到极值(最大或最小)的方案就是最优方案。但是当优化指标不止一个时，情况就要复杂得多。因为其中一个指标的变化，可能引起其他指标也跟着变化。例如，提高柔性可能降低自动化程度，又如提高自动化程度和可靠性可能提高成本等。在实践活动中尤以多目标决策法最为常用，因为它设计的基本目标是多性能、低价格，即包含了技术性和经济性两大类指标。

如果优化指标不止一个，需要对不同的比较方案进行多目标决策时，建议采用化多为少的方法，即用一个统一的综合指标来代替多个指标，然后对各种方案进行评价，以便确定最优方案。

下面进行优化指标分析，通过实例具体介绍统一各指标量纲、构造评价函数的线性加权法。

设某个产品共有 m 个可行的方案，每个方案都选定 n 个优化指标；K_{ij} 为第 i 个方案中第 j 项优化指标值；$K_{\max j}$ 是第 j 项指标在各方案中的最大值；W_j 是第 j 项指标的加权值，它反映了这项指标在该产品中相对于其他各项指标的重要程度，且满足：

$$\sum_{j=1}^{n} W_j = 1, \qquad 0 \leqslant W_j \leqslant 1 \tag{7-1}$$

则采用线性加权法所构造的第 i 个方案的综合评价指标(即评价函数)为:

$$H_i = \sum_{j=1}^{n} W_j \frac{K_{ij}}{K_{\max j}}, \qquad i = 1,2,\cdots,m \tag{7-2}$$

这就是该产品的评价函数表达式,其中通过 K_{ij} 与 $K_{\max j}$ 的比值实现了各优化指标的无量纲相对化。

采用优化方法求式(7-2)的最大值,就可得到第 i 个方案的最佳评价函数值 $H_{i\max}$,即:

$$H_{\substack{i\max \\ K_{ij} \in D}} = \max_{K_{ij} \in D} \sum_{j=1}^{n} W_j \frac{K_{ij}}{K_{\max j}}, \qquad i = 1,2,\cdots,m \tag{7-3}$$

式中,D 是由约束条件限定的指标集合。由于这里是以综合评价指标 H_i 最大为优化目标,所以如果基本优化指标 K_{ij} 期望取得较小的值,则应将其负值(即 $-K_{ij}$)代入式(7-3)。

为了评价出最佳方案,应采用优化方法依次求出各方案的最佳评价函数值 $H_{i\max}$,然后对它们进行比较,从中选出最佳方案,其对应的评价函数值为:

$$H_{\max} = \max\{H_{i\max}, (i=1,2,\cdots,m)\} \tag{7-4}$$

下面举例说明上述方法的应用。

在设计某产品时,采用失效率、成本及模块化程度作为优化指标,其中失效率用各环节标准失效率的总和来表示,模块化程度用属于高度模块化的隶属度表示,成本以千元为单位。显然,失效率和成本应该越低越好,故在用式(7-2)构成评价函数时,失效率和成本应代入负值;而模块化程度是越高越好,在式(7-2)中应代入正值。各优化指标的权重系数 W_j 可按产品的实际使用要求确定,也可通过专家评分的方法确定。

表 7-1 列出了各项优化指标的权重系数 W_j,同时也列出了该产品的 4 种可行方案在满足特征指标约束的条件下按式(7-3)优化求得的最佳评价函数值 $H_{i\max}$ 及对应的最优解(即各优化指标的最佳取值)。例如,第一种方案的最佳评价函数值为

$$H_{1\max} = 0.5 \times \frac{-120}{210} + 0.3 \times \left(\frac{-7}{7}\right) + 0.2 \times \frac{0.5}{0.8} = -0.46$$

根据表 7-1 及式(7-4)可以容易地确定该产品的第二种方案是最佳方案,它所

对应的最佳评价函数值是 4 种方案中的最大者，即－0.37。

表 7-1 评价函数及优化指标值

优化指标 K_{ij}	可行方案 i				权重系数 W_j
	1	2	3	4	
失效率 $K_{i1}/(10^{-6}/h)$	120	170	180	210	0.5
成本 $K_{i2}/10^3$ 元	7	4	4	3	0.3
模块化程度 K_{i3}	0.5	0.8	0.7	0.5	0.2
评价函数 $H_{i\max}$	－0.46	－0.37	－0.42	－0.50	—

7.4 功能及精度指标分配

经过对性能指标的分析，得到了实现特征指标的总体结构初步方案。对于初步方案中具有互补性的环节，还需要进一步统筹分配机与电的具体设计指标，进行功能及精度指标分配，下面举例说明。

7.4.1 功能分配

具有等效性的功能可有多种具体实现形式，在进行功能分配时，应首先把这些形式尽可能地全部列出来。用这些具体实现形式可构成不同的结构方案，其中也包括多种形式的组合方案。采用适当的优化指标对这些方案进行比较，可从中选出最优或较优的方案。优化过程只需计算与优化指标有关的变量，不必等各方案的详细设计完成后再进行。下面以某定量称重装置中滤除从安装基座传来的振动干扰的滤波功能的分配为例，来说明等效功能的分配方法。

图 7-2 是该装置的初步结构方案，其中符号“△”表示装置中可建立滤波功能的位置。从安装基座传来的振动干扰影响传感器的输出信号，该信号再经放大

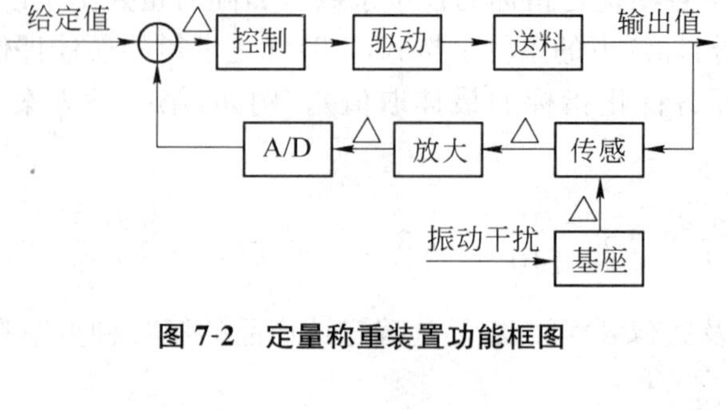

图 7-2 定量称重装置功能框图

器、A/D转换器送至控制器，使控制器的控制量计算受到干扰，因而使所称量产生误差。为保证称量精度，必须采用滤波器来滤除这一干扰的影响。

经过分析可知，可以采用3种滤波器来实现这一滤波功能，即安装在基座处的机械滤波器（又称阻尼器）、置于放大环节的模拟滤波器和以软件形式放在控制环节的数字滤波器。这3种滤波器在实现滤波功能这一点上具有等效性，但它们并不是完全等价的，在滤波质量、结构复杂程度、成本等方面它们具有不同的特点和效果。因此，必须根据具体情况从中择优选择一种最合适的方案。

通过对定量称重装置的工作环境和性能要求进行分析，可归纳出选择滤波方案的具体条件为：在存在最低频率为ω_1、振幅为h_1的主要振动干扰的条件下，保证实现以T为工作节拍、精度为K的称量工作，并且成本要低。因此，可选择成本作为该问题的优化指标。特征指标是对主要振动干扰的衰减率α_1和闭环回路中所允许的时间滞后T_c，其中衰减率α_1可根据干扰信号振幅h_1的要求的称量精度K计算得出，允许的滞后时间T_c可根据工作节拍T和称量精度K计算得出。详细计算方法这里不进行讨论。

滤波器放在不同位置，对系统的动态特性会产生不同的影响。从图7-2中可以看出，由基座形成的干扰通道不在闭环控制回路内，因此，如在这里安装机械滤波器，其衰减率及相位移不会影响闭环控制回路的控制性能，也就是说，不受特征指标的约束，不需要考虑相位特性，因而衰减率可以设计得足够大，容易满足特征指标α_1要求。但是由于干扰信号的最低频率ω_1低，机械式滤波器的结构较复杂，体积较大，因而成本也较高。

模拟式滤波器可以与放大器设计在一起，也可单独置于放大环节之后，但不论放在哪一位置，都是在闭环回路内。由于ω_1干扰信号的低端频率，所以这里应采用低通滤波器。由低通滤波器的特性可知，当在控制回路内串入低通滤波器后，将使控制系统的阶跃响应时间增加，相位滞后增大，快速响应性能降低。因此，模拟滤波器性能的选择受特征指标T_c的约束，不能采用高阶低通滤波器，而低阶低通滤波器的滤波效果又较差。

数字波滤器的算法种类较多，本例采用算术平均值法来实现低通滤波。同模拟滤波器一样，由于数字滤波器需要计算时间，因此也受允许的滞后时间T_c的限制，且对较低频率的干扰信号，抑制能力较弱，但数字滤波器容易实现，成本较低。

通过上述分析可见，3种滤波器各有特点，因此需要采用优化方法合理分配滤波功能，以得到最优方案。为了讨论问题方便，这里只选成本作为优化指标，将特征指标作为约束条件，构成单目标优化问题。由于方案优化是离散形式的，故采用列表法较为方便、直观。具体做法是：首先根据滤波器的设计计算方法，求出各种实现形式在满足约束条件下的一定范围内的有关性能，将这些性能列成表格，按表选择可行方案，然后再对各可行方案进行比较，根据优化指标选择出最优方案。

表 7-2 列出了上述 3 种滤波器的特征指标和优化指标值，其中 A,B,C,D 是 4 个不同的品质等级；T_c/T_1 是允许的滞后时间与频率为 ω_1 的干扰信号周期之比。由于机械滤波器所在位置不影响系统动态特性，故表中相应位置没有列出这项指标。

表 7-2　滤波器特性

滤波形式	项 目	A	B	C	D
机械滤波器	衰减率 α_1/dB	−20	−30	−35	−40
	T_c/T_1	—	—	—	—
	成本/元	100	200	300	500
模拟滤波器	衰减率 α_1/dB	−5	−10	−15	−20
	T_c/T_1	1.47	3	5.5	10
	成本/元	20	20	20	20
数字滤波器	衰减率 α_1/dB	−12	−17	−20	−22
	T_c/T_1	1.5	2.5	3.5	4.5
	成本/元	10	10	10	10

由表 7-2 可见，当干扰信号周期 T_1 大于允许的滞后时间 T_c 时，即 $T_c/T_1<1$ 时，模拟滤波器和数字滤波器都不能满足系统动态特性的要求，这时只能选择机械滤波器。

现假设约束条件为 $T_c/T_1\leqslant 5.5$，$\alpha_1\leqslant -40$ dB。由表 7-2 可见，单个模拟滤波器和单个数字滤波器都无法满足该约束条件，因此必须将滤波器组合起来（即由几个滤波器共同实现滤波功能）才能构成可行方案。

从表 7-2 中选出满足约束条件的可行方案列于表 7-3，其中总特征指标值为构成可行方案的各滤波器的相应特征指标值之和。依据成本这一优化指标，可从表 7-3 所列出的 4 种可行方案中选出最合理的方案，即方案 3。该方案采用机械滤波器和数字滤波器分别实现对干扰信号的衰减，衰减率均为 −20 dB。也就是说，将滤波功能平均分配给机械滤波器和数字滤波器，同时还满足另一约束条件 $T_c/T_1=3.5<5.5$，而且该方案成本最低。

应当指出，表 7-3 中并未将所有可行方案列出，因此，方案 3 并不一定是所有可行方案中的最优方案；此外，当约束条件改变时，将会得到不同的可行方案组及相应的最优方案。

表 7-3 滤波方案

可行方案	机械滤波器	模拟滤波器	数字滤波器	总衰减率/dB	总 T_c/T_1	总成本/元
1	D			−40	—	500
2	A	A	B	−42	3.97	130
3	A		C	−40	3.5	110
4	B	B		−40	3	220

7.4.2 精度指标分配

在总体方案中一般都有多个环节对同一性能指标产生影响，即这些环节对于实现该性能指标具有互补性。合理地限制这些环节对总体性能指标的影响程度，是性能指标分配的目的。

在进行性能指标分配时，首先要把各互补环节对性能指标可能产生的影响作用范围逐一列出，对于不可比较的变量应先变换成相同量纲的变量，以便优化处理。所列出的影响作用范围应包括各环节不同实现形式的影响作用范围，它们可以是连续的，也可以是分段的或离散的。在满足约束条件的前提下，采用不同的分配方法将性能指标分配给各互补环节，构成多个可行方案。然后进一步选择适当的优化指标，对这些可行方案进行评价，从中选出最优的方案。下面以车床刀架进给系统的进给精度分配为例，说明性能指标的分配方法。

图 7-3 是开环控制的某车床刀架进给系统的功能框图。由图可见，该系统由数控装置、驱动电路、步进电动机、减速器、丝杠螺母机构和刀架等环节组成。现在的问题是要对各组成环节进行精度指标的分配。设计的约束条件是刀架运动的两个特征指标即最大走刀速度 $v_{max}=14$ mm/s，最大定位误差 $\delta_{max}=16$ μm。由于这里只作精度分配，没有不同的结构实现形式，可靠性的差别不显著，因此只选择成本作为优化指标，构成单目标优化问题。

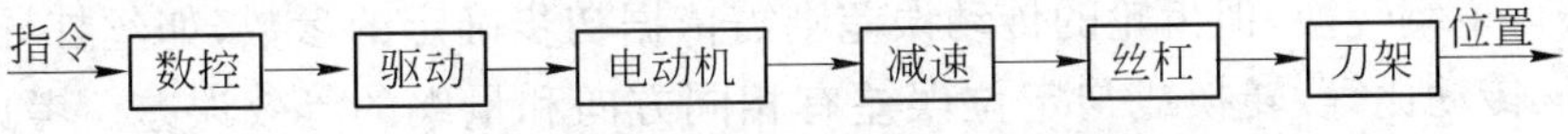

图 7-3 开环控制车床刀架功能框图

首先分析各组成环节误差产生的原因、误差范围及各精度等级的生产成本。产生误差的环节及原因如下。

1. 刀架环节

为减少建立可行方案及优化计算的工作量，可将一些环节合并，并用等效的综合结果来表达。因此，这里将床身各部分的影响也都列在刀架一个环节内，将刀架相对主轴轴线的径向位置误差作为定位误差。经分析可知，床身各部分影响定位误差的主要因素是床鞍在水平面内移动的直线度，其精度值与相应的生产成本见表 7-4。

表 7-4 各组成环节误差及对应成本

组成环节	指　标	A	B	C	D
刀架	床鞍移动直线度/μm	4	6	8	10
	成本/10^3 元	10	5	2	1
丝杠螺母副	传动误差/μm	0.5	1	2	4
	成本/10^3 元	5	3	2	1.2
减速器	齿轮传动误差/μm	1	1.2	2	2.5
	成本/10^3 元	0.6	0.6	0.3	0.3
数控环节	最小脉冲当量/μm	3	7	—	—
	成本/10^3 元	3	2	—	—

2. 丝杠环节

丝杠螺母副的传动精度直接影响刀架的位置误差，它有两种可选择的结构形式，即普通滑动丝杠和滚动丝杠，分别对应着不同的精度等级。如果假定丝杠螺母副的传动间隙已通过间隙消除机构加以消除，则传动误差是影响位置误差的主要因素，其具体数值及对应成本列于表 7-4，其中 A，B 两个精度等级对应着滚动丝杠，C、D 两个精度等级对应着滑动丝杠。

3. 减速器环节

该环节误差主要来自齿轮的传动误差，齿侧间隙产生的误差应采用间隙消除机构加以消除。床鞍移动误差和丝杠传动误差的方向与量纲和定位误差相同，不需要进行量纲转换，但齿轮的传动误差则需依据初步确定的参数，如丝杠导程、齿轮直径、传动比等，转换成与定位误差有相同方向和量纲的等效误差。考虑到两种可能的传动比和两个可能的齿轮精度等级，共得到 4 个品质等级的等效误差和相应的成本，并列于表 7-4 中。

4. 数控环节

这个环节里包括了数控装置、驱动电路和步进电动机。步进电动机在不同载荷作用下，其转子的实际位置对理论位置的偏移角也不同，在不失步正常运行的情况下，该偏移角不超过±0.5 个步距角。此外，虽然数控装置的运算精度可达到很高，但由于步进电动机的控制指令是以脉冲为单位的，因此数控装置仍会产生±0.5个步距角的舍入误差。这样，数控环节可能产生的总误差为±1 个步距角，且应将步距角转换成刀架运动方向上的脉冲当量。由于最大走刀速度 v_{max} 限制了脉冲当量的下限，因此通常可用最大走刀速度除以步进电动机的最高运行频率来求取最小脉冲当量，并作为精度指标分配的参考值，而不用还没有最后确定的传动链参数来计算脉冲当量。表 7-4 中列出的数控环节最小脉冲当量是根据选定的两种具有不同最高运行频率的步进电动机，按上述方法计算得出的。

根据表 7-4，可以找出若干满足最大定位误差要求的可行方案。部分可行方案列于表 7-5，其中总成本一栏是各可行方案的优化指标值。若有多个优化指标，可按式(7-2)或式(7-3)求出综合指标值(即评价函数值)列入该栏。

表 7-5 精度分配方案

可行方案	刀架环节	丝杠环节	减速器环节	数控环节	总定位误差/μm	总成本/10^3 元
1	B	B	C	B	16	10.3
2	C	D	A	A	16	6.8
3	D	C	A	A	16	6.6
4	C	C	C	A	15	7.3
5	B	C	A	B	16	9.6

由表 7-5 可以看出，第 3 个方案的成本最低，因此是表中所列 5 个可行方案中的最优方案(由于表 7-5 中并未列出全部可行方案，因此第 3 个方案实际上也可能是一种较优方案)。该方案的具体实现形式是：采用高频步进电动机驱动，较高精度等级的齿轮和高精度的滑动丝杠传动，较低精度的床身导轨支承和导向。选定该方案后，它对各组成环节的精度要求也就自然成为各环节进一步详细设计的精度指标。

习题与思考题

1. 什么是机电一体化总体设计？机电一体化总体设计的主要内容有哪些？

2．机电一体化产品的主要性能指标有哪些？如何根据使用要求和设计要求来确定产品的性能指标？

3．试归纳性能指标对结构方案的影响体现在哪些方面？

4．如何进行功能及精度指标分配？

8 机电一体化系统典型实例

8.1 机器人

8.1.1 概述

机器人是能够自动识别对象或其动作，并根据识别自动决定应采取动作的自动化装置。它能模拟人的手、臂的部分动作，实现抓取、搬运工件或操纵工具等。它综合了精密机械技术、微电子技术、检测传感技术和自动控制技术等领域的最新成果，是具有发展前途的机电一体化典型产品。机器人技术的应用会越来越广，将对人类的生产和生活产生巨大的影响。可以说，任何一个国家如不拥有一定数量和质量的机器人，就不具备进行国际竞争所必需的工业基础。

机器人的发展大致经过了 3 个阶段。第一代机器人为示教再现型机器人，为了让机器人完成某项作业，首先由操作者将完成该作业所需的各种知识(如运动轨迹、作业条件、作业顺序、作业时间等)通过直接或间接的手段，对机器人进行示教，机器人将这些知识记忆下来，然后根据再现指令，在一定的精度范围内，忠实地重复再现各种被示教的动作。第二代机器人通常是指具有某种智能(如触觉、听觉、视觉等)的机器人，即由传感器得到的触觉、听觉、视觉等信息经计算机处理后，控制机器人完成相应的操作。第三代机器人通常是指具有高级智能的机器人，其特点是具有自学习和逻辑判断能力，可以通过各类传感器获取信息，经过思考做出决策，以完成更复杂的操作。

一般认为机器人具备以下要素：思维系统(相当于脑)，工作系统(相当于手)，移动系统(相当于脚)，非接触传感器(相当于耳、鼻、目)和接触传感器(相当于皮肤)(图 8-1)。如果对机器人的能力评价标准与对生物能力的评价标准一样，即从智能、机能和物理能 3 个方面进行评价，机器人能力与生物能力具有一定的相似性。图 8-2 是以智能度、机能度和物理能度三坐标表示的“生物空间”，机能度是指变通性或通用性以及空间占有性等；物理能度包括力、速度、连续运行能力、均一性、可靠性等；智能度则指感觉、知觉、记忆、运算逻辑、学习、鉴定、综合判断等。把这些概括起来可以说，机器人是具有生物空间三坐标的三元机械。某些工程机械有移动性，占有空间不固定性，因而是二元机械。计算机等信息处理机，除物理能之外，还有若干智能，因而也属于二元机械。而一般机械都只有物理能，所以都是一元机械。

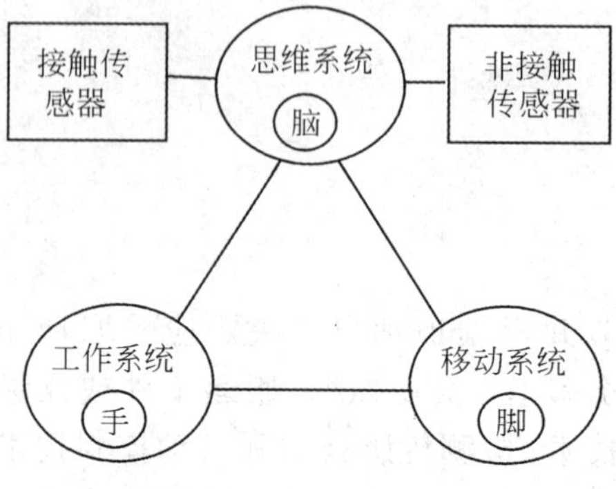

图 8-1 机器人三要素

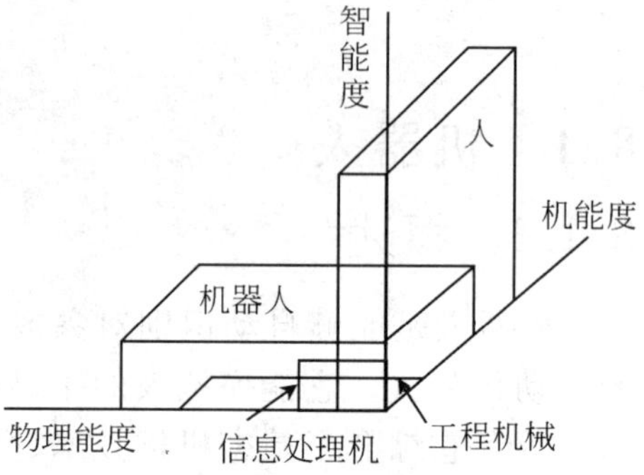

图 8-2 生物空间

8.1.2 机器人的组成及基本机能

机器人一般由机械系统、驱动系统、控制系统、检测传感系统和人工智能系统等组成，各系统功能如下所述。

(1)*机械系统* 机械系统又是执行系统，是完成抓取工件(或工具)实现所需运动的机械部件，包括手部、腕部、臂部、机身以及行走机构。

(2)*驱动系统* 驱动系统的作用是向执行机构提供动力。随驱动目标的不同，驱动系统的传动方式有液动、气动、电动和机械式 4 种。

(3)*控制系统* 控制系统是机器人的指挥中心，它控制机器人按规定的程序运动。控制系统可记忆各种指令信息(如动作顺序、运动轨迹、运动速度及时间等)，同时按指令信息向各执行元件发出指令。必要时还可对机器人动作进行监视，当动作有误或发生故障时即发出警报信号。

(4)*检测传感系统* 它主要检测机器人机械系统的运动位置、状态，并随时将机械系统的实际位置反馈给控制系统，并与设定的位置进行比较，然后通过控制系统进行调整，从而使机械系统以一定的精度达到设定的位置状态。

(5)*人工智能系统* 该系统主要赋予机器人自动识别、判断和适应性操作。

从机器人的研究发展情况来看，机器人应具有运动机能、思维控制机能和检测机能三大机能，如图 8-3 所示。

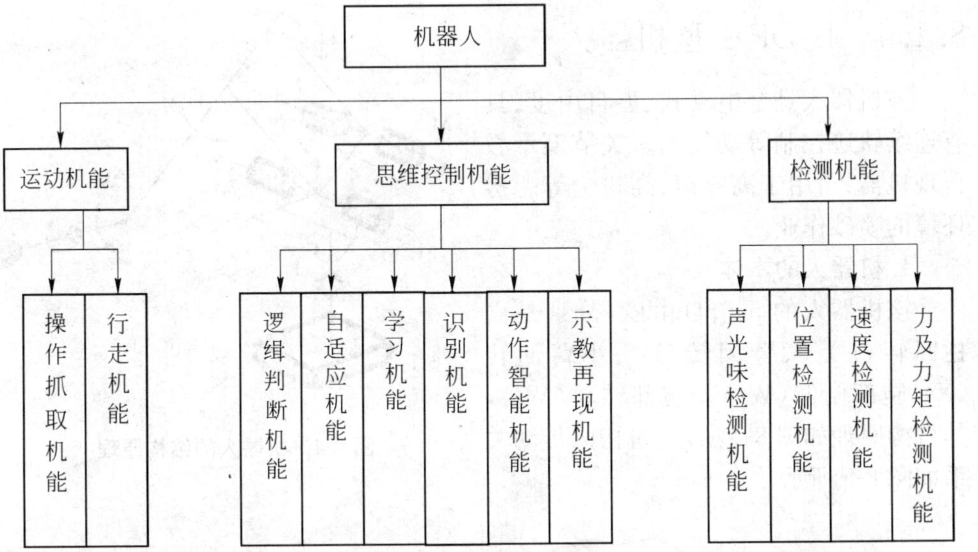

图 8-3 机器人的机能

8.1.3 机器人的主要技术参数

机器人的技术参数是说明机器人规格与性能的具体指标，一般有以下几个方面：

(1)握取重量(即臂力) 握取重量标明了机器人的负荷能力。这项参数与机器人的运动速度有关，通常指正常运行速度所能握取的工件重量。当机器人运行速度可调时，低速运行时所能握取工件的最大重量比高速时大。为安全起见，也有将高速时所能握取的工件重量作为评价指标，此时常指明运行速度。

(2)运动速度 运动速度是反映机器人工作性能的一项重要技术参数，它与机器人握取重量、定位精度等参数有密切关系，同时也直接影响机器人的运动周期。

(3)自由度 机器人自由度越多，其动作越灵活，适应性越强，但结构也相应越复杂。一般具有 4～6 个自由度即能满足工作要求。

(4)定位精度 定位精度即重复定位精度，是衡量机器人工作质量的一项重要指标。定位精度的高低取决于位置控制方式以及运动部件本身的制造精度和刚度，与握取重量、运行速度等也有密切关系。

(5)程序编制与存储容量 程序编制和存储容量(包括程序步数和位置信息量)的大小可表明机器人作业能力的复杂程度及改变程序时的适应能力。存储容量大，则适应性强、通用性好，从事复杂作业的能力强。

8.1.4 BJDP-1型机器人

该机器人是全电动式、五自由度、具有连续轨迹控制等功能的多关节型示教再现机器人，用于高噪声、高粉尘等恶劣环境的喷砂作业。

1. 机器人的本体

该机器人的5个自由度，分别是立柱回转（L）、大臂回转（D）、小臂回转（X）、腕部俯仰（W_1）和腕部转动（W_2），其机构原理如图8-4所示，机构的传动关系如图8-5所示。

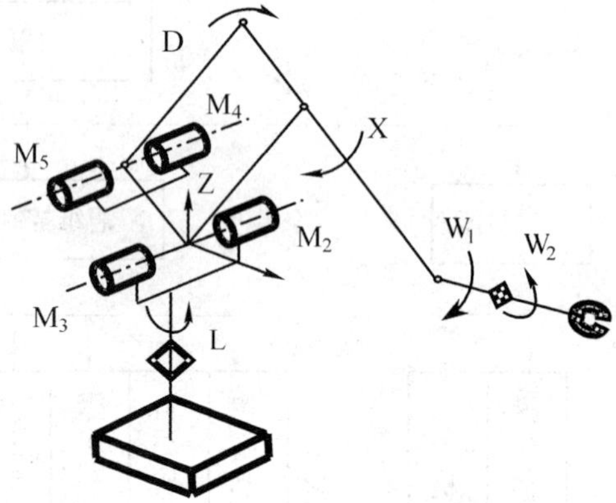

图8-4 机器人的结构原理

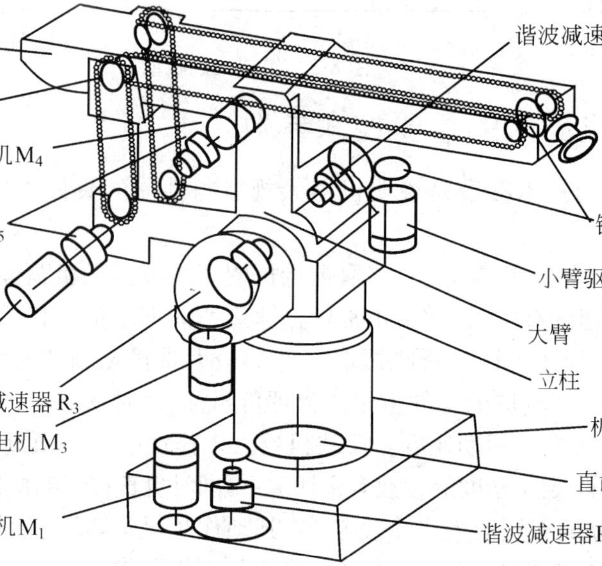

图8-5 机器人机构传动关系

2. 控制系统

如图8-6所示，控制系统（包括驱动与检测）主要由微型计算机、接口电路、速度控制单元、位置检测电路、示教盒等组成。

（1）计算机 通过光电编码器进行机器人示教和校验，再现的控制包括示教数据编辑、坐标正逆变换、直线插补运算以及伺服系统闭环控制。

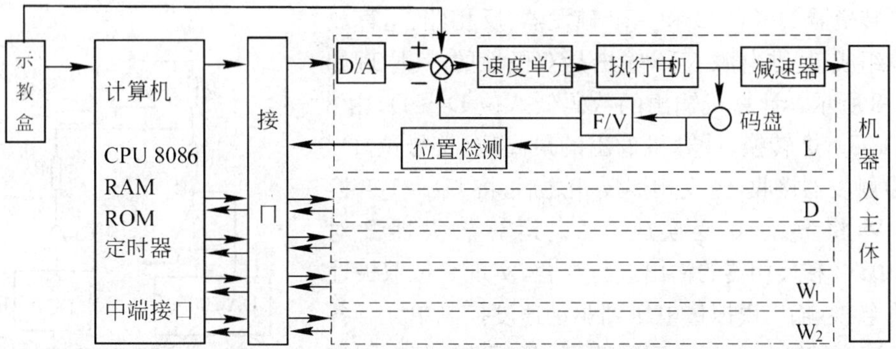

图 8-6　数控机床工作过程原理图

(2)接口电路　通过光电编码器进行机器人各关节坐标的模数转换(A/D),及把计算机运算结果的数字量转换为模拟量(D/A)传送给速度控制单元。

(3)速度控制单元　它是驱动机器人各关节运动的电气驱动系统。

(4)示教盒　它是人机联系的工具,主要由一些点动按键和指令组成。通过点动按键可以对机器人关节的运动位置进行示教,利用指令键完成某一指定的操作,实现示教和再现的各种功能。

微机控制系统的硬件构成如图 8-7 所示。CPU 为 INTER8086,主频 5 MHz。16kB RAM 主要用于存储示教数据。32kB ROM 存储计算机的监控程序和示教再现的全部控制程序。两片 8259 A 中断控制器相联,共有 15 级中断,用于向计算机输入示教、校验和再现的所有控制指令。定时器 8253 用于产生计算机时钟信号,通过中断实现采样控制。A/D 转换器完成将机器人关节转角转换成数字量,转换器位数为 16 位,主要由光电编码器(包括方向判别、可逆计数、清零电路及计算机的接口电路)组成。首先由装在电动机轴上的增量式光电编码器将关节转角转换成数字脉冲,然后经方向判别电路将转换后的脉冲分成正转脉冲和反转脉冲,用可逆计数器记录这些脉冲数,从而实现由转角向数字量的转换。D/A 转换器位数为 9 位,由一片集成

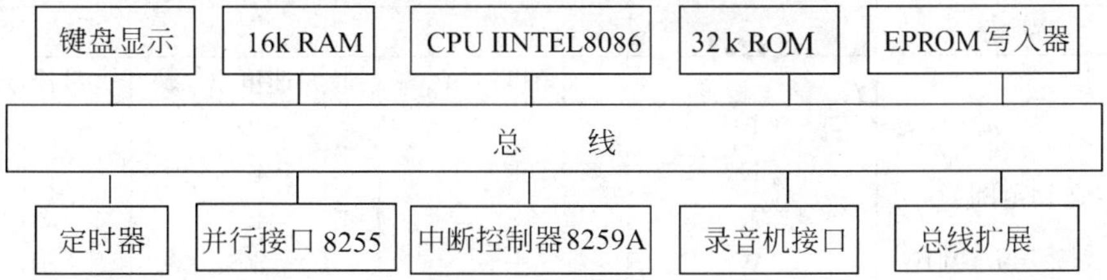

图 8-7　数控机床的组成

D/A转换器DAC0832和一个触发器、反相器、运算放大器组成，基准电源5 V，输出是双极性的，其原理如图8-8所示。计算机输出的数码低八位D_0～D_7由8位DAC0832转换，计算机输出的最高位（符号位）D_{15}由D触发器接收，经反相器反相之后，将$D_{15}=1$变换成5 V，将$D_{15}=0$变换成0 V。运算放大器2对DAC0832和反相器的输出进行综合，实现9位双极性D/A转换，输出模拟量电压到驱动速度控制单元。各关节速度控制单元都是双环速度闭环系统，其框图如图8-9所示。电动机为永磁式直流伺服电动机（功率400 W、最高转速为2 000 r/min、额定电流12 A）。功率放大器为三相可控硅全波整流可逆电路。内环为电流反馈环，采用纯比例调节。外环为速度环，由于电动机轴上的光电编码器输出的数字脉冲频率与电动机转速成正比，因此只要将码盘的脉冲频率转换成与频率成比例的电压就能测出电动机的转速，所以速度检测就是进行频率/电压转换（F/V），由F/V的输出作为速度负反馈，速度环的调节器为带有非线性特性的PID调节器。BJDP-1型机器人规格参数如表8-1所示。

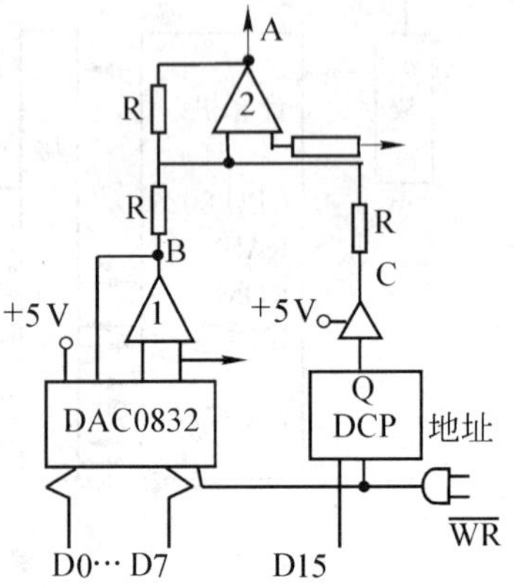

图8-8 D/A转换器结构

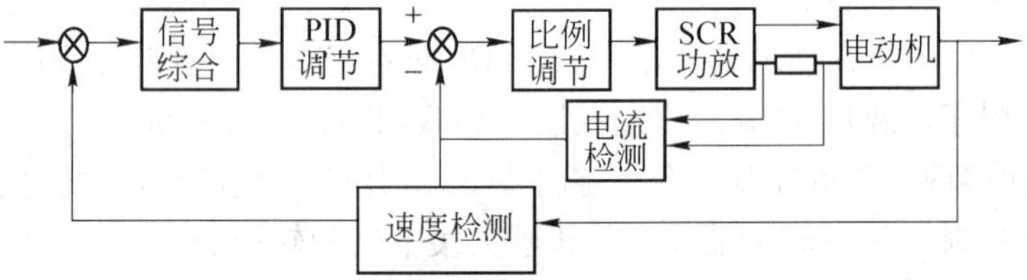

图8-9 速度控制单元

表8-1 BJDP-1型机器人规格参数

项 目	规 格			
坐标型式	多关节型			
自由度	5			
运动范围		角度/(°)	最大速度/(°/s)	臂长/mm
	L	±135	30	
	D	±35	40	600
	X		40	800
	W_1	±45	70	180
	W_2	±135	70	

续表 8-1

项　目	规　　格
可搬质量	10 kg
重复定位精度	±0.5 mm
本体质量	600 kg
示教方式	间接示教
示教点数	>1 000
驱动方式	直流伺服电动机 SCR 驱动
控制方式	连续轨迹(直线插补实现)
控制轴数	五轴同步控制
存储容量	16kB RAM、32kB ROM
外存储器	盒式录音机
供电电源	三相 380 V、50 Hz、1.5 kW

3. 控制算法简介

(1) 坐标的指定　关节坐标如图 8-10 所示。图中 X,Y,Z 为直角坐标系，θ_1，θ_2，θ_3，θ_4，θ_5 为指定的关节坐标，分别对应 5 路 A/D 转换器得到的数值，其方向如图中"+"、"−"号所示。其中 θ_1 为立柱 L_1 相对基座 L_0 的转角；θ_2 为大臂 L_2 与铅垂线的夹角；θ_3 为小臂 L_3 与水平面的夹角；θ_4 为手腕轴 L_4 与小臂 L_3 延长线的夹角；θ_5 为手部相对于手腕的转角；θ_A 为姿态参数，$\theta_A=\theta_3+\theta_4$，即手腕轴线与水平

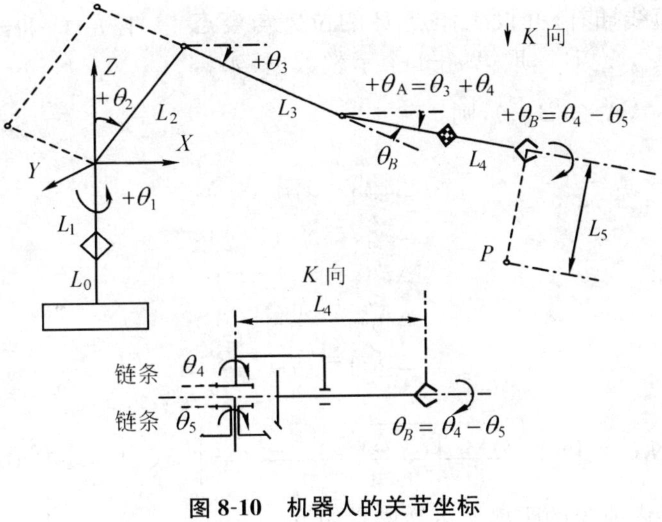

图 8-10　机器人的关节坐标

面的夹角；θ_B 为姿态参数，$\theta_B=\theta_4-\theta_5$，即喷枪与铅垂面的夹角（喷枪与手腕垂直固定），$P$ 点为加工点。

(2)关节坐标到直角坐标的正变换　示教点的关节坐标与直角坐标 X,Y,Z 及姿态参数 θ_A、θ_B 的正变换公式为：

$$
\begin{aligned}
x &= (-L_5S_AC_B+L_4C_A+L_3C_3+L_2S_2)C_1+L_5S_1S_B \\
y &= (-L_5S_AC_B+L_4C_A+L_3C_3+L_2S_2)S_1-L_5S_1S_B \\
z &= -L_5S_AC_B-L_4S_A-L_3S_3+L_2S_2 \\
\theta_A &= \theta_3+\theta_4 \\
\theta_B &= \theta_4-\theta_5
\end{aligned}
$$

式中：$C_i=\cos\theta_i$，$S_i=\sin\theta_i$（$i=1,2,3,4,5,A,B$）；L_i（$i=1,2,3,4,5$）为各臂长度。

示教时，计算机读进关节坐标 θ_i，然后经坐标正变换，转换为工作点 P 的位置与姿态参数存入内存作为示教点参数。

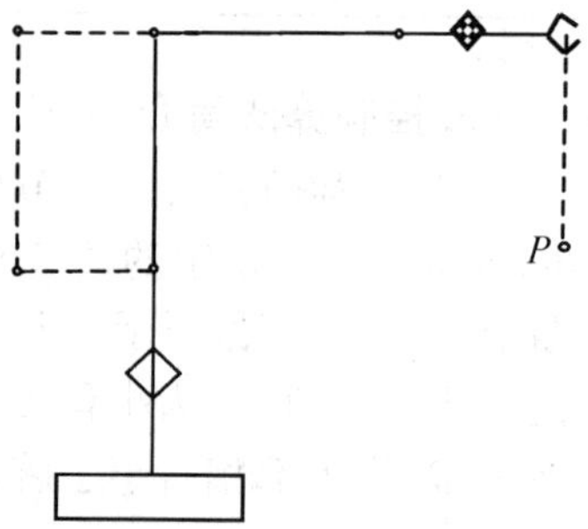

图 8-11　机器人的零位

(3)直线插补　取机器人的零位（图 8-11）为每次工作台的初始位置，工作结束后又返回到这个初始位置。零位坐标为 $\Theta=[\theta_1,\theta_2,\theta_3,\theta_4,\theta_5]^T=[0,0,0,0,0]^T$，$X_0=[x,y,z,\theta_A,\theta_B]^T=[x_0,0,z_0,0,0]^T$。设再现到第 i 个示教点，要在第 i 点和第 $i+1$ 点之间进行直线插补，并设工作点 P 的位置与姿态坐标（x_i，y_i，z_i，A_i，B_i），取第 $i+1$ 个示教数据（θ_{i+1}，x_{i+1}，y_{i+1}，z_{i+1}，A_{i+1}，B_{i+1}），则：

$$
\begin{aligned}
\Delta x'_{i+1} &= x_{i+1}-x_i; \\
\Delta y'_{i+1} &= y_{i+1}-y_i; \\
\Delta z'_{i+1} &= z_{i+1}-z_i; \\
\Delta A'_{i+1} &= A_{i+1}-A_i; \\
\Delta B'_{i+1} &= B_{i+1}-B_i;
\end{aligned}
$$

插补步数为 $N_{i+1}=\text{INT}\left(\dfrac{\sqrt{\Delta x'^2_{i+1}+\Delta y'^2_{i+1}+\Delta z'^2_{i+1}}}{v_{i+1}}\right)$，式中 v_{i+1} 为示教速度，表示一个采样周期内所走的距离。运动增量如下：

$$\Delta x_{i+1} = \Delta x'_{i+1} / N_{i+1};$$
$$\Delta y_{i+1} = \Delta y'_{i+1} / N_{i+1};$$
$$\Delta z_{i+1} = \Delta z'_{i+1} / N_{i+1};$$
$$\Delta A_{i+1} = \Delta A'_{i+1} / N_{i+1};$$
$$\Delta B_{i+1} = \Delta B'_{i+1} / N_{i+1};$$

(4)位置与增量的逆变换　由直线插补得到的位置与姿态增量必须经坐标逆变换,转换成关节坐标的增量后才能作为各关节伺服系统的给定值,控制机器人按给定轨迹运动。逆变换的计算式为:

$$\Delta\theta_1 = [C_1\Delta y - S_1\Delta x + L_5 C_B \Delta B] / [C_1 x + S_1 y]$$
$$\Delta\theta_2 = [C_3 M - S_3 N] / [L_2 C_{2-3}]$$
$$\Delta\theta_3 = -[S_2 M + C_2 N] / [L_3 C_{2-3}]$$
$$\Delta\theta_4 = \Delta\theta_A - \Delta\theta_3$$
$$\Delta\theta_5 = \Delta\theta_4 - \Delta\theta_B$$

式中:

$$M = C_1\Delta x + S_1\Delta y + (C_1 y + S_1 x)\Delta\theta_1 + (L_4 S_A + L_5 C_A C_B)\Delta A - L_5 S_A B_B \Delta B$$
$$N = \Delta z + (L_4 S_A - L_5 S_A C_B)\Delta\theta_A - L_5 C_A S_B \Delta\theta_B$$
$$C_i = \cos\theta_i; C_{2-3} = \cos(\theta_2 - \theta_3); S_i = \sin\nu_i$$

8.1.5 视觉传感式变量喷药系统简介

在农业方面,近年来发达国家(如美国、英国)都投入大量资金进行现代农业技术的开发。先后开发出了精确变量播种机、精确变量施肥机以及精确变量喷药机等。它们都是与机器人极为相似的自动化系统,是高新技术在农业中的应用。

视觉传感式变量喷药系统,是以较少药剂而有效控制杂草,提高产量,减少成本的一种自动化药物喷撒机械。近年来,随着杂草识别的视觉感知技术与变量喷药控制等技术的成熟,这种视觉传感式变量喷药机械也趋于成熟。下面就以这种系统为例,对它的组成及工作原理作一简要介绍。

1. 系统的组成

一般地说,这种机器由图像信息获取系统、图像信息处理系统、决策支持系统、变量喷撒系统等组成(图 8-12)。各子系统的主要功能如下所述。

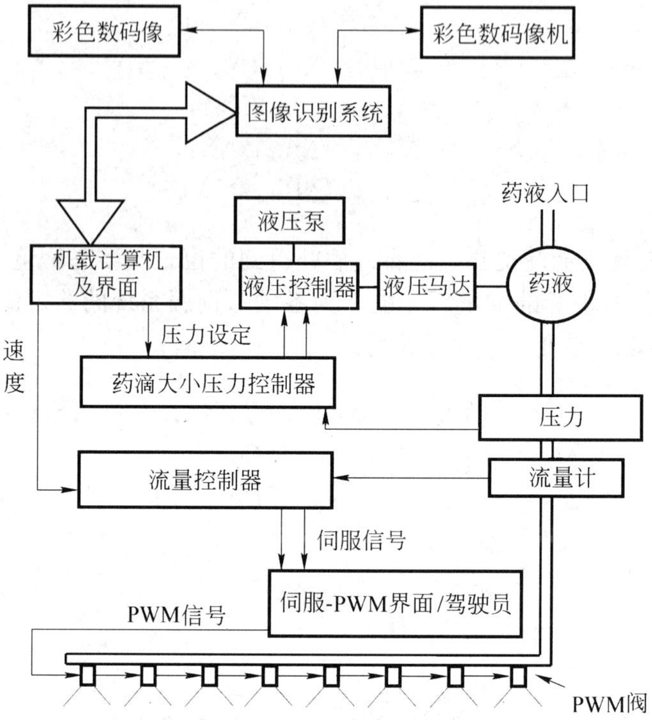

图 8-12 精确变量喷药系统

(1)图像信息获取系统　主要由彩色数码像机(如 PULNIX,TMC-7ZX 等)和高速图像数据采集卡(如 CX100,IMAGENATION,INC 等)组成。采集卡一般置于机载计算机中。

(2)图像信息处理系统　是一种基于影像信息的提取算法,由计算机高级语言(如 C^{++}等)开发出的一种软件系统。它能够快速准确地提取出影像数据中包含的人们所需的信息(如杂草密度、草叶数量、作物密度、无植被区域面积等)。

(3)决策支持系统　也是由高级语言开发出的一种软件系统。它能够基于信息处理系统,把得到的有用信息与人们的决策要求作综合判断,最后做出所需的决策。

(4)变量喷撒系统　是基于视觉信息的控制器,由若干可调节喷药流量与雾滴大小的变量喷头组成。

(5)机器行走系统　有发动机、机身、车轮等组成(图中省略)。

2. 工作原理

当机器在田间行走时,置于机器上离地面具有一定高度的彩色数码像机就会扫描一定大小的地面。一般彩色数码像机可覆盖 2.44 m × 3.05 m 范围,分辨率可达到 0.005 m×0.005 m。与此同时，高速图像数据采集卡将彩色数码像机获取的信息存入计算机中。然后，由图像信息处理系统快速地将地面杂草密度、草叶数量、作物密度以及无植被区域面积等信息提取出来，并由决策支持系统调用这些信息，经过数据处理得到所需的行走速度、药液流量和雾滴大小等的决策。这些决策被传输给药滴大小控制器以及流量控制器，随之它们就控制管路中的压力和 PWM 脉宽调制变量喷头。从而实现了精确变量喷药。这样一方面减少了药量、降低了成本，另一方面保护作物、减少对环境的污染。据报道，与传统的喷撒方法比较，变量喷药系统在杂草高密区可节约药液 18 %，在杂草低密区可节约药液 17 %。

8.2　数控机床

数控机床是由计算机控制的高效率自动化机床。它综合应用了电子计算机、自动控制、伺服驱动、精密测量和新型机械结构等多方面的技术成果，是今后机床控制的发展方向。随着数控技术的迅速发展，数控机床在机械加工中的地位将越来越重要。

8.2.1　数控机床的工作原理和组成

1. 数控机床的工作原理

数控机床加工零件时，是将被加工零件的工艺过程、工艺参数等用数控语言编制成加工程序，这些程序是数控机床的工作指令。将加工程序输入到数控装置，再由数控装置控制机床主运动的变速、起停、进给运动的方向、速度和位移量以及其他辅助装置，严格地按照加工程序规定的顺序、轨迹和参数进行工作，从而加工出符合要求的零件。为了提高加工精度，一般还装有位置检测反馈回路，这样就构成了闭环控制系统，其加工过程原理如图 8-13 所示。

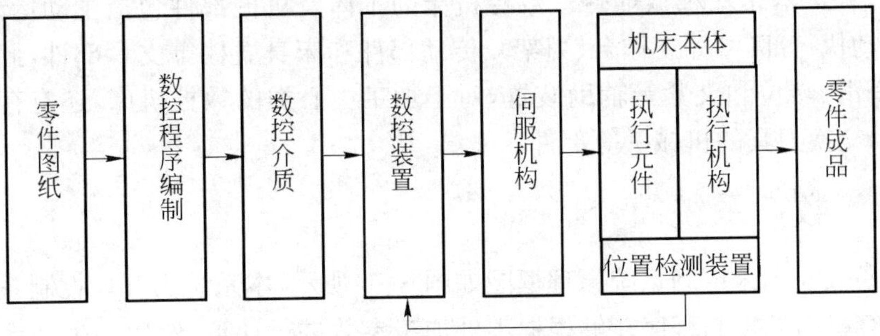

图 8-13　数控机床工作过程原理图

2. 数控机床的组成

从工作原理可以看出，数控机床主要由控制介质、数控装置、伺服检测系统和机床本体等4部分组成，其组成框图如图8-14所示。

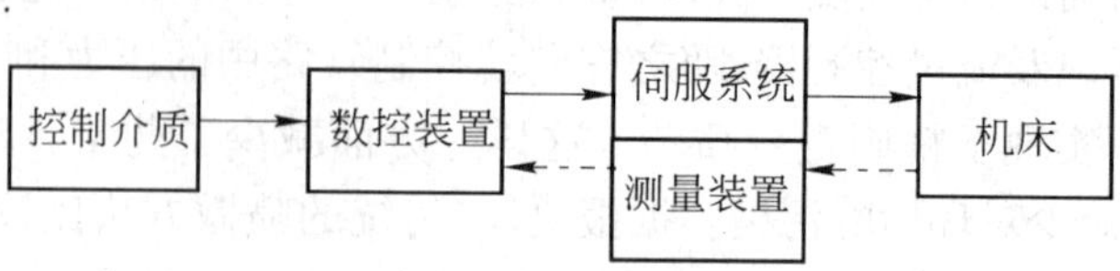

图8-14 数控机床的组成

(1)控制介质 用于记载各种加工信息(如零件加工的工艺过程、工艺参数和位移数据等)，以控制机床的运动，实现零件的机械加工。常用的控制介质有磁带、磁盘和光盘等。控制介质上记载的加工信息经输入装置输送给数控装置。常用的输入装置有磁盘驱动器和光盘驱动器等，对于用微处理机控制的数控机床，也用操作面板上的按钮和键盘将加工程序直接用键盘输入，并在CRT显示器显示。

(2)数控装置 数控装置是数控机床的核心，它的功能是接受输入装置输送给的加工信息，经过数控装置的系统软件或电路进行译码、运算和逻辑处理后，发出相应的脉冲指令送给伺服系统，通过伺服系统控制机床的各个运动部件按规定要求动作。

(3)伺服系统及位置检测装置 伺服系统由伺服驱动电动机和伺服驱动装置组成，它是数控系统的执行部分。由机床的执行部件和机械传动部件组成数控机床的进给系统，它根据数控装置发来的速度和位移指令控制执行部件的进给速度、方向和位移量。每个进给运动的执行部件都配有一套伺服系统。伺服系统有开环、闭环和半闭环之分，在闭环和半闭环伺服系统中，还需配有位置测量装置，直接或间接测量执行部件的实际位移量。

(4)机床本体及机械部件 数控机床的本体及机械部件包括主动运动部件、进给运动执行部件(如工作台、刀架)、传动部件和床身立柱等支承部件，此外还有冷却、润滑、转位和夹紧等辅助装置，对于加工中心类的数控机床，还有存放刀具的刀库，交换刀具的机械手等部件。

8.2.2 数控系统简介

简易数控车床控制系统原理框图如图8-15所示，本系统为开环控制系统。存放在计算机内的控制程序能够根据零件加工参数进行计算，然后产生一系列的脉冲信号，经光电隔离器和驱动器使步进电动机转动一定的角度，从而带动丝杠做

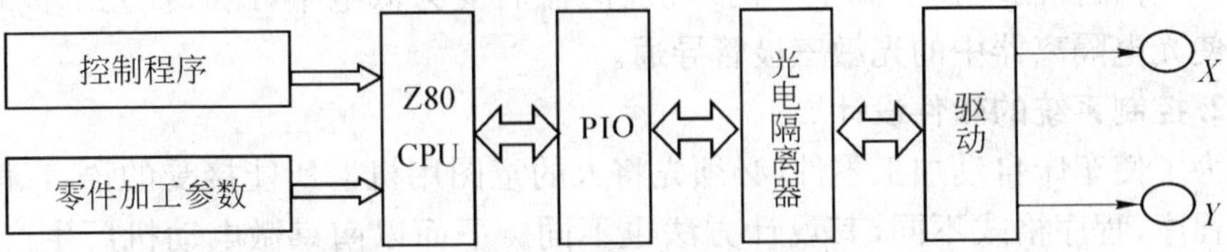

图 8-15 简易数控车床控制系统原理框图

轴向(纵向)或径向(横向)运动。

1. 控制系统的硬件设计

简易数控车床控制系统的硬件设计主要是驱动电路设计。为了提高系统的抗干扰能力,在步进电动机驱动电路与 I/O 接口之间用光电隔离器连接,其硬件接线如图 8-16 所示。图中,由于 x、y 轴电动机 A,B,C 三相控制端均接入反向器,

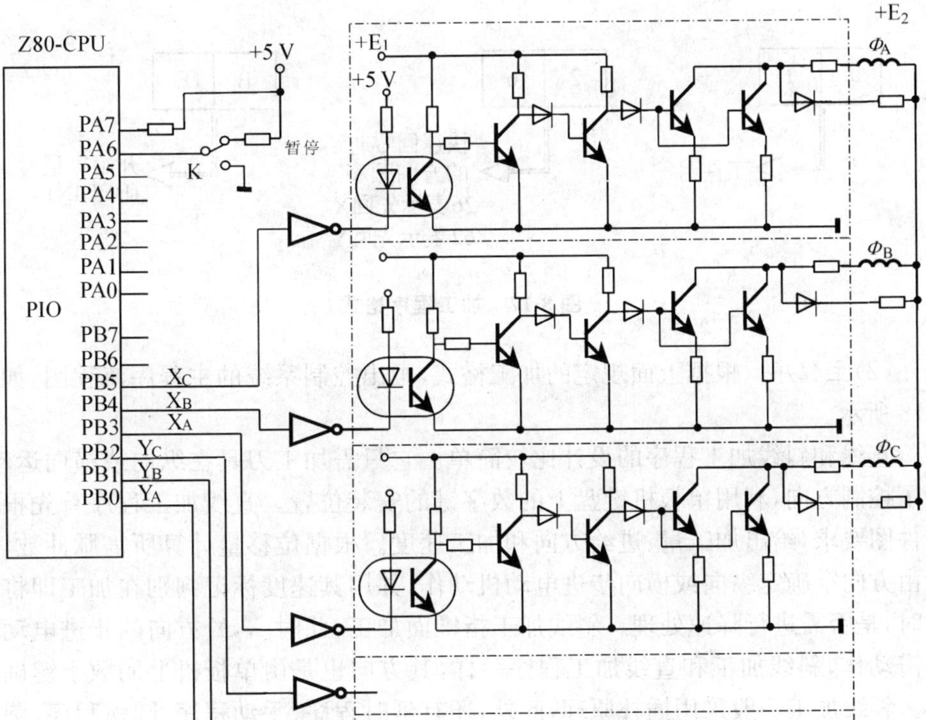

图 8-16 简易数控车床控制系统硬件接线图

所以，当各相控制端输出高电平时，经反向器后变为低电平，此时发光二极管亮，因而使光电隔离器中的光敏三极管导通。

2. 控制系统的软件设计

为了使车床自动加工零件，必须先将人的意图用机器所能接受的语言编制成加工程序，程序格式不同，其设计方法也不同。下面以南京微电动机厂生产的微机数控装置为例，对控制系统的程序设计做一简要说明。

(1)加工程序的总格式　该系统在进行某段工序加工时，需将加工量以十进制的毫米数送入，然后送入加工速度字，方向字等。因此，在车床进行加工之前，必须根据零件图纸给出每道工序的刀具运动方向和位移长度。根据零件材料和车床性能以及工艺要求，给出车床的切削速度。该加工程序以 4～8 个字节为一段程序，先以一段为开头，中间为加工程序段，最后为结尾，部分程序段如图 8-17 所示。

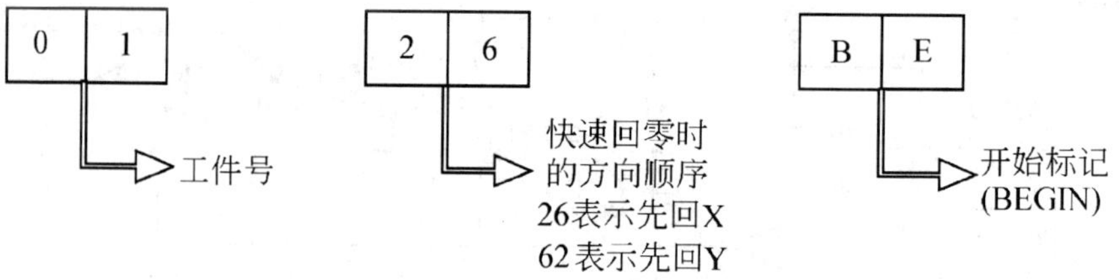

图 8-17　加工程序格式

(2)主程序　根据上面规定的加工格式，画出控制系统的主程序流程图，如图 8-18 所示。

直线和斜线加工程序的设计比较简单。它只需加工刀具在纵向或横向运动。为了控制方向，利用单板机键盘上的数字键的安装位置。直线加工程序首先根据零件图要求，给出加工量、进给方向和加工速度。根据位移量计算所需脉冲数，然后由方向字确定纵向或横向步进电动机动作，并用其速度标记判别在加工即将结束时，是否需进行降速处理。斜线加工指锥面加工，此时 X，Y 方向的步进电动机都需动作，斜线加工和直线加工程序一样，其方向也是由单板机上的数字键确定的。斜线加工一般采用插补原理，此外，还有延时程序、手动程序、圆弧程序、圆弧加工程序，以及步进电动机控制程序等。

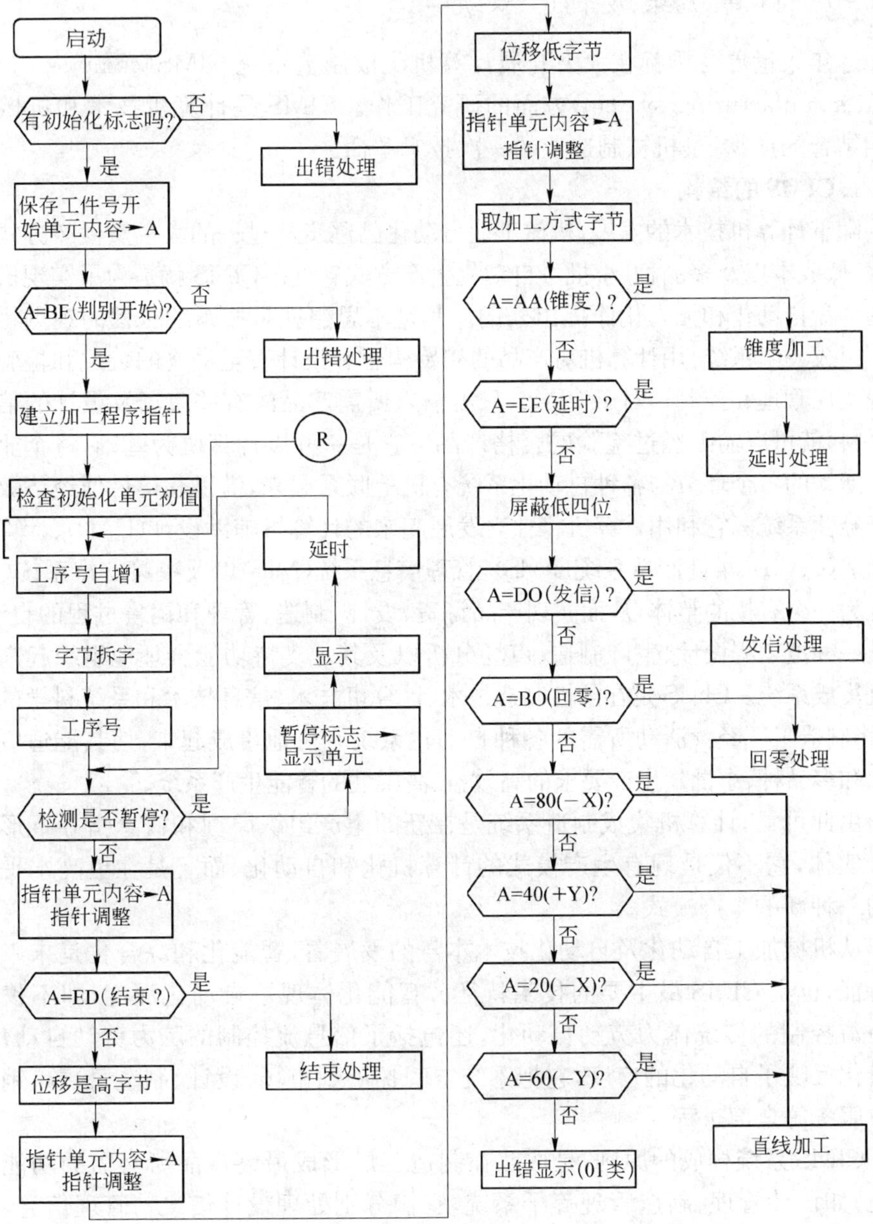

图 8-18　控制系统主程序流程图

8.2.3 计算机集成制造系统

近年来世界各国都在大力开展计算机集成制造系统 CIMS(computer intergrated manufacturing system)方面的研究工作。CIMS 是计算机技术和机械制造业相结合的产物,是机械制造业的一次技术革命。

1. CIMS 的结构

随着计算机技术的发展,机械工业自动化已逐步从过去的大批量生产方式向高效率、低成本以及多品种、小批量自动化生产方式转变。CIMS 就是为了实现机械工厂的全盘自动化和无人化而提出来的。其基本思想就是按系统工程的观点将整个工厂组成一个系统,用计算机对产品的初始构思和设计直至最终的装配和检验的全过程实现管理和控制。对于 CIMS,只需输入所需产品的有关市场及设计的信息和原材料,就可以输出经过检验的合格产品。它是一种以计算机为基础,将企业全部生产活动的各个环节与各种自动化系统有机地联系起来,借以获得最佳经济效果的生产经营系统。它利用计算机将独立发展起来的计算机辅助设计(CAD)、计算机辅助制造(CAM)、柔性制造系统(FMS),管理信息系统(MIS)以及决策支持系统(DSS)综合为一个有机的整体,从而实现产品订货、设计、制造、管理和销售过程的自动化。它是一种把工程设计、生产制造、市场分析以及其他支持功能合理地组织起来的计算机集成系统。CIMS 是在柔性制造技术、计算机技术、信息技术和系统科学的基础上,将制造工厂经营活动所需的各种自动化系统有机地集成起来,使其能适应市场变化和多品种、小批量生产要求的高效益、高柔性的智能生产系统。

由此可见,计算机集成制造系统是在新的生产组织原理和概念指导下形成的生产实体,它不仅是现有生产模式的计算机化和自动化,而且是在更高水平上创造的一种新的生产模式。

从机械加工自动化及自动化技术本身的发展看,智能化和综合化是未来的主要特征,也是 CIMS 最主要的技术特征。智能化体现了自动化深度,即不仅涉及物质流控制的传统体力劳动自动化,还包括了信息流控制的脑力劳动自动化;而综合化反映了自动化的广度,它把系统空间扩展到市场、设计、制造、检验、销售及用户服务等全部过程。

CIMS 系统构成的原则,是按照在制造工厂形成最终产品所必需的功能划分系统,如设计管理、制造管理等子系统,它们分别处理设计信息与管理信息,各子系统相互协调,并且具有相对的独立性。因此,从大的结构来讲,CIMS 系统可看成是由经营决策管理系统、计算机辅助设计与制造系统、柔性制造系统等组成的(图 8-19)。经营决策管理系统完成企业经营管理,如市场分析预测、风险决策、长期发展规划、生产计划与调度、企业内部信息流的协调与控制等；计算机辅助设计系统完成产品及零部件的设计、自动编程、机器人程序设计、工程分析、输出图纸和材料清单等；计算机辅助制造系统则完成工艺过程设计、自动编程、机器人程序设计等；柔性制造系统完成物料加工制造的全过程，实现信息流和物料流的统一管理，如将 CIMS 的系统功能细化，可得到如图 8-20 所示的框图。

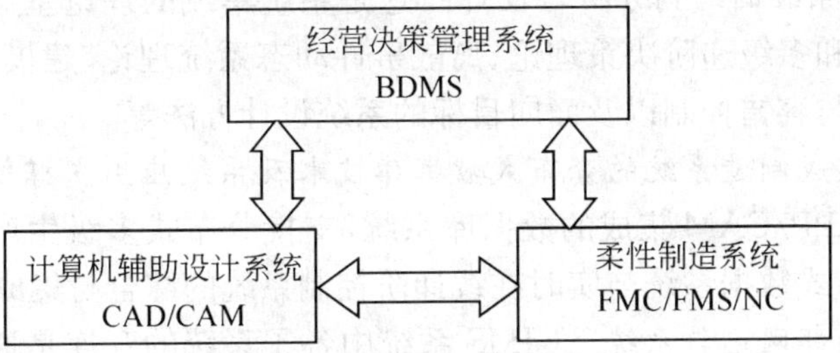

图 8-19 CIMS 主要结构框图

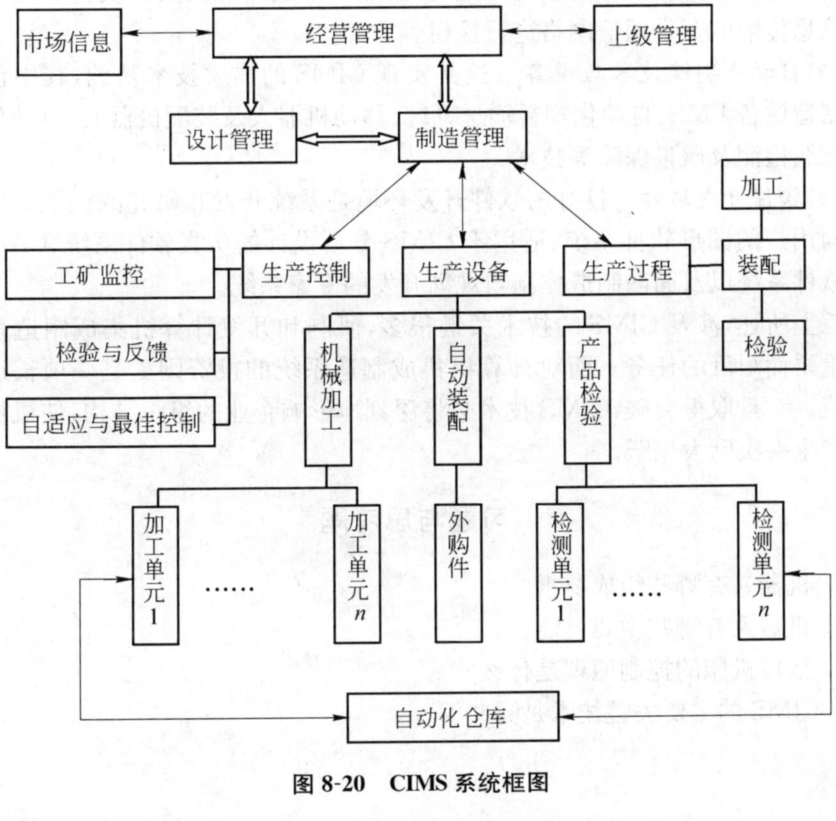

图 8-20 CIMS 系统框图

2. CIMS 的关键技术

CIMS 是一个复杂的系统，它适用于多品种、中小批量的高效益、高柔性的智能化生产与制造。它是由很多子系统组成的，而这些子系统本身又都是具有相当规模的复杂系统。虽然世界上很多发达国家已投入大量资金和人力研究 CIMS，但仍存在不少技术问题有待进一步探索和解决。归纳起来有以下 5 个方面。

(1)CIMS 系统的结构分析与设计　这是系统集成的理论基础及工具。如系统结构组织学和多级递阶决策理论、离散事件动态系统理论、建模技术与仿真、系统可靠性理论与容错控制以及面向目标的系统设计方法等。

(2)支持集成制造系统的分布式数据库技术及系统应用支撑软件　其中包括支持 CAD/CAPP/CAM 集成的数据库系统，支持分布式多级生产管理调度的数据库系统，分布式数据系统与实时在线递阶控制系统的综合与集成。

(3)工业局部网络与系统　CIMS 系统中各子系统的互连是通过工业局部网络实现的，因此必然要涉及网络结构优化、网络通信的协议、网络的互连与通信、网络的可靠性与安全性等问题的研究，甚至进一步还可能需要对支持数据、语言、图像信息传输的宽带通信网络进行探讨。

(4)自动化制造技术与设备　这是实现 CIMS 的物质技术基础，其中包括自动化制造设备 FMS、自动化物料输送系统、移动机器人及装配机器人、自动化仓库以及在线检测及质量保障等技术。

(5)软件开发环境　良好的软件开发环境是系统开发和研究的保证。这里涉及面向用户的图形软件系统、适用于 CIMS 分析设计的仿真软件系统、CAD 直接检查软件系统以及面向制造控制与规划开发的专家系统。

综上所述，涉及 CIMS 的技术关键很多，研制和开发计算机集成制造系统是一项重要而艰巨的任务。而对计算机集成制造系统的投资则更是一项长远的战略决策。一旦取得突破，CIMS 技术必将深刻地影响企业的组织结构，使机械制造工业产生一次巨大飞跃。

习题与思考题

1. 机器人有哪些组成要素？
2. 机器人有哪些主要机能？
3. 数控机床的控制原理是什么？
4. CIMS 的主要关键技术是哪些？

参考文献

[1] 张建民.机电一体化系统设计.北京:北京理工大学出版社,2006.

[2] 郑堤,唐可洪.机电一体化设计基础.北京:机械工业出版社,1997.

[3] 濮良贵.机械设计.北京:高等教育出版社,1989.

[4] 卢金鼎,山静民.机电一体化技术.北京:中国轻工业出版社,1996.

[5] 梁景凯.机电一体化技术与系统.北京:机械工业出版社,2007.

[6] 张立勋,孟庆鑫,张今瑜.机电一体化系统设计.哈尔滨:哈尔滨工程大学出版社,2004.

[7] 周斌.机电一体化实用技术手册.北京:兵器工业出版社,1994.

[8] 机电一体化技术手册编委会.机电一体化技术手册.下册.北京:机械工业出版社,1994.

[9] 李发海,王岩.电机与拖动基础.下册.北京:中央广播电视大学出版社,1986.

[10] 全国数控培训网络天津分中心.数控原理.北京:机械工业出版社,1999.

[11] 薛祖德.液压传动.北京:中央广播电视大学出版社,1995.

[12] 西北农学院.液压传动.北京:农业出版社,1981.

[13] 许实章.电机学.下册.北京:机械工业出版社,1981.

[14] 赵新民,王祁.智能仪器设计基础.哈尔滨:哈尔滨工业大学出版社,1999.

[15] 黄筱调,赵松年,等.机电一体化技术基础及应用.北京:机械工业出版社,1998.

[16] 严普强,黄长艺.机械工程测试技术基础.北京:机械工业出版社,1985.

[17] 孙涵芳,徐爱卿.MCS-5196 系列单片机原理及应用.北京:航空航天大学出版社,1988.

[18] 白驹珩,雷晓平.单片计算机及其应用.成都:电子科技大学出版社,1994.

[19] 张毅刚,乔景渌.8098 单片机应用设计.北京:电子工业出版社,1993.

[20] 胡泓,姚伯威.机电一体化原理及应用.北京:国防工业出版社,1999.

[21] 汪晓光,孙晓瑛,王艳丹.可编程控制器原理及应用.上册.北京:机械工业出版社,1998.

[22] 万遇良.机电一体化技术概览.北京:北京工业大学出版社,1999.

[23] 李广第.单片机基础.北京:航空航天大学出版社,1994.

[24] 裴仁清. 机电一体化原理. 上海:上海大学出版社,1998.
[25] 李士勇. 模糊控制和智能控制理论与应用. 哈尔滨:哈尔滨工业大学出版社,1990.
[26] 刘文信,孙学礼. 机床数控技术. 北京:机械工业出版社,1995.
[27] 黄大贵. 微机数控系统. 成都:电子科技大学出版社,1996.
[28] 郑学坚,周斌. 微型计算机原理及应用. 北京:清华大学出版社,1995.
[29] 胡健. 单片机原理及接口技术. 北京:机械工业出版社,2005.
[30] 欧阳斌林,刘立山,等. 单片原理及应用. 北京:中国水利水电出版社,2001.
[31] 姜培刚,盖玉先. 机电一体化系统设计. 北京:机械工业出版社,2004.
[32] 朱思洪. 机电一体化技术. 北京:中国农业出版社,2004.
[33] 袁中凡. 机电一体化技术. 北京:电子工业出版社,2006.
[34] (日) 岩本洋. 机电一体化入门. 北京:科学出版社,2003.
[35] 曾励. 机电一体化系统设计. 北京:高等教育出版社,2004.
[36] 刘杰. 机电一体化技术导论. 北京:科学出版社,2006.
[37] 舒志兵. 机电一体化系统设计与应用. 北京:电子工业出版社,2007.
[38] (日)高森年. 机电一体化. 北京:科学出版社,2001.